应急管理部普通高等教育安全科学与工程类专业"十四五"规划教材

# 安全系统工程学

应急管理部国家安全科学与工程研究院　组织编写

朱红青　李峰　谭波　主编

化学工业出版社

·北京·

## 内容简介

《安全系统工程学》以系统的观点为主线，分别介绍了安全系统工程概论、系统安全定性分析、系统安全定量分析、系统安全评价、系统安全预测与决策、典型事故影响模型与计算等内容。全书共分7章，第1章绪论主要介绍相关基本概念；第2章介绍事故致因理论，为系统安全分析与评价的理论基础；第3章介绍系统安全分析方法（定性、定量）；第4章介绍系统安全评价方法；第5章介绍系统安全预测方法；第6章介绍系统安全决策方法；第7章介绍安全评价的管理，是安全系统工程原理与方法的具体应用。

《安全系统工程学》可作为安全工程及其他相关专业的教材，也可供广大安全系统工程从业者、研究工作者和生产管理人员参考。

**图书在版编目（CIP）数据**

安全系统工程学/朱红青，李峰，谭波主编；应急管理部国家安全科学与工程研究院组织编写．—北京：化学工业出版社，2024.5

应急管理部普通高等教育安全科学与工程类专业“十四五”规划教材

ISBN 978-7-122-44722-7

Ⅰ.①安… Ⅱ.①朱…②李…③谭…④应… Ⅲ.①安全系统工程-高等学校-教材 Ⅳ.①X913.4

中国国家版本馆CIP数据核字（2024）第075066号

---

责任编辑：高　震　杜进祥　　文字编辑：段曰超　师明远
责任校对：田睿涵　　装帧设计：韩　飞

---

出版发行：化学工业出版社
（北京市东城区青年湖南街13号　邮政编码100011）
印　　装：大厂聚鑫印刷有限责任公司
710mm×1000mm　1/16　印张18¾　字数331千字
2024年7月北京第1版第1次印刷

---

购书咨询：010-64518888　　售后服务：010-64518899
网　　址：http：//www.cip.com.cn
凡购买本书，如有缺损质量问题，本社销售中心负责调换。

---

**定　　价：49.00元**　**版权所有　违者必究**

# 《安全系统工程学》

## 编写人员名单


**主　　编：** 朱红青　李　峰　谭　波

**编写人员：** 李树清　王　凯　马　辉

魏春荣　朱传杰　高　科

刘　建　王　超　陆卫东

# 序

安全是人类社会永恒的追求。从古至今，无论是在原始社会面对自然的威胁，还是在现代社会应对各种复杂的风险与挑战，保障安全始终是人类生存和发展的首要前提。在当今全球化、信息化、工业化高速发展的背景下，安全问题更是呈现出前所未有的复杂性和多样性。生产过程中的事故隐患、城市建设中的安全风险、自然灾害的频发、网络安全的威胁等，这些都对我们的社会安全构成了严峻的挑战。而安全科学与工程，正是致力于研究和解决这些安全问题的学科领域。

党的二十大报告提出要坚持教育优先发展、科技自立自强、人才引领驱动，加快建设教育强国、科技强国、人才强国，坚持为党育人、为国育才。建设教育强国，龙头是高等教育。高等教育是社会可持续发展的强大动力。培养经济社会发展需要的拔尖创新人才是高等教育的使命和战略任务。建设教育强国，要加强教材建设和管理，牢牢把握正确政治方向和价值导向，用心打造培根铸魂、启智增慧的精品教材。

为贯彻落实习近平总书记关于加强应急管理、安全生产和科技创新的重要决策部署，激发科技创新活力，应急管理部、教育部依照“优势互补、资源共享、服务国家、国际一流”的原则，共建应急管理部国家安全科学与工程研究院（以下简称国家安研院）。这是加强生产安全事故防控和应急救援的客观要求，是优化整合各类科研资源、推进应急管理治理体系和治理能力现代化的迫切需要，是加强安全应急领域领军人才培养和创新团队建设的战略举措。

教材是人才培养的主要“剧本”，是教学内容的支撑和依据。为推动我国安全科学与工程理论和技术的发展，创造更安全的生产、生活环境，高等教育必须进一步深化专业改革、全面提高课程和教材质量、提升人才自主培养能力。为此国家安研院组织编写并出版“应急管理部普通高等教育安全科学与工程类专业‘十四五’规划教材”。规划教材是众多专家学者心血与智慧的结晶，是对安全科学与工程领域深入研究和系统总结的成果。在编撰过程中，教材秉持着严谨、科学、实用的原则，力求为读者呈现一个全面、系统、深入的安全科学与工程知识体系。

本套规划教材内容丰富，从安全科学的基本理论、原理到安全工程的技术、方法，再到安全管理的策略、模式，都进行了详细的阐述和讲解。通过对这些知识的学习，读者可以全面了解安全科学与工程的内涵和外延，掌握解决安全问题的基本思路和方法。书中不仅有丰富的理论知识，还穿插了大量的实际案例和应用实例，通过对这些案例的分析和讲解，帮助读者更好地理解和掌握理论知识，并能够将其应用到实际应用中。同时，教材还注重培养读者的创新思维和实践能力，通过设置一些思考问题，引导读者积极思考和探索，提高他们解决实际问题的能力。

本套规划教材不仅是一本知识的宝库，更是一座连接理论与实践的桥梁。它将为广大学生、教师、科研人员以及从事安全工作的专业人士提供重要的参考和指导。我们希望本教材能发挥铸魂育人、关键支撑、固本培元、文化交流等功能和作用，能够培养出更多具有创新精神、实践能力和社会责任感的安全专业人才，为我国的安全科学与工程事业做出更大的贡献。

**应急管理部国家安全科学与工程研究院**

**2024 年 5 月 21 日**

# 前言

近年来，国家持续加大安全投入，加强安全监察力度；各地区、各部门、各单位切实加强安全生产工作，全面落实安全生产控制指标，促进了全国安全生产形势总体稳定好转，全国各类事故、特别重大事故发生率持续下降，安全生产形势相对稳定。

安全生产是我国的一项基本国策，是保护劳动者安全健康，保证经济建设持续发展的基本条件。如何保证安全生产，多年来一直为从事工业生产和安全管理工作者所关注，也是世界各国迫切需要研究和解决的课题，尤其是近几十年来，由于科技进步和工业生产的迅猛发展，生产规模日趋扩大，生产过程日益自动化，传统的安全工作方法由于不能掌握事故发生的内在规律和对事故进行预测，已很难适应现代安全生产及安全管理工作的要求。国家对安全生产一直非常重视，2016 年 1 月 6 日，党和国家领导人对加强安全生产工作作出了重要指示：对易发重特大事故的行业领域采取风险分级管控、隐患排查治理双重预防性工作机制，推动安全生产关口前移。《关于实施遏制重特大事故工作指南构建安全风险分级管控和隐患排查治理双重预防机制的意见》要求全面推行安全风险分级管控，强化隐患排查治理，实现对风险、隐患与事故的智能化管控；2021 年 9 月新版《中华人民共和国安全生产法》将双重预防机制纳入法律条款。双重预防机制正是主要运用安全系统工程的基本理论和知识去解决企业实际的安全生产问题。

《中国教育现代化 2035》明确提出提升一流人才培养与创新能力，实质上就是需要培养出具有高阶思维的人才。为深入贯彻此文件的要求，2021 年教育部发布了《关于开展虚拟教研室试点建设工作的通知》，旨在探索推进新型基层教学组织建设，以立德树人为根本任务，以提高人才培养能力为核心，以现代信息技术为依托，建设一批类型多样、动态开放的虚拟教研室，为高等教育高质量发展提供有力支撑。中国矿业大学（北京）的安全系统工程学教研室成立于 2003 年，组织、引领和管理本校安全系统工程相关课程建设；2020 年，“安全系统工程”课程被教育部评审认定为“首批国家级一流本科课程”，并于2022年获得教育部批准建设安全系统工程学虚拟教研室，为进一步提升此课程的建设水平奠定了坚实基础。

“安全系统工程”是高等院校安全工程专业一门重要的专业基础必修课，运用系统论的观点和方法，结合系统工程学原理、管理学原理及相关专业知识，研究生产安全管理和工程的重要课程；致力于培养学生运用事故致因理论、系统安全分析、系统安全评价和系统危险控制等相关知识解决安全生产实际问题的能力，是每一位安全生产相关行业从业者和研究人员必须学习的基础课程；广泛应用于提高风险辨识能力、隐患溯源能力和事故防控能力，特别在提高全员安全生产素质方面起着重要作用。

本书的具体编写分工如下：第1章绪论，由中国矿业大学（北京）朱红青、西安科技大学王凯、新疆工程学院陆卫东共同编写；第2章事故致因理论，由中国矿业大学朱传杰编写；第3章系统安全分析，由中国矿业大学（北京）李峰、湖南科技大学李树清共同编写；第4章系统安全评价，由辽宁工程技术大学高科编写；第5章系统安全预测，由北京科技大学刘建、昆明理工大学王超编写；第6章系统安全决策，由中国矿业大学（北京）谭波、华北科技学院马辉共同编写；第7章系统安全工程实务——安全评价，由黑龙江科技大学魏春荣编写。中国矿业大学（北京）朱红青、李峰、谭波分别对书稿进行了统稿，对其结构体系与文字内容进行了细致修改，有效提升了书稿质量。

参加本书编写的学校有：中国矿业大学（北京）、西安科技大学、中国矿业大学、湖南科技大学、辽宁工程技术大学、北京科技大学、华北科技学院、黑龙江科技大学、昆明理工大学、新疆工程学院。本书编写过程中得到了各编写单位的大力支持与帮助；与此同时，本书编写吸收了诸多教材的优点，参考了国内外近年来发表的相关科技文献，在此特表示诚挚感谢。

由于编者水平有限，书中疏漏在所难免，敬请广大读者不吝赐教。

**主编**

**2024年5月**

# 目 录


第 1 章　绪论 1

1.1　基本概念 1

1.1.1　系统与系统工程 1

1.1.2　系统安全与安全系统工程 7

1.1.3　风险与隐患 14

1.2　安全系统工程的产生、发展与现状 18

1.2.1　安全系统工程的产生 18

1.2.2　安全系统工程的发展历程 19

1.2.3　安全系统工程的应用现状 22

1.3　安全系统工程的研究对象、内容及方法 24

1.3.1　研究对象 24

1.3.2　研究内容及其相互关系 25

1.3.3　研究方法 27

思考题 29

第 2 章　事故致因理论 30

2.1　概　述 30

2.1.1　定义 30

2.1.2　发展历程 30

2.2　事故频发倾向论 34

2.2.1　理论简介 34

2.2.2　发展历程 34

2.2.3　发展现状 35

2.3　事故因果论 36

2.3.1 事故因果类型 36
2.3.2 起因物-施害物事故模型 37
2.3.3 多米诺骨牌事故模型 40
2.3.4 其他模型 41
2.4 能量意外释放论 43
2.4.1 基本概念 43
2.4.2 基本观点及优缺点 45
2.4.3 防止能量逆流于人体的措施 45
2.4.4 典型实例 45
2.5 轨迹交叉论 46
2.5.1 基本概念 46
2.5.2 事故模型 47
2.5.3 典型实例 47
2.6 人因素的系统理论 48
2.6.1 S-O-R 的人因素模型 48
2.6.2 操作过程 S-O-R 的人因素的综合模型 51
2.6.3 海尔模型 52
2.7 综合原因论 53
2.7.1 基本概念 53
2.7.2 事故模型 53
2.7.3 典型实例 54
2.8 事故致因 2-4 模型 55
2.8.1 基本概念 55
2.8.2 事故模型 56
2.8.3 典型实例 56
思考题 58

**第 3 章 系统安全分析** 60

3.1 危险和有害因素 60
3.1.1 定义 60
3.1.2 分类 60

3.1.3 危险和有害因素的辨识 65
3.2 系统定性安全分析 65
3.2.1 安全检查及安全检查表 66
3.2.2 预先危险性分析 69
3.2.3 故障类型及影响分析 72
3.2.4 危险及可操作性研究 76
3.2.5 鱼刺图 80
3.2.6 故障假设分析法 84
3.3 系统定量安全分析 87
3.3.1 事件树分析 87
3.3.2 事故树分析 92
3.3.3 蝴蝶结模型* 123
3.3.4 保护层分析* 124
思考题 127

**第 4 章 系统安全评价 128**

4.1 概述 128
4.2 作业条件危险性评价法 129
4.2.1 定义 129
4.2.2 分析步骤 129
4.2.3 应用实例 130
4.3 风险矩阵法 131
4.4 陶氏火灾爆炸危险指数评价法 133
4.4.1 概述 133
4.4.2 评价计算程序 134
4.4.3 典型实例 155
4.5 蒙德评价法 160
4.5.1 概述 160
4.5.2 分析步骤 161

*：选学。

4.5.3　典型实例 170
4.6　危险度评价法 171
4.6.1　评价模型 171
4.6.2　危险度的安全对策 173
4.6.3　实例计算 174
思考题 175

**第5章　系统安全预测 176**

5.1　概述 176
5.1.1　系统安全预测组成 176
5.1.2　系统安全预测种类 177
5.1.3　系统安全预测程序 177
5.1.4　系统安全预测方法 178
5.2　经验推测法 179
5.3　计量模型预测法 180
5.3.1　回归分析预测 180
5.3.2　灰色系统预测 183
5.3.3　马尔可夫链预测 187
5.4　事故后果模型预测法* 189
5.4.1　泄漏模型 189
5.4.2　扩散模型 193
5.4.3　火灾模型 197
5.4.4　爆炸模型 200
5.4.5　中毒模型 205
思考题 206

**第6章　系统安全决策 207**

6.1　概述 207
6.1.1　决策的内涵及分类 207
6.1.2　系统安全决策概念 209

6.1.3　系统安全决策特点 …… 209
6.1.4　系统安全决策要素 …… 210
6.1.5　系统安全决策过程 …… 211
6.2　安全措施决策方案集 …… 212
6.2.1　基本要求与制定原则 …… 212
6.2.2　安全管理措施 …… 213
6.2.3　安全技术措施 …… 214
6.3　方案筛选与属性预处理 …… 215
6.3.1　决策方案筛选方法 …… 215
6.3.2　定性属性量化处理方法 …… 217
6.3.3　属性函数规范化 …… 219
6.3.4　属性权重系数确定 …… 221
6.4　系统安全决策方法 …… 227
6.4.1　ABC分析法 …… 227
6.4.2　技术经济评价法 …… 228
6.4.3　决策树法 …… 230
6.4.4　综合安全决策（评价）法 …… 233
思考题 …… 242

**第7章　系统安全工程实务——安全评价** …… 244

7.1　概述 …… 244
7.1.1　安全评价概念 …… 244
7.1.2　安全评价目的、意义 …… 245
7.1.3　安全评价依据及风险判别指标 …… 245
7.1.4　安全评价分类 …… 250
7.1.5　安全评价与三同时的关系 …… 251
7.1.6　安全评价原理 …… 252
7.1.7　安全评价基本原则 …… 253
7.2　安全评价步骤 …… 254
7.2.1　安全评价的基本程序 …… 254
7.2.2　安全评价方法选择 …… 256

7.2.3 安全评价报告编制 261
7.3 安全评价过程控制体系 264
7.3.1 安全评价过程控制概述 264
7.3.2 安全评价过程控制体系的主要内容 265
7.3.3 安全评价过程控制体系文件的构成及编制 266
7.3.4 安全评价过程控制体系的建立、运行与持续改进 268
7.4 安全评价实例 270
7.4.1 安全预评价实例 270
7.4.2 安全验收评价实例 275
7.4.3 安全现状评价实例 279
思考题 283

**参考文献** 284

# 第1章

# 绪　论

本章主要介绍系统、系统工程、安全、系统安全、安全系统工程、风险与隐患、安全评价等基本概念及特征，以及安全系统工程的发展历程与现状、研究对象、研究内容与研究方法等，为下一步安全系统工程的基本理论与方法的学习奠定基础。

## 1.1 基本概念

### 1.1.1 系统与系统工程

#### 1.1.1.1 系统

(1) 定义

“系统”一词源自英文 system 的音译，意为部分组成的整体。一般系统论创始人路德维希·冯·贝塔朗菲（Ludwig Von Bertalanffy，1901—1972）指出：“系统的定义可以确定为处于一定的相互关系中，并与环境发生关系的各组成部分的总体。”我国著名科学家钱学森认为：系统是由相互作用、相互依赖的若干组成部分结合而成的，具有特定功能的有机整体，而且这个有机整体又是它从属的更大系统的组成部分。长期以来，系统的概念及其特征的描述尚无统一规范的定论，但其基本意义大致相同，即系统是指由相互作用、相互依赖的若干组成部分结合成具有特定功能的有机整体。

系统本身是一种由若干元素组成的集合体，各元素都具有一定的任务和目的，用来完成某种特定功能。每一个系统中的元素相互联系、相互渗透、相互促进，彼此间保持着特定的关系，保证系统所要达到的最终目的。一旦相互间特定的关系遭到破坏，就会造成工作被动和不必要的损失。

客观世界均是由大大小小的系统组成。例如，从基本粒子到河外星系，从人类社会到人的思维，从无机界到有机界，从自然科学到社会科学，系统是普遍存在的。它们之间相互联系，分工合作，以达到整体的共同目标。例如生产系统是由人员、物质、设备、财务、任务指标和信息等按任务水平组成的整体，其功能是在既定的操作或后勤支援的条件下，协同工作，实现预定的生产目标。任何一个工厂、企业都可称为一个系统，在这个系统中，包含管理机关、运行体系；继续往下分，就又出现一个系统，我们称其为子系统，它们包括班组及其成员等。

（2）分类

按照不同的分类标准可把系统划分成以下类型：

① 按照系统的构成要素属性划分。

自然系统：系统的组成单元是自然物，同时也是在客观世界发展过程中自然形成的系统，如天体系统、气象系统、山流系统、植物系统、原子结构系统等。

人工系统：由人类按一定的目的设计和改造而成，并依靠人的智能或机械的动力来实现或完成特定目标的系统，如生产系统、交通系统、电力系统、教育系统、医疗系统、企业管理系统等。

复合系统：是自然系统和人工系统的组合，如农业系统、无线电通信系统、交通管理系统和人机交互系统等。

② 按照系统的存在形式划分。

实体系统：组成系统的要素是具有实体的物质，如机器系统、电力系统等。

概念系统：由概念、原理、方法、程序等非物质实体组成的系统，如各种科学技术体系、法律、法规等。

③ 按照系统包含的范围划分。

小型系统：系统要素少，内部联系简单的系统，如一台机器、一个班组等。

大型系统：系统要素众多，内部联系相当复杂、集中控制困难的系统，一个大系统是由许多小系统组成的，如一个企业、一项大型工程、一个城市等。

④ 按照系统与环境的关系划分。

封闭系统：指与外界环境无联系的系统，即系统与环境无物质、能量、信息的交换。

开放系统：指与外界环境发生联系，能进行物质、能量、信息交换的系统。

⑤ 按照系统状态与时间关系划分。

静态系统：决定系统状态的一些因素不会随时间的变化而改变的系统。

动态系统：决定系统状态的因素随时间的变化而变化的系统。

⑥ 按照物质运动的发展阶段划分。

无机系统：如力学系统、物理学系统、化学系统等。

有机系统：如生物系统等。

人类社会系统：如管理系统、经营系统、作业系统等。

（3）特征

系统各组成部分之间、组成部分与整体之间以及整体与环境之间，存在着一定的有机联系，从而在系统的内部和外部形成一定的结构和秩序。一般而言，系统具有整体性、目的性、相关性、有序性、环境适应性以及动态性六大基本特征。

① 整体性。系统的整体性表现为系统是由两个或两个以上相互区别的要素（单元或子系统），按一定方式有机地组合起来，完成一定功能的综合体。构成系统的各要素虽然具有不同的性能，但它们通过综合、统一形成的整体就具备了新的特定功能，即系统作为一个整体才能发挥其应有功能。系统的观点是一种整体的观点，一种综合的观点。

② 目的性。也称为功能性，是区别不同系统的主要标志。任何系统必须具有明确的功能，完成某种任务或实现某种目的，没有目的就不能成为系统。要达到系统的既定目的，就必须赋予系统规定的功能，这就需要在系统的整体的生命周期，即系统的规划、设计、试验、制造和使用等阶段，对系统采取最优规划、最优设计、最优控制、最优管理等优化措施。

③ 相关性。系统内部各要素之间相互有机联系、相互作用、相互依赖的特定关系决定系统的特性。系统本身不是孤立的，与周围边界条件有密切关系，也就是说，系统必须适应外部环境条件的变化，如果某个要素发生了变化，其他要素也会随之变化，并引起系统的变化。

④ 有序性。也称阶层性，是指组成系统的各要素总是按照一定的顺序和方向发生作用，主要表现在系统空间结构的层次性和系统发展的时间顺序性。系统可分为若干子系统和更小的子系统，而该系统又是其所属系统的子系统，这种关系表现出系统空间结构的层次性。系统的生命过程是有序的，会经历孕育、诞生、发展、成熟、衰老和消亡的过程，这一过程表现为系统发展的有序性。另外，系统的分析、评价、管理都应考虑系统的有序性。

⑤ 环境适应性。系统是由许多特定部分组成的有机集合体，而这个集合

体以外的部分就是系统的环境。一方面，系统从环境中获取必要的物质、能量和信息，经过系统的加工、处理和转化，产生新的物质、能量和信息，然后再提供给环境；另一方面，环境也会对系统产生干扰或限制，环境特性的变化往往能够引起系统特性的变化，系统要实现预定的目标或功能，必须能够适应外部环境的变化。

⑥ 动态性。世界上没有一成不变的系统。动态性是指系统的状态与结构随时间流逝而发生演化的趋势。系统会从无序向有序发展，又从有序向无序发展，一步一步走向更高层次的状态；整个人类社会和自然环境的运行中，系统中各个元素和子系统都会随着时间的推移而不断发生改变。

### 1.1.1.2 系统工程

(1) 定义

系统工程是系统思想在工程上的实践。工程是将自然科学原理应用到各系统中而形成的各学科的总称，如环境工程、管理工程、水利工程、安全工程等。系统工程的基本思想在我国古代有诸多体现，如：战国时期秦国蜀郡太守李冰父子主持建造的四川都江堰水利工程，宋真宗时期大臣丁谓主持的皇宫失火修复工程，以及田忌赛马和孙子兵法等，都是包括系统工程思想萌芽的著名范例。但这些却都不能同现代系统工程相提并论，因为古人没有系统工程概念，没有理论指导，所凭借的主要是个别杰出人物在实践中练就的杰出经验和艺术，因而不能系统地传授，无法大规模地推广应用。

系统工程是20世纪50年代发展起来的一门有关组织管理技术的新兴学科，是以系统为研究对象，以现代的科学技术为研究手段，以实现系统最优化为研究目标的科学技术。它是一种管理方法，是一种用于管理系统的规划、研究、设计、制造、试验和使用的科学方法。系统工程直接用于改造客观世界的实践活动，应用于解决实际问题，强调的是实用性。它的广泛应用和快速发展为各行各业、各个领域管理的现代化提供了基本理论和方法。

系统工程从系统的观点出发，跨学科地考虑问题，运用工程的方法去研究和解决各种系统问题。具体地说，就是运用系统分析理论，对系统的规划、研究、设计、制造、试验和使用等各个阶段进行有效的组织管理。它科学地规划和组织人力、物力、财力，通过最佳方案的选择，使系统在各种约束条件下，达到最合理、最经济、最有效的预期目标。它着眼于整体的状态和过程，而不拘泥于局部的、个别的部分，是一种对所有系统都具有普遍意义的科学方法。这个定义表示：①系统工程属工程技术范畴，主要是组织管理各类工程的方法论，即组织管理工程；②系统工程是解决系统整体及其全过程优化问题的工程技术；③系统工程对所有系统都具有普遍适用性。

关于系统工程所属各自学科的命名问题，钱学森指出：正如工程技术各有关专业一样，系统工程也还是一个总类名称，因体系性质不同，还可以再分类，如工程体系的系统工程叫某某系统工程（如人工智能系统工程），生产企业或企业体系的系统工程叫经济系统工程。这种命名原则为系统工程在各专门领域的发展指明了方向，从而也避免了关于名词术语叫法的不必要的争论。

系统工程已在我国受到普遍重视和应用，在全面质量管理、计划评审技术、价值工程等方面的应用取得了显著效果；在生态、区域、能源规划等系统中得到了较好的应用。

（2）理论基础

系统工程是在现代科学技术基础之上发展起来的一门跨学科的边缘学科，由大系统论、一般系统论、控制论、信息论等多门学科相互渗透、交叉发展而成，但究其理论基础，大致可分为两类：共同理论基础和分支理论基础。

共同理论基础是奠定和发展系统工程理论和方法的专业知识，如运筹学、控制论、信息论、计算科学等，其发展为系统工程提供了理论和方法，为系统分析、综合、优化和控制提供了可靠的理论依据和手段。

分支理论基础是系统工程实践中所需的专业知识，它是系统工程应用到某一特定领域时所需的特殊理论基础，如安全系统工程是系统工程在安全领域中的应用，必须以系统工程为其理论基础，才能解决生产过程中的安全问题，并使之达到最优状态。

（3）特征

系统工程的基本原理就是运用管理工程的方法组织管理这个系统，它以系统为对象，把要组织和管理的事物，用概率、统计、运筹和模拟等方法，经过分析、推理、判断和综合，建成某种系统模型，以最优化的方法，求得最佳化的结果，使系统达到技术上先进、经济上合算、时间上节约、能协调运转的最优效果。因此，它具有以下特征：

① 优化方法使系统达到最佳；

② 与具体的环境和条件、事物本来的性质和特征的密切相关性；

③ 它着眼于整个系统的状态和过程，而不拘泥于局部的、个别的部分，它表现出系统最佳途径并不需要所有子系统都具有最佳的特征；

④ 它包含着深刻的社会性，涉及组织、政策、管理、教育等上层建筑因素；

⑤ 它的精华在于，它是软技术，即在科学技术领域，由重视有形产品转

向更加重视无形产品带来的效益。

与一般工程相比，系统工程具有高强度综合性：

① 研究对象的综合性。一般工程学（如机械工程、电气工程、土木工程、水利工程等）有它自己特定的物质对象，而系统工程可以把各种事物作为对象，包括自然现象、生态、人类和社会的组织体，以及管理方法和程序等；

② 科学知识的综合性。它不仅包括物理、化学、数学等基础自然科学，以及控制论、信息论、管理科学等学科，而且还包括心理学、医学、社会学、经济学等；

③ 考核效益的综合性。一般工程学较多着眼于技术合理性，如技能、结构、效率等，而系统工程是从系统最优化出发，考虑功能、规划、组织、协调等组织管理性质之类的问题。

(4) 组成与研究内容

系统工程的组成包括三个方面。

① 基本思想，即系统分析或系统方法，是将系统作为研究对象，进行分析、设计、制作及其运用的方法。

② 程序体系，从实际经验中总结而来。在解决一个具体项目时，要求把项目或过程分成几大步骤，而每个步骤又按一定的程序展开。保证系统思想在每个部分、每个环节上体现出来。

③ 最优化方法，当一个问题按照程序展开，明确具体环节，建立数学模型后，就可用数学方法进行优化。

系统工程的主要研究内容是系统的模式化、最优化和综合评价，进而对系统进行定性和定量分析，为决策提供最优方案。系统工程几乎应用了各类学科的知识，其中最为重要的有数学、运筹论、控制论；系统工程方法所解决的问题，几乎都适用于解决安全问题。例如，决策论在安全方面可以预测发生事故可能性的大小，排队论可以减少能量的储积危险，线性规划和动态规划可以合理防止事故；数理统计、概率论和可靠性，则更广泛地应用于风险评估、事故分析与决策。因此，系统工程方法的应用可使得系统的安全状态达到最佳。

(5) 基本观点

根据系统工程的特征，在处理问题时，以下系统工程的基本观点是值得强调的。

① 全局的观点。强调把要研究和处理的对象看成一个系统，从整个系统（全局）出发，而不是从某一个子系统（局部）出发。全局性的观点承认并坚持：凡是系统都要遵守系统学第一定律，即系统的属性总是多于组成它的元素在孤立状态时的属性；在复杂系统内部或这个复杂系统和环境中其他系统之

间，存在着复杂的互依、竞争、吞噬或破坏关系；一个系统可以在一定的条件下由无序走向有序，也可以在一定的条件下由有序走向无序；对于非工程系统的研究，必须保证模型和原系统之间的相似性等基本观点。

② 总体最优化的观点。人们设计、制造和使用系统最终是希望完成特定的功能，而且总是希望完成的功能效果最好，即所谓的最优计划、最优实际、最优控制和最优管理和使用等。值得注意的是，近年来关于多目标最优性的讨论，由于考虑的功能很多，有的系统方案在某些方面功能较好，而在其他方面则较差，难以寻找到十全十美的系统。因此，在一些互相矛盾的功能要求中，必须有一个合理的妥协和折中，再加上定性目标的研究有时很难做到定量的最优化。因此，近年来有人开始提出“满意性”的观点，也就是总体最优化的观点。

系统总体最优化包含三层意思：一是空间上要求整体最优；二是从时间上要求全过程最优；三是总体最优化是从综合效应反映出来的，它并不等于构成系统的各个要素（或子系统）都是最优。

③ 实践性的观点。系统工程和某些学科的区别是它非常注重实用，如果离开具体的项目和工程也就谈不上系统工程。正如钱学森指出的：“系统工程是改造客观世界的，是要实践的。”当然，实践性并不排斥对系统工程理论的探讨和对其他项目系统工程经验的借鉴。

④ 综合性的观点。由于复杂的大系统涉及面广，不但有技术因素，还有经济因素、社会因素等，仅靠一两门学科的知识是不够的，需要综合应用诸如数学、经济学、运筹学、控制论、心理学、社会学和法学等各方面的学科知识；由于某一个人所掌握的学科知识有局限性，因此系统工程的研究须吸收各方面的专家、领导、工程技术人员乃至有经验的工人，组成一个联合攻关和研讨小组开展工作。

⑤ 定性和定量分析相结合的观点。应用系统工程来研究或解决问题时，强调把定性与定量分析结合起来。因为在处理某些庞大而复杂的系统时，经典数学的精确性与复杂系统中某些因素的不确定性存在着不少矛盾，因此，在对整个系统进行定性和定量分析时，必须合理地将两者有机地结合起来。脱离定性分析而进行的定量分析，只能是数学游戏，不能说明系统的本质问题；相反，若仅对系统进行定性分析，而忽略定量分析，就不可能得到最优化的结果。

### 1.1.2　系统安全与安全系统工程

#### 1.1.2.1　安全

（1）含义

安全通常泛指人没有受到威胁、危险、危害、损失的一种状态，即通过持续的危险识别和风险管理过程，将人类的生命、财产、环境可能产生损害的风险降低并保持在可接受的水平或其以下。安全还可以表述为人们的一种理念，即人和物不会受到伤害和损失的理想状态；安全也可以表述为一个复杂系统的动态过程或一个特定的相对稳定的状态，过程或状态的目标在受时间和风险大小约束条件下，使人、物不会受到伤害或损害。

安全与人们的生产和生活息息相关，因此也产生了大量有关安全的术语。安全有狭义安全和广义安全之分。狭义安全是指某一领域或系统中的安全，如生命安全、财产安全、设备安全、系统安全、环境安全、食品安全、社会安全、国家安全等，每种术语都代表了具有相关特点的安全问题，具有特定的含义。广义安全，即大安全，是以某一领域或系统为主的安全，扩展到生活安全与生存安全领域，形成生产、生活、生存领域的大安全。

从上述安全术语的含义可看出：安全表述的是一个复杂物质系统的动态过程或状态，过程或状态的目标是使人和物不会受到伤害或损失。更重要的是，安全与否是从人的身心需求的角度或着眼点提出来的，是针对与人的身心存在状态直接或间接相关的事或物而言的。因此，对于与人的身心存在状态无关的事物来说，根本不存在安全与否的问题，即安全还可以表述为：安全是人的身心免受外界（不利）因素影响的存在状态（包括健康状态）及其保障条件。

生产过程中的安全，即安全生产，指的是不发生工伤事故、职业病、设备和财产损失的状况，即指人不受伤害，物不受损失。工程上的安全性是用概率上的近似客观量来衡量安全的程度。在生产活动中，人们处于各种不同的生产环境和工作条件下，使用着各种机器、设备、工具和原料生产，构成“人-机-材料-环境”系统。系统安全包含许多创新的安全新概念：认为世界上没有绝对安全的事物，任何事物中都包含不安全的因素，具有一定的危险性。安全只是一个相对的概念，是一种模糊数学的概念；危险性是对安全性的隶属度，当危险性低于某种程度时，认为是安全的。安全工作贯穿于系统整个寿命期间，安全性（$S$）与危险性（$D$）互为补数，即

$$S=1-D \tag{1-1}$$

(2) 认识历程

安全是人类生存和发展的基本要求，是生命与健康的基本保障。一切生活、生产活动都源自生命的存在，如果人们失去了生命，也就失去了一切。因此，从一定意义上讲，安全就是生命。自从人类诞生以来，就离不开生产和安全这两个基本要求。然而人类对安全的认识却长期落后于对生产的认识。人类对安全认识的历程大致可以分为以下 4 个阶段。

① 被动安全认识阶段。指工业革命以前，生产力和仅有的自然科学都处

于自然和分散发展的状态，人类对自身的安全问题还未能自觉地认识和主动采取专门的安全技术措施。

② 局部的安全认识阶段。指工业革命以后，生产中已使用大型动力机械和能源，导致生产力与危害因素同步增长，促使人们局部认识安全并采取措施。

③ 系统的安全认识阶段。系统的安全认识阶段是由于形成了军事工业、航天工业，特别是原子能和航天技术等复杂的大型生产系统和机器系统，局部安全认识和单一的安全技术措施已无法满足生产生活中对安全的需要，必须发展与生产力相适应的生产系统并采取安全措施。

④ 动态的安全认识阶段。当今生产和科学技术的发展，特别是高科技的发展，静态的安全系统安全技术措施和系统的安全认识即系统安全工程理论已不能满足动态过程中发生的，具有随机性的安全问题，必须采用更加深刻的安全技术措施和安全系统认识。

(3) 属性

安全所涉及的因素是纷繁复杂的，因素之间、因素与目标之间的关系是复杂的，这都与安全的属性相关。这里的安全属性主要是人的安全，可以从人的属性来理解；人的本性表现为自然属性和社会属性，相应的安全也具有自然属性和社会属性。

① 安全的自然属性。指安全要素中那些与自然界物质及其运动规律相联系的现象和过程。人类生产活动是人与自然界进行能量和物质变换的过程。人是生产的主体，也是自然界演化出来的高度发展的物质。人在劳动活动中的体力、智力支出及其安全健康存在的条件，同样受到生物学规律的支配。人在生产过程中所使用的能量、设备、原材料和人工自然环境等物质因素发生机械的、物理的、化学的和生物学的运动变化和由此带来对人的不利影响，以及人们为控制危险因素所采取的物质技术措施，都遵循自然界物质运动规律。安全的自然属性，正是反映了人与自然关系中的物质属性和自然规律，属于自然科学的研究对象。

② 安全的社会属性。指安全要素中那些同人与人的社会结合关系及其运动规律相联系的现象和过程。人类生产从来不是个人的孤立行为，而是在人与人之间形成一定社会关系条件下进行的社会生产活动。作为社会主体的人，不仅是生物人，更是社会人，即一定劳动生产力的承担者、一定生产关系（首先是利益关系）的承载者、一定政治关系和意识形态的体现者。正如马克思所说人是“一切社会关系的总和”。因而，人的安全需要是社会性的人在生产和社会活动中有目的、有意识的行为，是人们的社会地位、利益、思想观念和政治

关系的体现。从物的方面来看，生产和安全活动中的物质因素虽然遵循自然规律，但它们也是由人所利用和支配的，依存于一定社会因素和社会条件。例如，采用某种工艺、设备及安全投入水平，都是在一定社会条件下的人所决定的。安全的社会属性，正是反映人类生产活动中人与人的社会关系及其对安全的作用和机制，遵循社会运动规律，属社会科学研究对象。为研究方便，可按社会结构的层次，将安全的社会属性分为生产力属性、利益关系属性、社会生活属性、文化属性和政治属性。

由此可知，安全的自然属性与社会属性中均存在着促动安全的主动因素，这正是安全科学发展的客观基础。安全问题纷繁复杂的关系正是由于安全问题的自然属性与社会属性的交融，就像人的本质属性之一是社会属性一样，社会的复杂性使人际关系复杂，社会的复杂性也是安全问题复杂的重要原因之一。

(4) 基本特征

① 安全的必要性和普遍性。安全是人类生存的必要前提，安全作为人的身心状态及其保障条件是绝对必要的。而人和物遭遇到人为的或自然的危害或损坏极为常见，因此，不安全因素是客观存在的。人类生存的必要条件首先是安全的，如果生命都不能保证，生存就不能维持，繁衍也无法延续。实现人的安全又是普遍需要的。在人类活动的一切领域，人们必须尽力减少失误、降低风险，尽量使物趋向于本质安全化，使人能控制和减少灾害，维护人与物、人与人、物与物相互间的协调运转，为生产活动提供必要的基础条件，发挥人和物的生产力作用。

② 安全的相对性。“安全”一词描述的是一种状态，其本身带有很大的模糊性、不确定性和相对性，即安全所描述的状态具有动态特征，它是随时间而变化的，这种状态绝非是一种事故为零的所谓“绝对安全”的概念。从科学的角度来讲，“绝对安全”是一种极端的理想状态，在现实生产系统中很难达到，甚至是不存在的，但却是社会和人们努力追求的目标。但由于绝对安全过分强调安全的绝对性，其应用范围受到了很大限制，因此产生了与其相对应的人们普遍接受的相对安全。从安全技术角度来讲，安全是相对的，外界条件改变，安全状态也会发生变化。某一事物在特定条件下是安全的，但在其他条件下就不一定是安全的，甚至可能发生危险（即安全具有相对性）。

③ 安全的局部稳定性。无条件地追求系统的绝对安全是不可能的，但有条件地实现局部安全，是可以达到的。只要利用系统工程原理调节和控制安全的要素，就能实现局部稳定的安全。安全协调运转正如可靠性及工作寿命一样，有一个可度量的范围，其范围由安全的局部稳定性所决定。

④ 安全的经济性。安全与否，直接与经济效益的增长和损失相关。从安

全的功能看，可以直接减轻或免除事故或危害事件给人、社会或自然造成的损伤，实现保护人类财富、减少无益损耗和损失的功能；同时还可以保障劳动条件和维护经济增值过程，实现其间接为社会增值的功能。

⑤ 安全的复杂性。安全与否取决于人、物、环境及其相互关系的协调，实际上形成了人（主题）-机（对象）-环境（条件）运转系统，这是一个自然与社会结合的开放巨型系统。在安全生产活动中，由于人的主导作用和本质属性，包括人的思维、心理、生理等因素以及人与社会的关系，即人的生物性和社会性，安全问题具有极大的复杂性。

⑥ 安全的社会性。安全与社会的稳定直接相关。无论是人为灾害还是自然灾害，如生产中出现的伤亡事故，交通运输中的车祸，家庭中的伤害及火灾，药物与化学品对人体健康的影响等都会给个人、家庭、企事业单位或社会群体带来心灵和物质上的伤害，成为影响社会安定的重要因素。安全的社会性的一个重要方面还体现在各级行政部门以及国家领导或政府高层决策者的影响，如“安全第一，预防为主，综合治理”为基本国策，反映在国家的法令、各部门的法规及职业安全与卫生的规范标准等，从而使社会和公众在安全方面受益。

#### 1.1.2.2　系统安全

系统安全是指在系统运行周期内，应用系统安全管理及安全工程原理，识别系统中的危险源，并采取控制措施使其危险性最小，从而使系统在操作效率、使用期限和投资费用的约束条件下达到最佳的安全程度。换言之，系统安全是系统在一定的功能、时间和费用的约束条件下，使系统中人员和设备遭受的伤害和损失减为最少；也就是说，系统安全是一个系统的最佳安全状态。要使系统达到安全的最佳状态，应满足：

① 在能实现系统安全目标的前提下，系统的结构尽可能简单、可靠；

② 配合操作和维修用的指令数目最少；

③ 任何一部分出现故障，保证不导致系统运行中止或人员伤亡；

④ 备有显示事故来源的检测装置或警报装置；

⑤ 备有安全可靠的自动保护装置并执行行之有效的应急措施。

与传统的工业安全相比较，系统安全包含许多新的安全理念。这些理念丰富和发展了安全科学，并指导安全工程实践向更成功的方向发展。系统安全认为，系统中存在的危险源是事故发生的根本原因。由于系统中不可避免地存在危险源，相应地系统不可避免地发生事故，导致人员伤亡、财产损失或环境污染的危险性。绝对的安全并不存在，安全是相对的，危险是绝对的，所谓的安全只不过是没有超过允许限度的危险，即可接受的危险（acceptable risk）。系统安全追求的不是“事故为零”那样的理想目标，而是通过控制危险源使系统在规定的性能、时间和成本范围内达到的最佳安全程度，是一种现实目标。

系统安全认为，系统可靠性是系统安全性的基础，系统不可靠是系统不安全的原因。从系统安全的角度，所谓系统不可靠是指危险源控制措施不可靠。系统不可靠是因为构成系统的要素不可靠，物的要素可能发生故障或失效；作为系统要素的人也有可靠性问题，人会发生失误。除了人的不安全行为、物的不安全状态外，物的故障和人失误也是事故发生的重要原因。提高系统的安全性必须提高系统的可靠性。这样，可靠性工程就成为系统安全工程的基础。许多系统可靠性分析技术，如故障类型和影响分析、故障树分析和事件树分析等，都成为系统安全分析的有力工具、系统概率危险性评价的基础。系统安全充分体现了系统工程的基本理念，注重系统整体的安全性，注重系统整个寿命期间的安全性，特别强调在系统的早期阶段通过设计消除、控制危险源。系统安全的一个重要原则是，早在一个新系统的构思阶段就必须考虑其安全性问题，制定并开始执行安全工作规划，进行系统安全工作，并把系统安全工作贯穿于整个系统寿命期间，直到系统报废为止。

#### 1.1.2.3 安全系统工程

（1）定义

安全系统工程是指应用系统工程的基本原理和方法，预先识别、分析系统存在的危险因素，评价并控制系统的风险，使系统安全性达到预期目标的一门综合性技术科学。安全系统工程是从根本和整体上来考虑安全问题的，它为安全工作者提供一个既能对系统发生事故的可能性进行预测，又可以对安全性进行定性、定量评价的方法，从而为有关决策人员采取安全措施提供决策依据。

对安全系统工程的定义，可以从以下几个方面理解：

① 安全系统工程是系统工程在安全工程学中的应用，安全系统工程的理论基础是安全科学和系统科学；

② 安全系统工程追求的是整个系统或系统运行全过程的安全；

③ 安全系统工程的核心是系统危险因素的识别、分析，系统风险评价和系统安全决策与事故控制；

④ 安全系统工程要达到的预期安全目标是将系统风险控制在人们能够容忍的限度以内，也就是在现有经济技术条件下，最经济、最有效地控制事故，使系统风险在安全指标以下。

安全系统工程的基本程序：

① 发现系统中的危险源与事故隐患；

② 预测由于事故隐患和人为失误可能导致的伤亡或损失事件；

③ 设计和选用控制事故的安全措施和方案进行安全决策；

④ 组织安全措施和对策的实施；

⑤ 对系统及其安全措施效果做出评价；

⑥ 动态适时调整和改进，以求系统运行能取得最佳安全效果。

（2）特点

在工业领域内引进安全系统工程的方法是具有很多优越性的，安全系统工程使安全管理工作从过去的凭直观经验进行主观判断的传统方法，转变为定性、定量分析，它须具有以下五个特点：

① 通过安全分析，了解系统的薄弱环节及其可能导致事故的条件，从而采取相应的措施，预防事故的发生；通过安全分析，还可以找到事故发生的真正的原因，查找到以前未想到的原因，定性地确定系统的危险程度，定量地分析可能发生事故的大小，采取相应的措施预防事故的发生。

② 通过安全评价和优化技术的选择，可以找出适当的方法使各个子系统之间达到最佳配合状态，用最少的投资创造最佳的安全效果，大幅度地减少伤亡事故的发生。

③ 安全系统工程的方法不仅适用于工程技术，而且适用于安全管理。在实际工作中已经形成了安全系统工程与安全系统管理两个分支。它的应用范畴可以归纳为发现事故隐患、预测故障引起的危险、设计和调整安全措施方案、实现安全管理最优化、不断改善安全措施和管理方法五个方面。

④ 可以促进各项安全标准的制定和有关可靠性数据的收集。安全系统工程既然需要评价，就需要各种标准和数据。如允许安全值、故障率数据以及安全设计标准、人机工程标准等。

⑤ 可以迅速提高安全技术人员的管理水平。要搞好安全系统工程，必须熟悉生产的各个环节，掌握各种安全分析方法和评价方法，对提高安全管理工作人员的质量和水平有很大的推动。

（3）任务

安全系统工程的主要任务有以下几点。

① 危险源辨识。

② 分析、预测危险源由触发因素作用而引发事故的类型及后果。

③ 设计和选用安全措施方案，进行安全决策。

④ 安全措施和对策的实施。

⑤ 对措施效果做出总体评价。

⑥ 不断改进，以求最佳效果，使系统达到最佳安全状态。

### 1.1.3 风险与隐患

（1）危险源

定义：可能导致人身伤害和（或）健康损害的根源、状态或行为。

分类：第一类危险源，可能发生意外释放的能量或能量载体。其决定了事故后果的严重程度，是导致事故发生的根源。第二类危险源，危险源定义中的不安全状态、行为，包括人的不安全行为、物的不安全状态、管理缺陷等，影响约束能量和有害物质屏障失效，从而导致事故发生。

（2）风险

在安全生产领域，"风险"是指生产目的与劳动成果之间的不确定性，是指某一事项发生的可能性及其后果的结合。企业在实现其目标的经营活动中，会遇到各种不确定性事件，这些事件发生的概率及其影响程度是无法事先预知的，这些事件将对经营活动产生影响，从而影响企业目标实现的程度。这种在一定环境下和一定限期内客观存在的、影响企业目标实现的各种不确定性事件就是风险。简单来说，所谓风险就是指在一个特定的时间内和一定的环境条件下，人们所期望的目标与实际结果之间的差异程度。风险的两种典型表述如下：

表述 1：事件后果（包括情形的变化）和事件发生可能性的组合 [《风险管理　术语》(GB/T 23694—2013)]。

表述 2：不确定性的影响 [《职业健康安全管理体系 要求及使用指南》(GB/T 45001—2020)]，其中，不确定性是指对事件及其后果或可能性缺乏甚至部分缺乏相关信息、理解或知识的状态；影响是指对预期的偏高——正面的或负面的。

$$风险(R)=可能性(L)\times后果(C) \tag{1-2}$$

对风险进行更加细致的划分，它主要有三种含义：

① 风险具有负效应和未知性两种特性。负效应将会导致人们所期盼的目标无法实现。安全风险就是通过未知后果事件发生的概率及其造成破坏的能力之间的函数关系所得的结果，如公式 $F=f(P,H)$（式中，$F$ 为安全风险；$f$ 为函数关系；$P$ 为未知后果事件发生的可能性；$H$ 为破坏能力）。

② 风险是随机出现的。一般情况下，风险发生的可能性可以用概率论的方法来研究，通常我们会用概率来描述风险发生的可能性。

③ 风险是指一种在未知的时间会造成的负效应后果的状态。风险是指由危险源或其他不利影响因素造成损失、伤害的可能性和后果的结合。风险总是

与某个危险源及特定事件相关联，离开危险源及特定事件谈论风险是毫无意义的；风险指危险源导致事件发生的可能性和事件发生后果。

对于风险的基本因素，日本学者武井勋于1983年在其著作《风险理论》中做了概括：风险与不确定性有所差异；风险是客观存在的；风险可以被测算。风险管理不是追求“零”风险，而是强调在可接受的风险下，可根据各种资料、手段、途径来预测、控制偶发事件，并追求最大的利益，这种安全目标是可以达到的。

国际标准化组织（International Organization for Standardization，ISO）发行的最新版“风险”界定标准中规定，风险是不稳定因素对风险对象的发展宗旨所造成的最终结果。其中，“结果”是指最终所产生的基本影响或导致实际发展与预期效果所产生的基本偏差；“宗旨”是一个综合性概念，其涉及项目发展的多元化发展目标与原则的设定；“风险”是一种潜在的可控性概念，其存在前提取决于能否做好有效的防范与规避，所产生的结果也能够实施定性与定量评价。虽然“风险”的概念针对不同研究对象与研究环境，具体指向有所差异，但总的来说，主要具备以下特点：

① 受主客观因素的多重影响。一方面，其特指事物发展到一定阶段所必然呈现的发展趋势，不受人的意志的左右，所以很难对其完全规避，最终会因不可抗因素造成不同程度的后果。另一方面，风险参与主体是能够根据实际情况，进行风险防范与识别，全面监测风险全过程，从而干预最终的发展走向，因此，主观性明显。

② 不稳定性。“风险”的潜在属性决定了其最终呈现状态要受到内外条件的影响，从而导致最终会产生不稳定性的发展趋势。

③ 可统计性。由于“风险”不是一个独立元素，其受到内外多种因素的影响，因此定量分析难度较大。单一风险在特定时间段内的发生是按照一定发展规律所进行的，因此可以充分利用此规律评估风险发展的基本走向，以明确具体的应对措施，降低风险损失程度。

④ 损失性。风险状况的出现必然会导致实际发展与预期效果有所出入，而一般情况下都会导致不同程度的损失后果，因此在实际的生产环节中，在进行风险评估时需要特别重视外界环境及不可抗因素的影响。如煤矿项目建设存在周期较长，作业环境复杂，操作工艺难度较大等问题，需要在对人员培训时重视安全意识的培养，严格规范操作技术，同时对作业过程中的粉尘、瓦斯及水灾等突发性事故因素也要进行有效辨识与评估，因此，就需要区分隐患、风险及危险的基本概念。隐患是在特定生产中，事物发展所蕴含的可能因不当操作所触发的不稳定性因素，其安全水平是要比风险有所降低的；危险则涉及不

同的对象，主要是来自外界环境的影响而导致的人员伤亡或财产损失。可以认为，风险是危险的内在形式，其能够通过总结事件发生的概率来界定风险等级。风险用函数形式能够表示为：

$$R=f(PC) \tag{1-3}$$

式中，$R$ 为风险事件本身；$P$ 为该事件产生的概率；$C$ 为事件最终可能产生后果的严重程度。若以潜在损失的程度进行衡量，可将其转换为：

$$R=PL \tag{1-4}$$

式中，$P$ 为风险最终的概率；$L$ 为风险所产生的潜在损失。按照式(1-3)或式(1-4) 计算 $R$，对各项风险指标予以排列，并得出风险等级，这也是现阶段应用较为普遍的风险量化法之一。

换言之，风险是可以计算的、风险是可以控制的、风险是可以削减的、事件发生的概率或其影响是可以减少的；风险管理并不是追求“零”风险，而是强调在可接受的风险下，实现利益最大化。

(3) 隐患

隐患，含义是潜在的危险，有发生危险的可能，即为失控的危险源，是指伴随着现实风险，发生事故的第二类危险源。隐患一般包括人（人的不安全行为)、物（物的不安全状态)、环（作业环境的不安全因素)、管（安全管理缺陷）4 个方面。

在工作生产过程中，一般将隐患定义为：生产经营单位违反安全生产法律、法规、规章、标准、规程和安全生产管理制度的规定，或者因其他因素在生产经营活动中存在可能导致事故发生的危险状态、人的不安全行为和管理的缺陷。隐患是有层级性的，从国家层面来说，一个高危行业就是一个隐患；对于高危行业来说，作业过程的每一个工作步骤就是一个隐患；从管理方面来说，企业决策层没有制定详细的安全管理计划也是隐患。总而言之，隐患是人、机、环、管四个方面中存在的不良状态，是可以预防、消除的，并且是在生产活动中产生，以动态的方式存在。

隐患的内涵变化经过了以下几个阶段：

① 涉及物的状态。以《现代劳动关系辞典》（宛茜等，2000）中事故隐患定义为代表，指“企业的设备、设施、厂房、环境等方面存在的能够造成人身伤害的各种潜在的危险因素”。

② 涉及物的状态和管理。《职业安全卫生术语》（GB/T 15236—2008）中把“事故隐患”定义为：可导致事故发生的人的不安全行为、物的不安全状态及管理上的缺陷。事故隐患是由环境条件和物的状况不良以及管理上的缺陷而形成的。事故的发生是物的不安全状态和人的不安全行为两大因素共同作用的结果。

③ 涉及物的状态、人的行为和管理。事故隐患被定义为"可导致事故发生的物的危险状态、人的不安全行为及管理上的缺陷"。

④ 涉及违反法律等规定。以《安全生产事故隐患排查治理暂行规定》(国家安全生产监督管理总局令［2007］第 16 号）为代表，安全生产事故隐患（简称事故隐患）是指"生产经营单位违反安全生产法律、法规、规章、标准、规程和安全生产管理制度的规定，或者因其他因素在生产经营活动中存在可能导致事故发生的物的危险状态、人的不安全行为和管理上的缺陷"。显然，该定义增加了违反法律规定等方面的内容。

(4）事故

定义：生产经营活动中发生的造成人身伤亡或者直接经济损失的事件。事故的发生是多种因素作用或是一种因素恶性发展的结果，因此事故具有一定的突发性、危害性、严重性、复杂性。

(5）危险源、风险、隐患与事故的关系

有危险源就一定有风险，危险源是风险的载体，而风险是对危险源在未造成任何损失情况下的主观评估，靠人力、物力没有办法消除，只能进行定期监控，保证其处于安全可控的状态；隐患是将考虑事故发生的可能性转变成了现实存在。因此，风险是不能够被消除的，而隐患通过治理是可以被消除的。危险源、风险、隐患均可能导致事故发生，而隐患又是导致事故发生的直接原因；危险源、风险识别不到位、不全面则是事故发生的间接原因。风险不等于隐患，风险更不等于事故；风险管控失效才能形成隐患，隐患不及时治理才能导致事故。风险里包含多种发生的因素，隐患只是其中之一，而不是全部因素；隐患排查治理可以达到降低风险的目的，但不能消除风险，风险不可能为零，如图 1-1 所示。

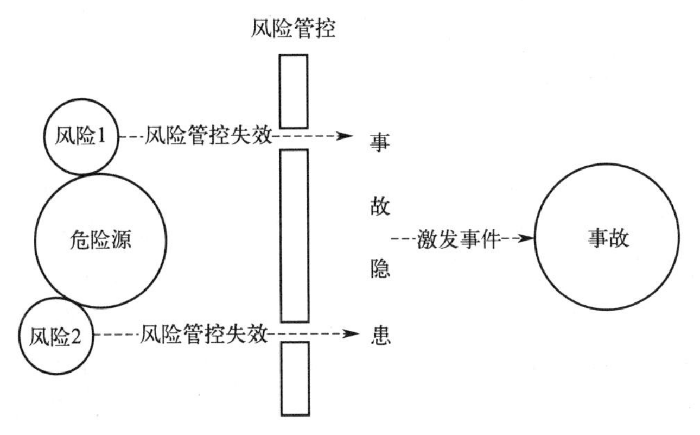


图 1-1　危险源、风险、隐患与事故的关系示意图

# 1.2 安全系统工程的产生、发展与现状

## 1.2.1 安全系统工程的产生

安全问题是随着生产的产生而产生，随着生产的发展而发展。18 世纪发明了蒸汽机，使火车、轮船有了动力，但蒸汽锅炉却不断发生爆炸事故。从 19 世纪初到 20 世纪初这 100 年的统计可得，美国约发生了 1 万次锅炉爆炸事故，死亡人数超过 1 万人。从 1898 年美国发生第一次汽车亡人事故的 100 多年来，全世界死于车祸的已超过 3000 多万人，目前全世界平均每年有大约数十万人死于车祸。

1984 年 12 月 3 日印度博帕尔的美国联合碳化物属下的联合碳化物（印度）公司剧毒化工原料氰化物泄漏事故，造成 2.5 万人直接死亡，55 万人间接致死，20 多万人永久残疾的大惨案，引起世界震动。

1986 年 1 月 28 日美国航天飞机“挑战者”号发射升空时发生爆炸事件，使 7 名宇航员连机毁于一瞬间，给人们心中留下了沉重的阴影（图 1-2）。1986 年 4 月 26 日苏联切尔诺贝利大型核电站，由于控制核裂变的第四动力机组的水冷系统发生故障，反应堆中产生的热量不能散发，导致核燃料起火，释放出大量的放射性物质，造成周围数十公里地区的严重污染，至少使 30 多人死亡，数以千计的人受到不同程度伤害。

图 1-2 “挑战者”号航天飞机失事

1987 年 3 月 15 日凌晨 2 时 39 分，某省亚麻纺织厂的梳麻、前纺、细纱 3 个车间发生一起因亚麻粉尘超过安全系数而引起的重大爆炸事故。

一次又一次的事故表明：①事故是在不符合客观规律要求的生产过程中产生的。事故的破坏力随着生产的发展而日趋严重，系统安全性是现代化生产的首要必要条件，即“安全第一”。②事故是可以避免和预防的。随着人们对生产过程客观规律的认识科学化，安全管理得到企业、行业的重视，国家和有关部门不断地制定颁布有关法令、法规，企业和职工严格贯彻执行，遵纪守法，事故是可以预防的。③现代化的生产必须要有现代化的安全管理技术和方法相

配套，来保证现代化生产的安全可靠性。为此，人们总想找到一种方法，能够掌握事故成因及其规律，对事故危险做出定性或定量的评价，以便预先警告事故的危险性，能够明确安全目标，并能在现有的系统功能、时间、投资费用限定的条件下，找到改善系统安全的最优方案。安全系统工程就是为达到此目的而产生并发展的。

### 1.2.2 安全系统工程的发展历程

安全系统工程是现代科学技术发展的产物，它的发展是与军事工程、尖端技术的紧迫需要密切相连的，由于发展迅速，正在形成一门独立的学科，其发展历程如图 1-3 所示。

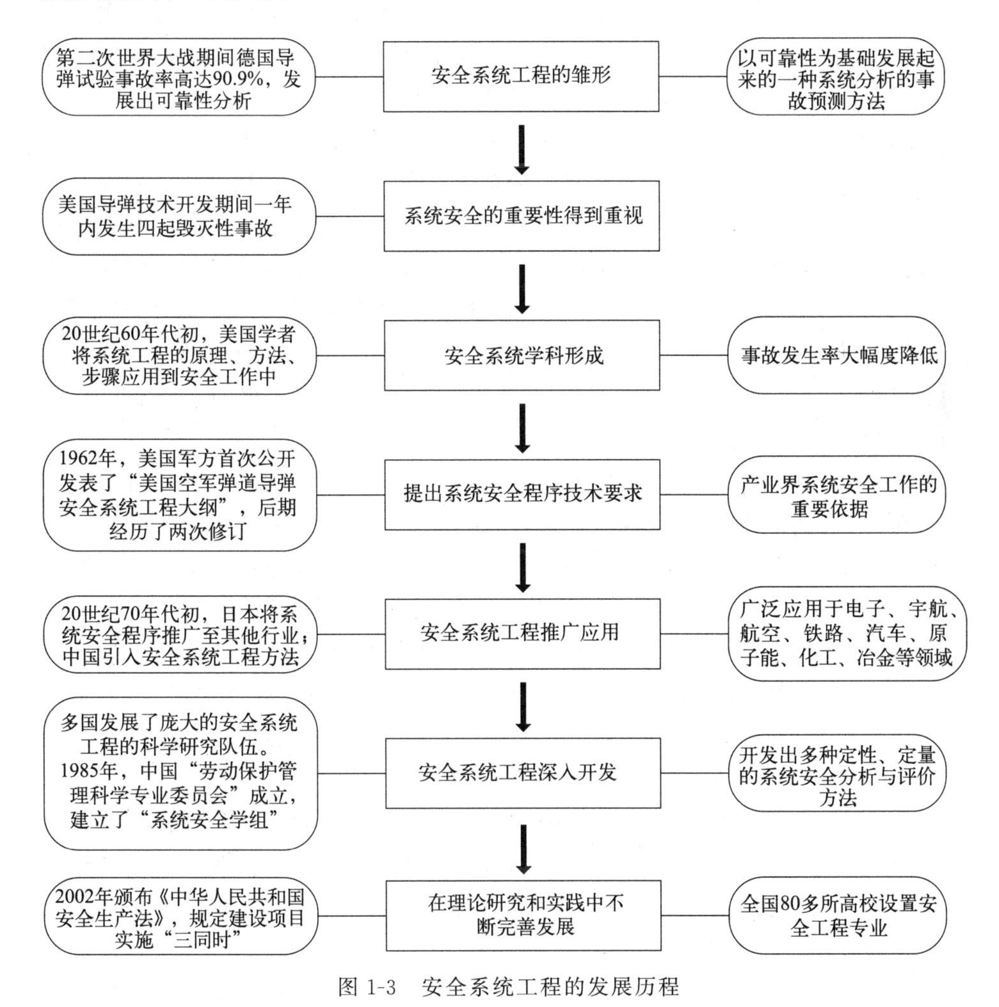


图 1-3 安全系统工程的发展历程

(1) 国外发展历程

第二次世界大战期间，德国试验 V-1 型导弹时，发射 11 次就失败了 10 次，事故率高达 90.9%，于是请来了数学家和物理学家，进行可靠性研究，这就是安全系统的雏形。它是以可靠性为基础发展起来的，是一种系统分析的事故预测方法。第二次世界大战结束后，当时美国专门研究国防战略的兰德公司，分析了德国 V-2 导弹之后，向政府提出了一份研究人造卫星的初步设计报告，但由于当时美国在军事上的盲目乐观而没有采用。

1957 年，苏联宣布制成了洲际导弹，并把第一颗人造卫星送上了天，这使美国政府大为震惊，为了占领空间优势，美国匆忙地进行导弹技术的开发，采用了规划、设计、研制、试验同时并进的方法，由于对系统的可靠性和安全性研究不足，在一年的时间内接连发生了四次毁灭性的重大事故，每一次都造成了数百万美元的损失，使研制系统因为安全缺陷而报废，研制计划落空。这些惨痛教训，使他们逐渐认识到系统安全的重要性。

20 世纪 60 年代初，美国的一些学者开始将系统工程的原理、方法、步骤等引用到安全工作中，形成了一门安全系统学科。用此方法对生产中的安全问题进行了定性和定量分析，效果非常显著。随着研究的深入，还能对事物进行预测预报，使安全工作有了一个质的飞跃。美国运用安全系统工程，使导弹研制工作人员及设备事故大幅度下降，研制工作得以顺利进行。1961 年 5 月，美国总统宣布实行“阿波罗”登月计划，有 20 多所大学和研究所、2 万多家企业的共计 42 万人参加，耗资 300 多亿美元，采用系统工程的方法，历时近 10 年，终于把多名宇航员送上月球。

随着系统安全技术的全面发展，美国军方提出了系统安全程序，对国防装备系统和工程系统的各个阶段，如设计、研究、开发、试验、生产、维修等提出了安全方面的要求。这些统一的安全要求，可以在早期查明、消除或者控制危险。1962 年，美国军方首次公开发表了“美国空军弹道导弹安全系统工程大纲”，并于 1967 年 7 月由美国国防部作为标准给予发表。该标准经过 1969 年和 1977 年两次修订，逐步完善，形成了“系统安全程序技术要求”（美军标准 MIL-TD-882A），一直沿用至今。它成为美国军事装备合同的必要条件，同时也是产业界安全系统工程的重要依据。

20 世纪 70 年代初期，日本引进了这一技术，并于 1973 年创建了综合安全工程研究所，专门进行这方面的研究推广。1971 年由日本科协主持召开可靠性安全性讨论会以来，在电子、宇航、航空、铁路、汽车、原子能、化工、冶金等领域，研究工作十分活跃。1976 年，日本劳动省颁布了“化工装置六阶段安全评价法”作为正式标准在化工行业执行，对其他行业也有很大的影响。为了全面推行安全系统工程的方法，日本政府还颁布了一些法规，规定在某些重要的工业部门从厂址选择、规划、设计到运行、报废、更新各个阶段，都必须运用安全系统工程的方法。

20 世纪 80 年代以来，安全系统工程在世界各国得到广泛重视，世界性安全系统工程的开发已达到相当广泛和深入的地步。美国、英国、法国、德国、加拿大和日本等国家都有相当庞大的科研队伍从事这一学科的研究，发表了大量的文献资料，特别是事故树分析方法（FTA）的理论发展极快。随着电子计算机技术的发展，安全系统工程已开发许多定性、定量分析的程序，缩短了分析时间。此外，安全系统工程的国际学术活动也极为活跃，国际安全系统工程学会每两年举办一次年会。1983 年在美国休斯敦召开的第六届国际安全系统工程学术大会，有 40 多个国家的代表参加，议题涉及国民经济的各行各业。

(2) 国内发展历程

在我国，安全系统工程的研究、开发是从 20 世纪 70 年代末开始的。天津东方化工厂应用安全系统工程成功地解决了高度危险企业的安全生产问题，为我国各个领域学习、应用安全系统工程起了带头作用。1980 年中国科学院组建了系统工程研究所，随后又成立了中国系统工程学会，部分大学设置了安全系统工程课程。1982 年 7 月劳动人事部在北京主持召开了安全系统工程座谈会，会上交流了国内开展研究和应用的情况，并探讨了在我国开展安全系统工程的方向，研究如何组织分工合作、如何进行学术交流等，这次会议为我国开展安全系统工程的研究与应用打下了良好的基础。1985 年，中国“劳动保护管理科学专业委员会”成立，建立了“系统安全学组”，该学组以安全系统工程为中心，进行开发研究和推广应用等活动，为安全系统工程学科的发展和安全管理的推进做出了贡献。其后在机械、冶金、航空、交通运输、水电、汽车、核电等行业和部门借鉴引用国外的系统安全分析方法，安全系统工程在冶金、化工、机械和国防工业等行业，以及上海、四川、河北等地区得到了迅速发展。近几年安全系统工程的原理、方法及安全检查表（SCL)、事故树分析法等已被越来越多的企业所接受、应用，并收到了很好的效果。

1991 年国家“八五”科技攻关课题中，填补了我国跨行业重大危险源评价方法的空白，在事故严重度评价中建立了伤害模型库，采用了定量的计算方法，使我国工业安全系统工程的研究初步从定性进入定量阶段。2002 年 1 月 9 日中华人民共和国国务院令第 344 号发布了《危险化学品管理条例》，2002 年 6 月 29 日中华人民共和国第 70 号主席令颁布了《中华人民共和国安全生产法》，并于 2021 年进行了新修订，将双重预防机制纳入法律条款。《中华人民共和国安全生产法》和《危险化学品管理条例》的颁布与修订，进一步推动安全系统工程向更广、更深的方向发展。目前，各行业积极推广应用安全系统工程学的原理和方法，取得了可喜的成果。全国有80多所高校设置了安全工程本科专业，30余所高校设置了安全科学与工程硕士点和博士点。这些都为普及和推广安全系统工程知识、推进现代安全管理创造了有利条件，同时也为创新符合我国各行业实际的安全系统工程理论和方法打下了良好的基础。在此期间，许多专家学者的相关专著也相继问世，它们以系统观点、系统方法，系统地总结了国内外安全系统的理论与方法，归纳如下：

① 安全系统工程是在事故逼迫下产生的。人类在从事社会经济活动中，由于经常发生事故，给人们的生命、财产带来了严重的威胁，人们不得不在现有安全工程技术基础上，寻找能够预测、预防、预控事故的科学技术，安全系统工程就是在这样的背景下诞生的。人们开始用系统安全预先分析、系统安全评价技术，对系统全过程进行安全控制，开展科学的安全管理工程。

② 现代科学技术的发展为安全系统工程的产生提供了必要条件，20世纪40年代产生了系统可靠性工程，20世纪50年代出现了系统工程，以及这一期间现代数学和计算机技术的迅速发展，使安全系统工程在20世纪60年代成为科学技术发展的必然产物，也是相关学科相互影响的必然结果。

③ 军事、核工业、化工等行业系统安全分析与评价方法的研究与开发，丰富了安全系统工程的研究内容。20世纪60年代初美国在导弹技术的开发中，深入地研究了系统的安全性和控制系统安全性的手段与方法，从而出现了空军标准“系统安全程序”和“系统安全程序要求”。同一时期，出现了核电站的概率风险评价技术，化工企业的火灾爆炸指数安全评价法以及涉及产品安全的系统安全分析技术，如事故树、事件树、故障类型和影响分析等。这些理论和方法大大丰富了安全系统工程的内容，从而形成一个完整的学科。

安全系统工程在理论研究和实践中不断完善和发展。安全系统工程以系统工程和安全科学为其理论基础，以人-机-环境为其研究对象，其研究内容不仅包括辨识、分析评价与控制技术，还包括管理程序、管理方法等管理科学的内容。基于这种思想，迄今国外发表的有关系统安全分析、系统安全评价、系统安全管理技术与方法的论著，都属于安全系统工程的范畴；各行业预先分析与控制事故、提高系统安全性、倡导安全技术等的实践和研究，也都具有鲜明的系统工程特点，因此，安全系统工程在理论研究和生产实践过程中不断完善和发展。

### 1.2.3 安全系统工程的应用现状

过去我国对安全工作虽然给予了高度的重视，每年花费大量资金，但是往往是采取问题出发型的办法，也就是说发生事故以后才去找原因和防止措施，这很难从根本上解决问题。20 世纪 70 年代末期，钱学森提出了系统工程是组织管理的科学这一著名论断，我国安全研究和管理人员深感必须采取系统工程的方法，才能真正改变企业安全工作的被动局面。即必须采取问题发现型方法，事先用系统工程方法找出系统中的所有危险性，加以辨识、分析和评价，从而找出解决问题的措施，防患于未然。1982 年，我国首次组织了安全系统工程讨论会，由研究单位、大专院校和重要企业等方面的同志参加，会上研究了我国安全系统工程的发展方向。近些年来，安全系统工程学在众多学者和专家的推动下，学科建设得到了快速的发展，安全系统工程学的应用领域也越来越宽，安全系统工程广泛应用于安全、交通运输、矿业、工业经济、建筑科学、石油天然气、计算机、航空航天等领域。

从安全系统工程的发展可以看出，它最初是从研究产品的可靠性和安全性开始的。军事装备的零部件对可靠性和安全性的要求十分严格，否则不仅不能够完成武器的设计，而且制造和使用过程中的各个环节也不安全。后来这种方法发展到对生产系统的各个环节进行安全分析。环节的内容除了包括原料、设备等因素外，还包括了人和环境的因素，这就使安全系统工程的方法在工业安全（即传统的安全工作）领域中得到实际的应用。这个研究开发的过程大致经历了以下五个阶段。

① 工业安全和系统安全。工业安全负责工人的人身安全，系统安全负责产品的安全。两者是一种分工合作的关系，保证了生产任务的完成。

② 工业安全引进系统安全分析方法的阶段。科学技术的发展及重大社会灾害性事故的频繁发生，使得工业安全工作者试图寻求新的解决办法。系统安全分析的方法引起了他们的重视，被引进到工业安全分析中，并在工业安全领域起到了极大的作用。

③ 安全管理对系统工程的引进阶段。工业安全工作者在对人的因素的管理方面引进了系统安全的分析原理和方法，开始综合分析人、机器、原材料、环境等因素，使安全管理工作有了定性、定量分析的可能，并对安全管理工作及其危险性进行安全评价，提高了安全管理工作的系统性、准确性、可靠性和安全性。

④ 安全系统工程的发展阶段。安全系统工程的实践和应用始于美国、英国等工业发达国家。20 世纪 80 年代，各国广泛地研究和应用，说明这种管理方法已成为完善安全管理工作的发展方向。

⑤ 安全系统工程向其他领域的渗透。近几十年来我国出现了许多研究和应用安全系统工程的科研院校和企业，并取得了卓越的成绩。安全系统工程的基本原理和方法已在安全管理、质量管理、环保管理、医疗事故管理等方面得

到了应用。

## 1.3 安全系统工程的研究对象、内容及方法

### 1.3.1 研究对象

安全系统工程作为一门科学技术，有它本身的研究对象。任何一个生产系统都包括三个部分，即从事生产活动的操作人员和管理人员，生产必需的机器设备、厂房等物质条件，以及生产活动所处的环境。这三个部分构成一个“人-机-环境”系统，每一部分就是该系统的一个子系统，称为人子系统、机器子系统和环境子系统。

① 人子系统。该子系统的安全与否涉及人的生理和心理因素，以及规章制度、规程标准、管理手段、方法等是否适合人的特性，是否易于为人们所接受的问题。研究人子系统时，不仅要把人当作“生物人”“经济人”，更要看作“社会人”，必须从社会学、人类学、心理学、行为科学角度分析问题、解决问题；不仅把人子系统看作系统固定不变的组成部分，更要看作自尊自爱、有感情、有思想、有主观能动性的人。

② 机器子系统。对于该子系统，不仅要从工件的形状、大小、材料、强度、工艺、设备的可靠性等方面考虑其安全性，而且要考虑仪表、操作部件对人提出的要求，以及从人体测量学、生理学、心理与生理过程有关参数对仪表和操作部件的设计提出要求。

③ 环境子系统。对于该子系统，主要应考虑环境的理化因素和社会因素。理化因素主要有噪声、振动、粉尘、有毒气体、射线、光、温度、湿度、压力、热、化学有害物质等；社会因素有管理制度、工时定额、班组结构、人际关系等。

三个子系统相互影响、相互作用的结果就使系统总体安全性处于某种状态。例如，理化因素影响机器的寿命、精度甚至损坏机器；机器产生的噪声、振动、温度又影响人和环境；人的心理状态、生理状况往往是引起误操作的主观因素；环境的社会因素又会影响人的心理状态，给安全带来潜在危险。这就是说，这三个相互联系、相互制约、相互影响的子系统是构成“人-机-环境”系统的有机整体。分析、评价、控制“人-机-环境”系统的安全性，只有从三个子系统内部及三个子系统之间的这些关系出发，才能真正解决系统的安全问题。安全系统工程的研究对象就是这种“人-机-环境”系统。

## 1.3.2　研究内容及其相互关系

2021 年，双重预防机制被正式写入了新的《中华人民共和国安全生产法》，其主要内容是构筑防范生产安全事故的两道防火墙：①风险分级管控，基于定性定量的分析与评价方法定量化表征风险大小、划分风险等级、分层分级管控不同等级的风险，制定并落实管控措施，将风险尤其是重大风险控制在可接受风险以下；②隐患排查治理，生产经营单位组织安全生产管理人员、工程技术人员和其他相关人员对本单位风险管控措施落实的有效性和生产过程中产生的隐患进行检查、监测、分析、定级的过程。安全风险分级管控和隐患排查治理共同构建起预防事故发生的双重机制，构成两道保护屏障，实现“关口前移、风险导向、源头治理、精准管理、科学预防、持续改进”的安全管理理念和要求，使企业切实落实安全生产主体责任，持续提升煤矿的本质安全化水平，遏制各类生产安全事故的发生。

安全系统工程是专门研究如何应用系统工程的原理和方法，来确保实现系统安全功能的科学技术；双重预防机制正是主要运用安全系统工程的基本理论和知识去解决企业实际的安全生产问题。主要研究内容包括：系统安全分析、系统安全评价和系统安全决策与事故控制，研究内容之间的相互关系，如图 1-4 所示。

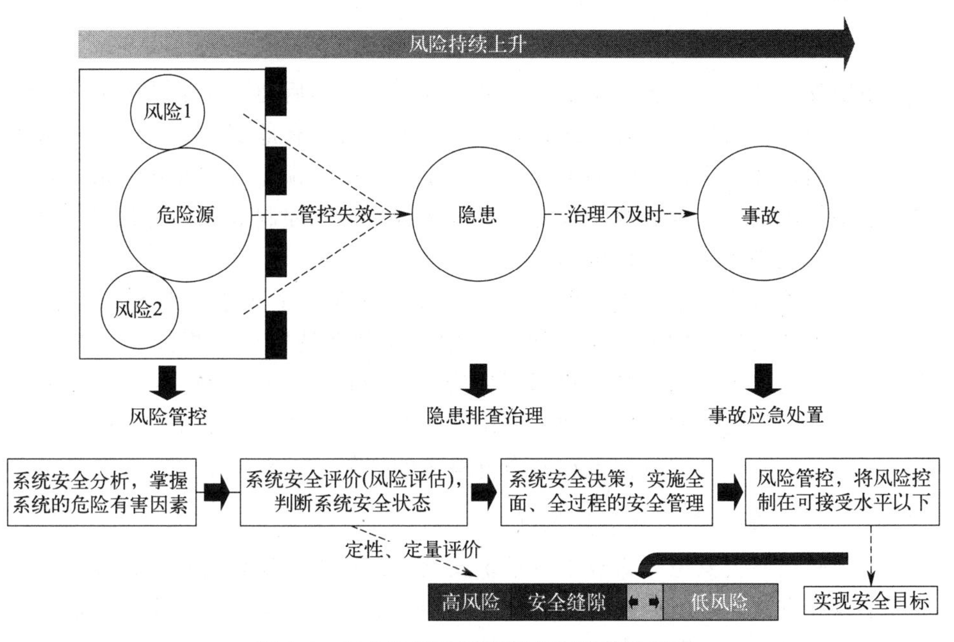


图 1-4　安全系统工程研究内容及其关系图

（1）系统安全分析

要提高系统的安全性，使其不发生或少发生事故，其前提条件是预先发现系统可能存在的危险因素，全面掌握其基本特点，明确其对系统安全性影响的程度。只有这样，才能抓住系统可能存在的主要危险，并采取有效的安全防护措施，改善系统安全状况。这里所强调的“预先”是指：无论系统生命过程处于哪个阶段，都要在该阶段开始之前进行系统的安全分析，发现并掌握系统的危险有害因素，也是系统安全分析须解决的问题。

系统安全分析是使用系统工程的原理和方法，辨别、分析系统存在的危险因素，并根据实际需要对其进行定性、定量描述的技术方法。系统安全分析有多种形式和方法，使用中应注意：

① 根据系统的特点、分析的要求和目的，采取不同的分析方法。因为每种方法都有其自身的特点和局限性，并非处处通用。使用中有时要综合应用多种方法，经过相互比较取长补短，验证分析结果的正确性。

② 使用现有分析方法不能死搬硬套，必要时要根据实用、好用的需要对其进行改造或简化。

③ 不能局限于分析方法的应用，而应从系统原理出发，开发新方法，开辟新途径，在以往行之有效的一般分析方法基础上总结提高，形成系统性的安全分析方法。

（2）系统安全评价

系统安全评价往往要以系统安全分析为基础，然后通过安全评价分析了解和掌握系统存在的危险、有害因素，但不一定要对所有危险、有害因素采取措施。而是通过评价掌握系统的事故风险大小，以此与预定的系统安全指标相比较，如果超出指标，则应对系统的主要危险因素采取控制措施，使其降至该标准以下。这就是系统安全评价的任务。

安全评价方法有很多种，评价方法的选择应考虑评价对象的特点、规模，评价的要求和目的。同时，在使用过程中也应和系统安全分析的使用要求一样，坚持实用和创新的原则。我国开展安全评价已有30多年的历史，在许多领域都开展了相关的实际应用和理论研究，并开发了许多实用性很强的评价方法，特别是企业安全评价技术和各类危险源的评估、控制技术。

（3）系统安全决策与事故控制

任何一项系统安全分析技术或系统安全评价技术，如果没有一种强有力的管理手段和方法，也不会发挥其应有的作用。因此，在出现系统安全分析和系统安全评价技术的同时，也出现了系统安全决策。其最大的特点是从系统的完整性、相关性、有序性出发，对系统实施全面、全过程的安全管理，实现对系统的安全目标控制。最典型的例子是美国标准《系统安全程序》，美国陶氏（DOW）化学公司的安全评价程序，国际劳工组织、国际标准化组织倡导的《职业安全卫生管理体系》。系统安全管理是应用系统安全分析和系统安全评价技术，以及安全工程技术为手段，控制系统安全性，使系统达到预定安全目标的一整套管理方法、管理手段和管理模式。

### 1.3.3 研究方法

由于实际的社会生产中安全系统目标的多样性，若要实现这些目标，相应的安全系统工程方法必须多元化，但是这些研究方法是依据系统学和安全学理论，在总结过去经验型安全方法的基础上，逐渐丰富和成熟起来的。概括起来可以归纳为如下五个方面：

（1）从系统整体出发的研究方法

安全系统工程的研究方法必须从系统的整体性观点出发，从系统的整体考虑解决安全问题的方法、过程和要达到的目标。例如，对每个子系统安全性的要求，要与实现整个系统的安全功能和其他功能的要求相符合。在系统研究过程中，子系统和系统之间的矛盾以及子系统与子系统之间的矛盾，都要采用系统优化方法寻求各方面均可接受的满意解；同时要把安全系统工程的优化思路贯穿到系统的规划、设计、研制和使用等各个阶段中。在危险有害因素辨识中得到广泛应用的系统安全分析方法主要有以下几种：

① 安全检查表法（safety checklist analysis）；
② 预先危险分析法（preliminary hazard analysis）；
③ 事故类型和影响分析（failure mode and effect analysis）；
④ 危险性和可操作性研究（hazard and operability study）；
⑤ 事件树分析（event tree analysis）；
⑥ 事故树分析（fault tree analysis）；
⑦ 因果分析（causal factor analysis）。

此外，还有 what if（如果出现异常将怎么样）分析、作业条件危险性分析、MORT（管理疏忽和风险树）分析等方法，可用于特定目的的危险有害因素辨识。

（2）本质安全方法

本质安全是指通过设计等手段使生产设备或生产系统本身具有安全性，即使在误操作或发生故障的情况下也不会造成事故的功能。这只有在科学技术与经济基础发展到一定水平和高度的条件下才能真正实现，是安全技术追求的目标，也是安全系统工程方法中的核心。由于安全系统把安全问题中的人-机(物)-环境统一为一个“系统”来考虑，因此不管是从研究内容来考虑还是从系统目标来考虑，核心问题就是本质安全化，就是研究实现系统本质安全的方法和途径。

(3) 人-机匹配法

随着科学技术的进步，虽然人类的生产劳动越来越多地为各种机器（机器人、无人驾驶飞机、汽车等）所代替，但人在影响系统安全的各种因素中至关重要，还是因为系统不能完全脱离人的参与、干预、判定，这就是所谓的人-机匹配。在产业部门研究与安全有关的人-机匹配称为安全人机工程，在人类生存领域研究与安全有关的人-机匹配称为生态环境和人文环境问题。显然，从安全的目标出发，考虑人-机匹配，以及采用人-机匹配的理论和方法是安全系统工程方法的重要支撑点。

(4) 安全经济方法

由于安全的相对性原理，所以，安全的投入与安全（目标）在一定经济、技术水平条件下有着对应关系。也就是说，安全系统的“优化”同样受制于经济。但是，由于安全经济的特殊性（安全性投入与生产性投入的渗透性、安全投入的超前性与安全效益的滞后性、安全效益评价指标的多目标性、安全经济投入与效用的有效性等）就要求安全系统工程方法在考虑系统目标时，要有超前的意识和方法，要有指标（目标）的多元化的表示方法和测算方法。

因此，应尽可能做到以下两点：一是以一定的安全投入，取得最大的安全效益；二是在取得一定的安全效益时，使得安全投入最小。这就是通常所说的以最小的安全投入取得最大的安全效益。安全投资效益的评价应该兼顾经济效益和社会效益，而这需要安全经济学理论和方法才能解决。

(5) 系统安全管理方法

安全系统工程从学科的角度讲是技术与管理相交叉的横断学科，从系统科学原理的角度讲，它是解决安全问题的一种科学方法。所以，安全系统工程是理论与实践紧密结合的专业技术基础，系统安全管理方法则贯穿到安全的规划、设计、检查与控制的全过程。所以，系统安全管理方法是安全系统工程方法的重要组成部分。

上述方法都有各自的特点，均在实际生产应用中起到了一定的作用，它们之间只能相互补充，而不能相互比较。用一种分析方法也许不能查明系统中所有的危险性因素，达不到分析的目的；而另一种方法却能够给予补充，并揭示它们。安全系统工程分析方法的这种互补性，使得安全系统工程的应用越来越广泛，并大大促进了安全系统工程学科的不断发展。

## 思考题

① 解释并区分系统与系统工程、安全与系统安全、系统工程与安全系统工程。

② 通过学习，谈谈你对安全和安全属性的认识。

③ 安全系统工程是以安全科学和系统科学为基础理论的综合性学科，你认为安全系统工程应遵循的基本观点有哪些？

④ 请简述安全系统工程的主要研究内容。

⑤ 安全系统工程的应用范围和发展前景是怎样的？

# 第2章

# 事故致因理论

事故致因理论是安全系统工程最重要的基础理论之一。在早期，事故致因理论被用来指导事故调查，分析事故发生的原因和过程。随着安全系统工程知识体系的完善和发展，事故致因理论不仅仅用于指导事故调查和分析，也可用来指导其他的安全工作，是安全系统工程相关工作（系统安全分析、系统安全评价以及系统安全决策与事故控制）的理论基础。

## 2.1 概　述

### 2.1.1 定义

事故致因理论是从大量典型事故的本质原因分析中所提炼出的事故机理和事故模型。这些机理和模型反映了事故发生的规律性，能够为事故原因的定性、定量分析，为事故的预测预防，为改进安全管理工作，从理论上提供科学的、完整的依据。事故致因理论是用来阐明事故的成因、始末过程和事故后果，探索事故现象的发生、发展规律，揭示事故本质的理论。

### 2.1.2 发展历程

事故致因理论发展的整个历程，如图2-1所示。20世纪50年代以前，资本主义工业化大生产飞速发展，美国福特公司大规模流水线生产方式得到广泛应用。机械自动化迫使工人适应机器，包括操作要求和工作节奏，一切以机器为中心，人成为机器的附属和“奴隶”，所以认为事故原因是操作者。

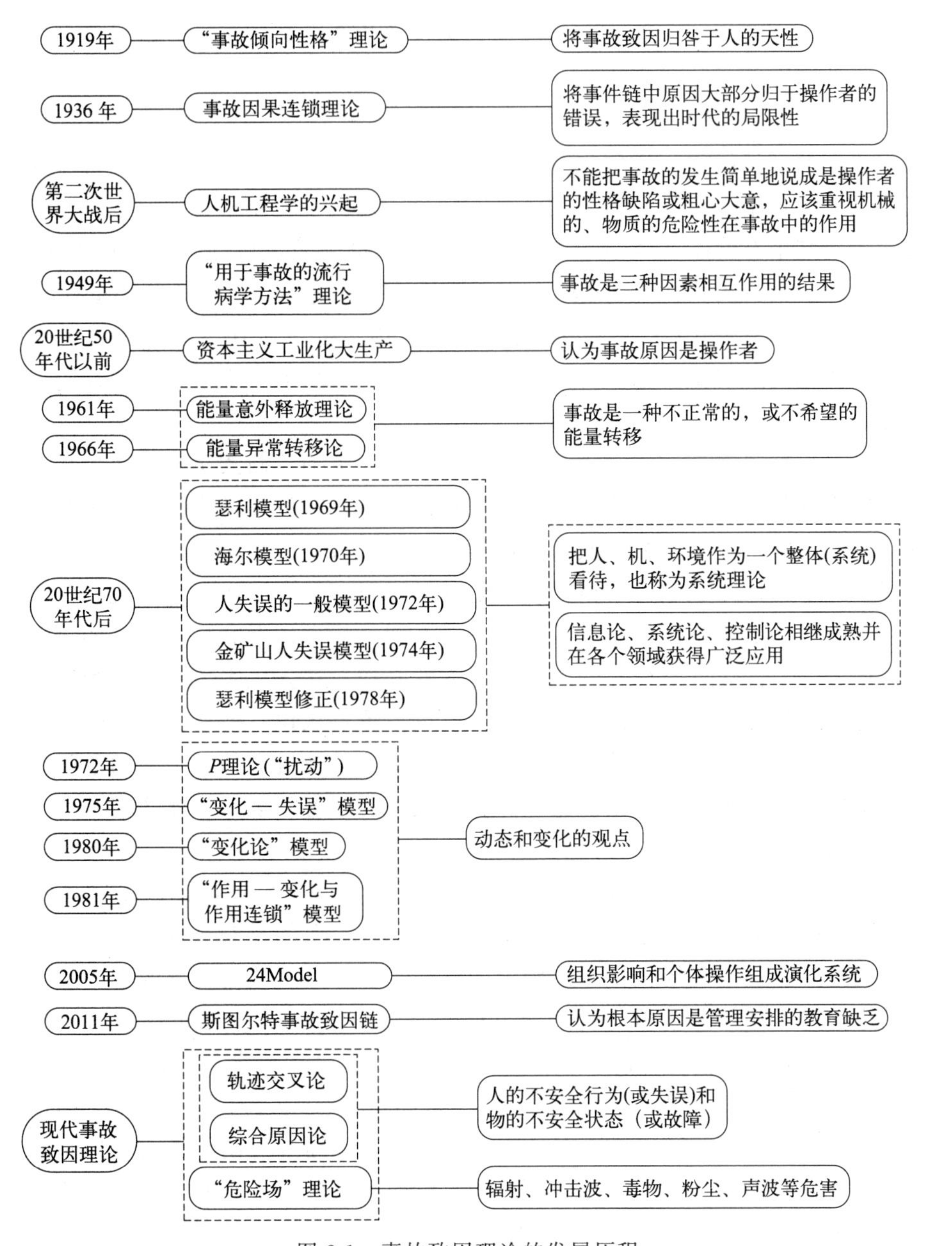


图 2-1　事故致因理论的发展历程

1919 年格林伍德和伍兹的事故倾向性格理论，纽伯尔德与法默分别在 1926 年和 1939 年对其进行了补充。"事故倾向性格"理论认为：从事同样工作和在同样工作环境下，某些人比其他人更易发生事故，这些人是事故倾向者，他们的存在会使生产中的事故增多。通过人的性格特点区分出这部分人而不予雇佣，则可减少工业生产事故，这种理论将事故致因归咎于人的天性，至今仍有某些人赞成这一理论。

1936年，美国人海因里希提出事故因果连锁理论，指出伤害事故的发生是一连串的事件，按一定因果关系依次发生的结果，用5块多米诺骨牌说明因果关系，该理论也称为“多米诺骨牌”理论。海因里希调查了75000件工伤事故，发现其中有98%是可预防的。统计数据结果表明在可预防的工伤事故中，以人的不安全行为为主要原因的占89.8%，而以设备的、物质的不安全状态为主要原因的只占10.2%；按照统计结果，绝大部分工伤事故是因工人不安全行为引起的，将事件链中原因大部分归于操作者的错误，表现出时代的局限性。

第二次世界大战后，高速飞机、雷达、自动火炮等新式军事装备出现，带来了操作的复杂性和紧张度，使得人们难以适应，常发生动作失误。为此，出现了专门研究人类工作能力及其限制的学问——人机工程学，对战后工业安全发展产生了深远的影响。人机工程学的兴起标志着工业生产中人与机器关系的重大改变。以前是基于机械的特性训练操作者，让操作者满足机械的要求；现在根据人的特性设计机械，使机械适合人的操作。在人机系统中以人为主、让机器适合人的观念，促使人们对事故原因进行重新认识。不能把事故的发生简单地说成是操作者的性格缺陷或粗心大意，应该重视机械的、物质的危险性在事故中的作用，强调实现生产条件、机械设备的固有安全，才能切实有效地减少事故的发生。

1949年葛登利用流行病传染机理论述事故的发生机理，提出了“用于事故的流行病学方法”理论。这种理论比只考虑人失误的早期事故致因理论有了较大的进步，它明确地提出事故因素间的关系特征，事故是三种因素相互作用的结果，并推动了关于这三种因素的研究和调查。1961年吉布森提出能量意外释放理论，1966年由哈登引申的能量异常转移论，是事故致因理论发展过程中的重要一步。该理论认为事故是一种不正常的，或不希望的能量转移，各种形式的能量构成了伤害的直接原因。因此，应该通过控制能量或者控制能量的载体来预防伤害事故，防止能量异常转移的有效措施是对能量进行屏蔽。

20世纪70年代后，随着科学技术不断进步，生产设备、工艺及产品越来越复杂，信息论、系统论、控制论相继成熟并在各个领域获得广泛应用，事故致因理论处于较活跃的时期。1969年提出的瑟利模型，是以人对信息的处理过程为基础描述事故发生因果关系的一种事故模型。1970年提出海尔模型，1972年威格里沃思提出“人失误的一般模型”，1974年劳伦斯提出“金矿山人失误模型”，1978年安德森（Anderson）等人对瑟利模型的修正等。这些理论均从人的特性与机器性能和环境状态之间是否匹配和协调的观点出发，认为机械和环境的信息不断地通过人的感官反映到大脑，人若能正确地认识、理解、判断，做出正确决策和采取行动，就能化险为夷，避免事故和伤亡；反之，如果人未能察觉、认识所面临的危险，或判断不准确而未采取正确的行动，就会发生事故和伤亡。

由于这些理论把人、机、环境作为一个整体（系统）看待，研究人、机、环境之间的相互作用、反馈和调整，从中发现事故的致因，揭示出预防事故的途径，所以，也有人将它们统称为系统理论。

动态和变化的观点是近代事故致因理论的又一基础。1972年本尼尔（Benner）提出了在处于动态平衡的生产系统中，“扰动”导致事故的理论，即 *P* 理论。1975年约翰逊（Johnson）发表了“变化-失误”模型，1980年诺兰茨（W. E. Talanch）在《安全测定》一书中介绍了“变化论”模型，1981年佐藤音信提出了“作用-变化与作用连锁”模型。

近十几年来，比较流行的事故致因理论是轨迹交叉论。该理论认为事故的发生不外乎是人的不安全行为（或失误）和物的不安全状态（或故障）两大因素综合作用的结果，即人、物两大系列时空运动轨迹的交叉点就是事故发生的所在，预防事故的发生就是设法从时空上避免人、物运动轨迹的交叉。

与轨迹交叉论类似的是“危险场”理论。危险场是指危险源能够对人体造成危害的时间和空间的范围。这种理论多用于研究存在诸如辐射、冲击波、毒物、粉尘、声波等危害的事故模式。

事故致因理论的发展虽还很不完善，还没有给出对于事故调查分析和预测预防方面的普遍和有效的方法。然而，通过对事故致因理论的深入研究，必将在安全管理工作中产生以下深远影响：

① 从本质上阐明事故发生的机理，奠定安全管理的理论基础，为安全管理实践指明正确的方向。

② 有助于指导事故的调查分析，帮助查明事故原因，预防同类事故的再次发生。

③ 为系统安全分析、安全评价和安全决策提供充分的信息和依据，增强针对性，减少盲目性。

④ 有利于认定性的物理模型向定量的数学模型发展，为事故的定量分析和预测奠定基础，真正实现安全管理的科学化。

⑤ 增加安全管理的理论知识，丰富安全教育的内容，提高安全教育的水平。

# 2.2 事故频发倾向论

## 2.2.1 理论简介

人类的历史，是一部生产和劳动的历史；而存在于生产与劳动全过程中的安全问题，则是贯穿整个人类历史的一条脉络——从深度上，由迷信到自发以至于自觉；从广度上由原始手工业到封建手工业以至于现代工业与信息产业。但是直到100多年之前，人们才真正从理论研究的高度来探究导致事故发生的原因。随着生产力的发展与生产方式的变化，生产关系所反映的安全观念具有了多样性的差异，导致了事故致因理论有着多种多样的学说。事故频发倾向理论就是这些事故致因理论中，关于人因的经典学说。它把从业者作为研究的主要对象，探索人因在事故的各种致因中的地位和特点，从劳动者的角度寻觅预防事故、控制事故的方法。事故频发倾向理论的要点可总结如下：

① 事故频发倾向是一种人因性格特征。多数支持者都把它看作是一种独立存在的人格状态——并不是由某个特定事件或者某种特定环境所引发，而是天生固有的，或由一生的经历所定型的性格特征。

② 只有具有时间稳定性的性格特征才可能被称为事故频发倾向，这种稳定性可以定义为数年以至终身。短时间出现的心理变化与性格波动不属于此范畴。

③ 事故频发倾向会使从业者卷入事故之中，成为引发事故的诸因素之一。现代事故理论认为事故的发生既可能是单因素的，也可能是多因素的。因此，带有事故频发倾向的从业者，既可能独自引发事故（如工作过程中的自我扭伤），也可能作为人因与机、环、管等多因素共同致因，形成事故。

④ 带有事故频发倾向的从业者，会在工作中重复多次表现出他的倾向——当然并非每次表现都会引发事故损失，很可能只是引发了未能够称之为“事故”的不安全行为或者无后果的未遂事故——但是这样的性格倾向会多次显露，从而增加了该从业者引发事故的概率。

## 2.2.2 发展历程

20世纪初的第二次工业革命时期事故频发倾向思想被工业科学界的巨子们进行了深化，上升到了理论的水平，成就了一方学说，并在广泛的讨论（甚至是争议）中，被工业体系自觉进行了一定程度的践行。总体而言，此理论体系的发展过程经历了两个阶段：

第一阶段，20 世纪 20～50 年代。1918 年美国工程师维能（H. M. Vernon）最早提出涉及事故的劳动者都具有“事故倾向性人格”，正是这样的人格才导致了事故的发生。1919 年格林伍德、1939 年法墨和查姆勃的学说形成了本阶段最有代表性的观点：事故频发倾向是指个别容易发生事故的稳定的内在倾向，而工厂中少数工人具有事故频发倾向，是事故频发的主要原因之一。这一阶段的最显著特点是所有的研究都围绕劳动者个体，而非某种生理、心理现象而展开。学者们的主要任务在于回答事故倾向者究竟是否存在的问题，即事故是否集中于少数人的问题。

第二阶段，20 世纪 50 年代至今。该理论体系的关注重点从包括所有心理生理特征的整个人的个体，缩小到人格的某一方面——要回答的问题也变成了：人的某种性格是否跟事故的发生有关？该性格在何种程度上影响着事故的发生？

相比于第一阶段，此理论的存在价值已经从甄别事故人格，转换到了确定并干预人因对事故的影响这个层面上，使得其应用意义从安全人力资源学提升到了安全心理学和安全组织行为学的范畴。这是一个百花齐放的阶段，伟大理论层出不穷，多种人因致因学说丰富了该理论体系的内容：控制点致因论、社会不适应症致因论、I-E（内向与外向性格）致因论、攻击性人格致因论、神经官能征致因论、冲动致因论以及冒险精神致因论等。正是在这个阶段，事故频发倾向理论的反对声音开始大量涌现，学术界对此理论开始了长达数十年的争议。

### 2.2.3　发展现状

在安全科学领域中，从没有其他任何一个事故致因理论像事故频发倾向理论一样在学界存在长时间的争议与分歧。关于此理论是否适用，学界的众多见解汇集成为两种流派。

① 反对事故频发倾向理论的学者，主要由拥护泰勒工业制度的工程师所组成。在泰勒工业理论中，机械与能量是整个生产过程的主导，人处于整个生产系统的末位，因而人的因素并没有重要到能够导致事故的发生。事故即使是由从业者直接引发的，也一定能够找出设备安全措施不够以及安全管理不当的因素作为事故发生的根本原因。故而此流派认为与其将关注的重点放在事故人格的甄选与事故心理的研究上，不如将有限的资源投入到设备安全措施的提升以及安全管理制度的改进上。很多文献提出了有力的调查证据：某些行业中，事故涉及者被调离后，事故发生率并未降低。

② 该理论的支持者，这部分学者主要是信奉人本主义的安全心理学和组

织行为学的专家。他们的论文表明：从生产模式上，人的因素不可忽视——在造成事故的各种因素中，人的因素是占有绝对地位的。他们的逻辑是：一方面，许多操作对操作者的生理心理素质都有一定的要求，当人的素质不符合这些要求时，就可能做出不安全行为或导致不安全状态的产生；另一方面，其他因素相同的情况下，更加优秀的成员会组成更加优秀的企业，而更加优秀的企业显然是更加安全的。他们也在某些行业进行了统计，提出了大量证据来证明：把“危险人物”调离关键岗位后，企业伤亡事故明显减少了。

历史上曾经出现过第三流派，相关论点的提出者主要是20世纪中叶事故预防领域的学者。他们关注的重点是事故中人因的动态性，并从一些追踪实验中得到了“可变事故倾向论”的观点：事故倾向虽然在一定的时间和条件下存在，但是随着时间的推移和条件的改变，从业者的事故倾向是可以变化的，换而言之，导致事故发生的人的因素不是稳定和长期的。同时期落后的心理学和组织行为学给本流派造成了极大的局限性，使其充斥着“无法确定”、“不能测量”或“难以甄别”这样的词汇，并最终导致了人因影响的不可知论。直到后来心理学进行了巨大突破，提出了长期人格特征与短期人格特征的概念并开发出了相应的测量方法，这个陷入迷茫的流派才见到了光明。短期特征是基于具体情况和事件的心理变化，可以随着诱因事件的发展迅速改变心理状态，如特定情况下的紧张心情和面对特定事件的焦虑心理。长期特征是一种无关具体事件的性格特征，且该特征可以保持数年甚至终生不发生根本性的转变，如内向-外向性格以及社会不适应症人格等。当将关注的焦点指向长期人格特征的时候，这一流派并入了事故频发倾向理论支持者的行列。

时至今日，事故频发倾向理论的支持者与反对者仍然各执一词，分别不停地进行新研究、提出新证据来证明自己的立场，而且所有的证据都是有力的，所有的论证都是符合逻辑的。心理学与组织行为学等相关学科的发展，也在为这两种看似互相矛盾的观点同时提供着新的支持。关于事故频发倾向理论的适用性，成为了安全学术界持续了超过半个世纪的悬案。

## 2.3 事故因果论

### 2.3.1 事故因果类型

几个原因各自独立，共同导致事故发生，或多种原因在同一时序共同造成一个事故后果的，叫“集中型”，如图 2-2 所示（“○”代表不同的事故原因，下同）。某一原因要素促成下一个原因要素的发生，这样因果连锁发生的事故，叫“连锁型”，如图 2-3 所示。

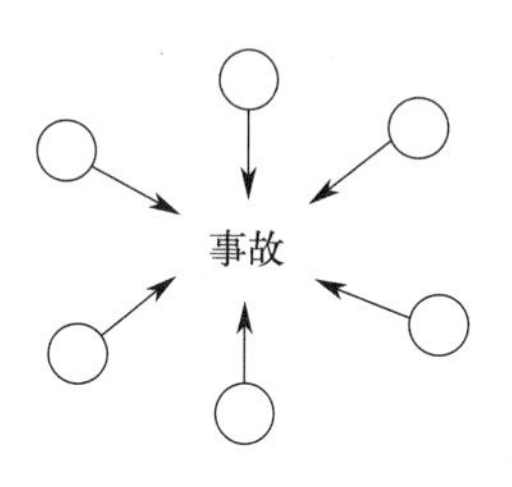


图 2-2　集中型事故

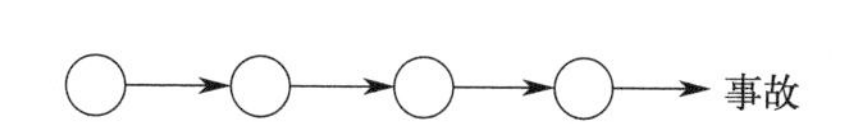


图 2-3　连锁型事故

某些因果连锁，又有一系列原因集中，复合组成事故结果，叫“复合型”。单纯的集中型或单纯的连锁型均较少，事故的发生多为复合型，如图 2-4 所示。有些因果是继承性的、多层次的，一次原因是二次原因的结果，二次原因又是三次原因的结果，依此类推，如图 2-5 所示。

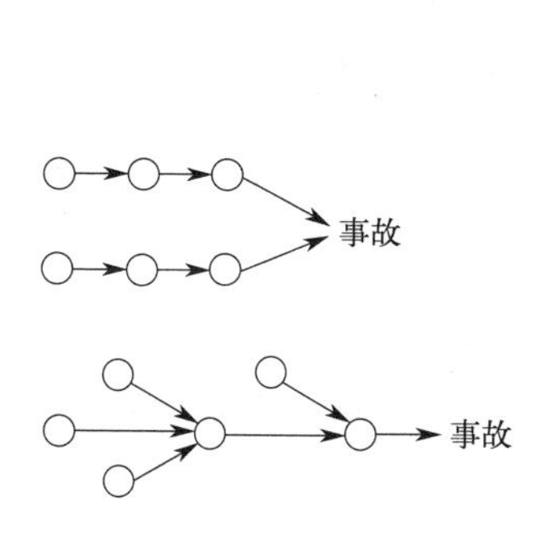


图 2-4　复合型事故

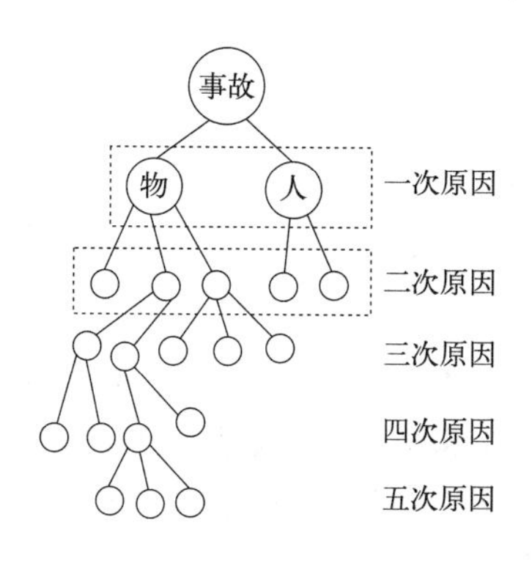


图 2-5　继承型事故

## 2.3.2　起因物-施害物事故模型

起因物是指造成事故现象的起源的机械、装置、其他物质或环境等。施害物是指直接造成事故的加害物质。

不安全状态导致起因物作用；施害物是由起因物促成其造成事故后果。施害物与人的不安全行为这两系列的轨迹交叉就形成事故现象，后者有时又派生出新的施害物而连续产生另一事故现象，如图 2-6 所示。

以电焊装置为起因物，造成连续发生四例事故的现象如下：

① 在焊接作业中有火花飞溅，引燃了聚氨酯橡胶而起火，火灾的高温物

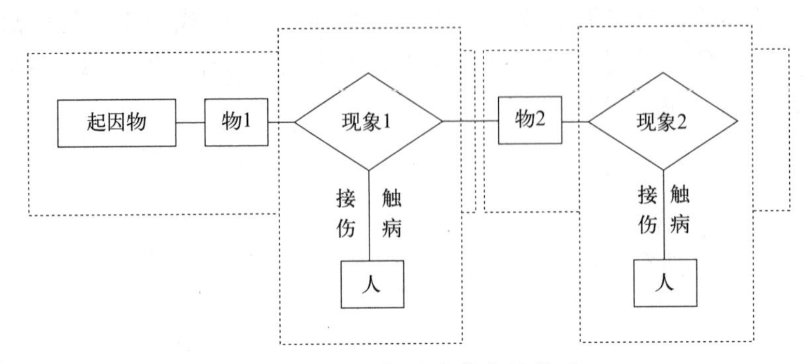


图 2-6　起因物-施害物事故模型

与人接触，烧伤了人员。这一事故的物系列模型，如图 2-7 所示。

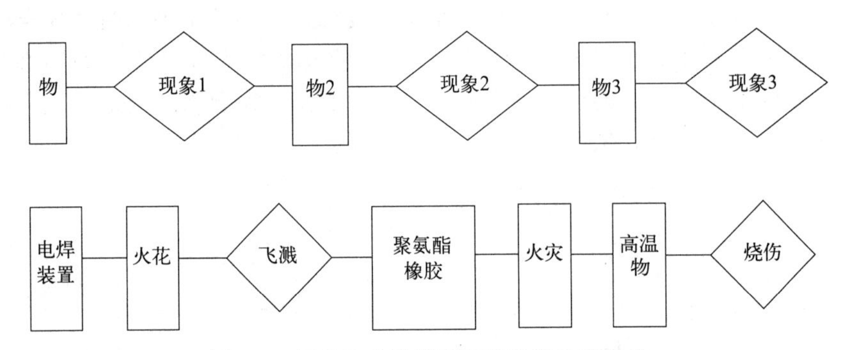


图 2-7　焊接作业引燃聚氨酯橡胶烧伤事故

② 在焊接作业中因火花飞溅，先引燃聚氨酯橡胶，燃烧产物使人一氧化碳中毒事故。这一事故的起因物也是电焊装置，施害物是由火灾形成的 CO，后果现象是中毒，如图 2-8 所示。

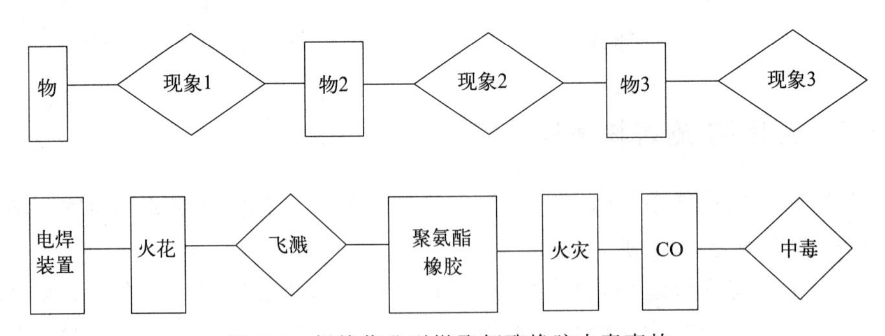


图 2-8　焊接作业引燃聚氨酯橡胶中毒事故

③ 在焊接作业中，火花飞散到另一喷漆作业的场所，引起清漆汽油着火，可燃物烧伤了工人，如图 2-9 所示。

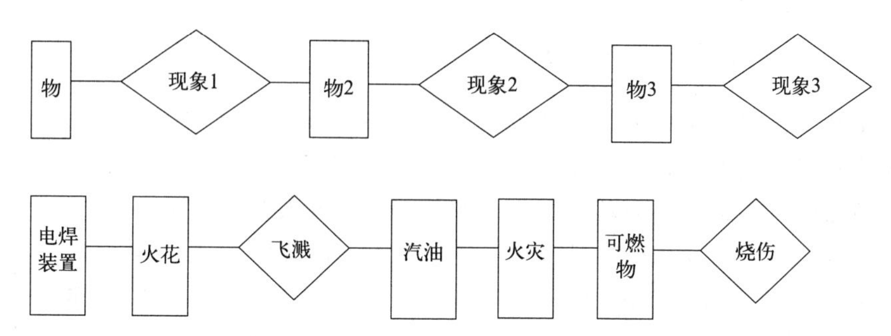


图 2-9　焊接作业火花引燃汽油烧伤事故

④ 焊接作业中火花飞散到汽油缸处，引燃汽油，蒸气爆炸，造成了铁片伤人，如图 2-10 所示。

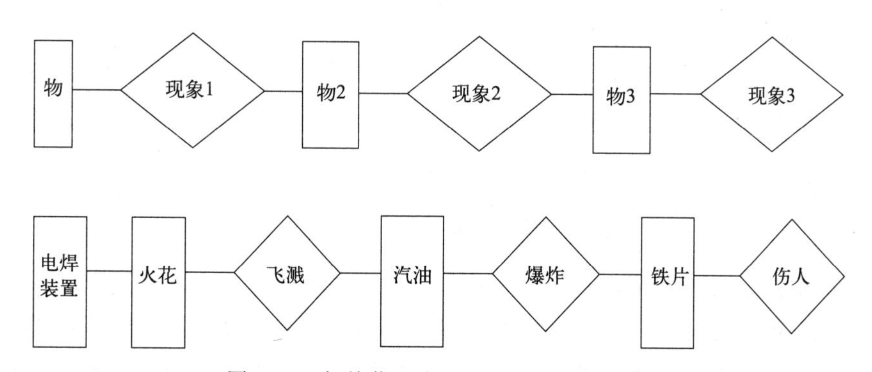


图 2-10　焊接作业火花引起蒸气爆炸事故

将上述四例绘成物系列综合事故模型，如图 2-11 所示。

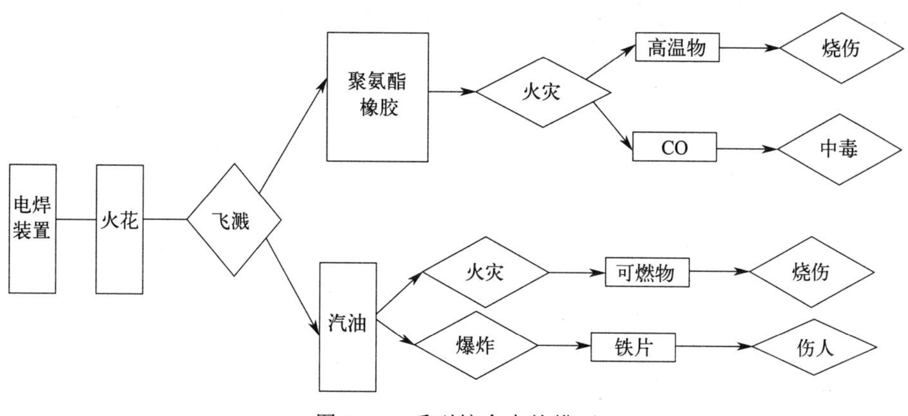


图 2-11　系列综合事故模型

## 2.3.3 多米诺骨牌事故模型

事故致因可利用多米诺骨牌原理（Domnio sequence）来阐述。一种可防止的伤亡事故的发生，系一连串事件在一定顺序下发生的结果。按因果顺序，伤亡事故的五因素：社会环境和管理欠缺 $A_1$ 促成人为的过失 $A_2$，人为的过失又造成了不安全动作或机械、物质危害 $A_3$，后者促成了意外事件 $A_4$（包括未遂事故）和由此产生的人身伤亡事件 $A_5$。五因素连锁反应构成了事故（$A_0$），如图 2-12 所示。

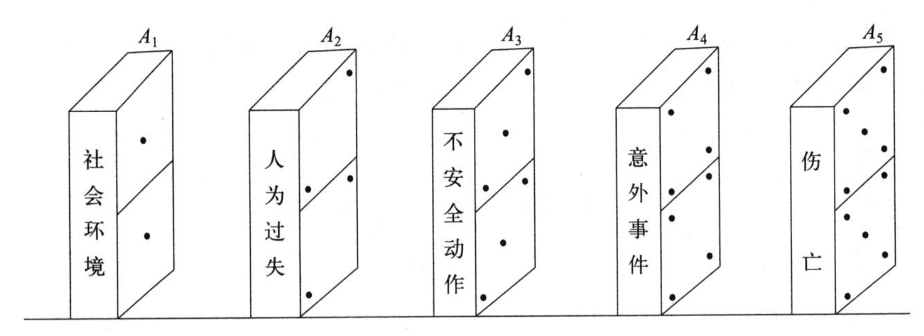


图 2-12 多米诺骨牌事故模型

多米诺骨牌理论确立了正确分析事故致因的事件链这一重要概念。它简单明了、形象直观地显示了事故发生的因果关系，指明了分析事故应该从事故现象逐步分析，深入到各层次的原因。这一思想对于寻求事故调查分析的正确途径、找出防止事故发生的对策，无疑是很有启发的。按照这一理论，为了防止事故，只要抽去五块骨牌中的任何一块（譬如防止人的不安全行为和物的不安全状态），事件链就被破坏，就可以防止发生事故，如图 2-13 所示。

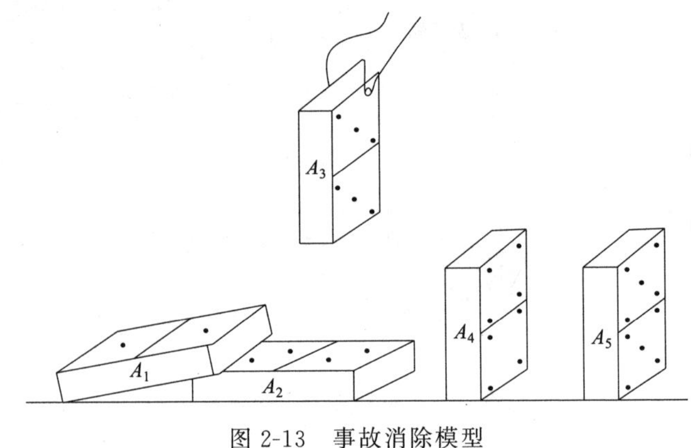


图 2-13 事故消除模型

上述原理可以用概率理论来做进一步分析：

以 $A_0$ 代表伤亡事故发生这一事件（伤亡事故事件），以 $A_1 \sim A_5$ 代表五块骨牌表示的事件。根据多米诺骨牌理论，伤亡事故要发生，必须五块骨牌都倒下，亦即这五块骨牌代表的事件都发生才行（与门）：

$$A_0 = A_1 \cdot A_2 \cdot A_3 \cdot A_4 \cdot A_5$$

据此可得：

$$P(A_0) = P(A_1) \cdot P(A_2) \cdot P(A_3) \cdot P(A_4) \cdot P(A_5)$$

$A_1 \sim A_5$ 这五个事件的概率都是小于 1 的，所以 $P(A_0) \ll 1$，说明伤亡事故的概率是很小的。

$$P(A_0) = P(A_1) \cdot P(A_2) \cdot 0 \cdot P(A_3) \cdot P(A_4) \cdot P(A_5)$$

于是，$A$ 即为不可能事件，伤亡事故就不会发生了。

多米诺骨牌理论的不足之处在于：它把事故致因的事件链过于绝对化了。事实上，各块骨牌之间的连锁不是绝对的，而是随机的。前面的牌倒下，后面的牌可能倒下，也可能不倒下。仅有某些事故引起伤害，且仅有某些不安全行为、不安全状态会引起事故等。可见，这一理论对于全面地解释事故致因是过于简单化了。

### 2.3.4 其他模型

（1）博德因果连锁理论

针对多米诺骨牌理论的缺陷，博德在其理论的基础上，提出了现代事故因果连锁理论。

博德事故因果连锁理论认为：事故的直接原因是人的不安全行为、物的不安全状态；间接原因包括个人因素及与工作有关的因素。根本原因是管理的缺陷，即管理上存在的问题或缺陷是导致间接原因存在的原因，间接原因的存在又导致直接原因存在，最终导致事故发生。

博德的事故因果连锁过程同样为五个因素，但每个因素的含义与海因里希的都有所不同。

① 管理缺陷。对于大多数企业来说，由于各种原因，完全依靠工程技术措施预防事故既不经济也不现实，只能通过完善安全管理工作，经过较大的努力，才能防止事故的发生。企业管理者必须认识到，只要生产没有实现本质安全化，就有发生事故及伤害的可能性，因此，安全管理是企业管理的重要一环；安全管理系统要随着生产的发展变化而不断调整完善，十全十美的管理系统不可能存在；安全管理上的缺陷，致使导致事故发生的因素出现。

② 个人及工作条件的原因。这方面的原因是由管理缺陷造成的。个人原

因包括缺乏安全知识或技能，行为动机不正确，生理或心理有问题等；工作条件原因包括安全操作规程不健全，设备、材料不合适，以及存在温度、湿度、粉尘、气体、噪声、照明、工作场地状况（如打滑的地面、障碍物、不可靠支撑物）等有害作业环境因素。只有找出并控制这些原因，才能有效地防止后续原因的发生，从而防止事故的发生。

③ 直接原因。人的不安全行为或物的不安全状态是事故的直接原因。这种原因是安全管理中必须重点加以追究的原因。但是，直接原因只是一种表面现象，是深层次原因的表征。在实际工作中，不能停留在这种表面现象上，而要追究其背后隐藏的管理上的缺陷原因，并采取有效的控制措施，从根本上杜绝事故的发生。

④ 事故。这里的事故被看作是人体或物体与超过其承受阈值的能量接触，或人体与妨碍正常生理活动的物质的接触。因此，防止事故就是防止接触。可以通过对装置、材料、工艺等的改进来防止能量的释放，或者操作者提高识别和回避危险的能力，佩戴个人防护用具等来防止接触。

⑤ 损失。人员伤害及财物损坏统称为损失。人员伤害包括工伤、职业病、精神创伤等。在许多情况下，可以采取恰当的措施使事故造成的损失最大限度地减小。例如，对受伤人员进行迅速正确的抢救，对设备进行抢修，以及平时对有关人员进行应急训练等。

(2) 亚当斯事故因果连锁理论

亚当斯提出了一种与博德事故因果连锁理论类似的因果连锁模型。在该理论中，事故和损失因素与博德理论相似；把人的不安全行为和物的不安全状态称作现场失误，其目的在于提醒人们注意不安全行为和不安全状态的性质。

亚当斯理论的核心在于对现场失误的背后原因进行了深入的研究。操作者的不安全行为及生产作业中的不安全状态等现场失误，是由企业领导和安技人员的管理失误造成的。管理人员在管理工作中的差错或疏忽，企业领导人的决策失误，对企业经营管理及安全工作具有决定性的影响。管理失误又由企业管理体系中的问题所导致，包括：如何有组织地进行管理工作，确定怎样的管理目标，如何计划、如何实施等。管理体系反映了作为决策中心的领导人的信念、目标及规范，它决定各级管理人员安排工作的轻重缓急、工作基准及指导方针等重大问题。

(3) 北川彻三的事故因果连锁理论

西方学者的事故因果连锁理论把考察的范围局限在企业内部，用以指导企业的事故预防工作。实际上，工业伤害事故发生的原因是复杂多样的，一个国家或地区的政治、经济、文化、教育、科技水平等诸多社会因素，对企业内部伤害事故的发生和预防有着重要的影响。由此，日本人北川彻三在西方学者提出的事故因果连锁理论的基础上提出了另一种事故因果连锁理论——北川彻三的事故因果连锁理论；在日本，此理论成为指导事故预防工作的基本理论。北川彻三从以下四个方面探讨事故发生的间接原因：

① 技术原因。机检、装置、建筑物等的设计、建造、维护等技术方面的缺陷。

② 教育原因。由于缺乏安全知识及操作经验，不知道、轻视操作过程中的危险性和安全操作方法，或操作不熟练、习惯操作等。

③ 身体原因。身体状态不佳，如头痛、昏迷、癫痫等疾病，或近视、耳聋等生理缺陷，或疲劳、睡眠不足等。

④ 精神原因。消极、抵触、不满等不良态度，焦躁、紧张、恐惧、偏激等精神不安定，狭隘、顽固等不良性格，白痴等智力缺陷。

在工业伤害事故的上述四个方面的原因中，前两种原因经常出现，后两种原因相对地较少出现。北川彻三认为，事故的基本原因包括下述三个方面：

① 管理原因。企业领导者不够重视安全，作业标准不明确，维修保养制度方面有缺陷，人员安排不当，职工积极性不高等管理上的缺陷。

② 学校教育原因。小学、中学、大学等教育机构的安全教育不充分。

③ 社会或历史原因。社会安全观念落后，工业发展的一定历史阶段，安全法规或安全管理、监督机构不完备等。

在上述原因中，管理原因可以由企业内部解决，而后两种原因需要全社会的努力才能解决。当前世界普遍采用的因果模型主要着重于伤亡事故的直接原因——人的不安全行为和物的不安全行为，以及其背后的深层原因——管理失误。

## 2.4 能量意外释放论

### 2.4.1 基本概念

能量是物体做功的本领，人类社会的发展就是不断地开发和利用能量的过程。但能量也是对人体造成伤害的根源，没有能量就没有事故，没有能量就没有伤害。所以吉布森、哈登等人根据这一概念，提出了能量意外释放论。其基本观点是：不希望或异常的能量转移是伤亡事故的致因。即人受伤害的原因只能是某种能量向人体的转移，而事故是一种能量的不正常或不期望的释放。

能量按其形式可分为动能、势能、热能、电能、化学能、原子能、辐射能（包括离子辐射和非离子辐射）、声能和生物能等。人受到伤害都可归结为上述一种或若干种能量的不正常或不期望的转移。在能量意外释放论中，把能量引起的伤害分为两大类：

第一类伤害是由于施加了超过局部或全身性的损伤阈值的能量而产生的。人体各部分对每一种能量都有一个损伤阈值。当施加于人体的能量超过该阈值时，就会对人体造成损伤。大多数伤害均属于此类伤害。例如，在工业生产中，一般都以 36V 为安全电压。这就是说，在正常情况下，当人与电源接触时，由于 36V 在人体所承受的阈值之内，就不会造成任何伤害或伤害极其轻微；而由于 220V 电压大大超过人体的阈值，与其接触，轻则烧伤或其某些功能暂时性损伤，重则造成终身伤残甚至死亡。

第二类伤害则是由于影响局部或全身性能量交换引起的，譬如因机械因素或化学因素引起的窒息（如溺水、一氧化碳中毒等）。

能量转移论的另一个重要概念是，在一定条件下，某种形式的能量能否造成伤害及事故，主要取决于人所接触的能量大小，接触的时间的长短和频率，力的集中程度，受伤的部位及屏障设置的早晚等。

几种典型的具体能量类型与事故后果，见表 2-1。

**表 2-1　能量类型与事故后果**

| 施加的能量类型 | 产生的原发性损伤 | 举例与注释 |
|---|---|---|
| 机械能 | 移位、撕裂、破裂和压挤，主要伤及组织 | 由于运动的物体如子弹、皮下针、刀具和下落物体冲撞造成的损伤，以及由于运动的身体冲撞相对静止的设备造成的损伤，如在跌倒时、飞行时和汽车事故中。具体的伤害结果取决于合力施加的部位和方式。大部分的伤害属于本类型 |
| 热能 | 炎症、凝固、烧焦和焚化，伤及身体任何层次 | 第一度、第二度和第三度烧伤，具体的伤害结果取决于热能作用的部位和方式 |
| 电能 | 干扰神经-肌肉功能以及凝固、烧焦和焚化，伤及身体任何层次 | 触电死亡、烧伤、干扰神经功能，如在电休克疗法中。具体伤害结果取决于电能作用的部位和方式 |
| 电离辐射 | 细胞和亚细胞成分与功能的破坏 | 反应堆事故，治疗性与诊断性照射，滥用同位素、放射性元素的作用。具体伤害结果取决于辐射能作用部位和方式 |
| 化学能 | 伤害一般要根据每一种或每一组织的具体物质而定 | 包括由于动物性和植物性毒素引起的损伤，化学烧伤如氢氧化钾、溴、氟和硫酸，以及大多数元素和化合物在足够剂量时产生的不太严重而类型很多的损伤 |

### 2.4.2　基本观点及优缺点

用能量转移的观点分析事故致因的基本方法是：首先确认某个系统内的所有能量源，然后确定可能遭受该能量伤害的人员及伤害的可能严重程度；进而确定控制该类能量不正常或不期望转移的方法。

用能量转移的观点分析事故致因的方法，可应用于各种类型的包含、利用、储存任何形式能量的系统，也可以与其他的分析方法综合使用，用来分析、控制系统中能量的利用、储存或流动。但该方法不适用于研究、发现和分析不与能量相关的事故致因，如人为失误等。

能量转移论与其他事故致因理论相比，具有两个主要优点：

一是把各种能量对人体的伤害归结为伤亡事故的直接原因，从而决定了一堆能量源及能量输送装置加以控制作为防止或减少伤害发生的最佳手段这一原则；

二是依照该理论建立的对伤亡事故的统计分类，是一种可以全面概括、阐明伤亡事故类型和性质的统计分类方法。

能量转移论的不足之处是：由于机械能（动能和势能）是工业伤害的主要能量形式，因而按能量转移的观点对伤亡事故进行统计分类的方法尽管具有理论上的优越性，在实际应用上却存在困难。它的实际应用尚有待于对机械能的分类做更为深入细致的研究，以便对机械能造成的伤害进行分类。

### 2.4.3　防止能量逆流于人体的措施

根据能量意外释放论的基本观点和原理，要想防止能量意外释放并逆流于人体，可以采取以下措施：①限制能量的系统；②用较安全的能量代替危险性大的能源；③应用防止能量蓄积的系统；④控制能量释放；⑤延缓能量释放；⑥开辟释放能量的渠道；⑦在能源上设置屏障；⑧在人、物与能源之间设置屏障；⑨在人与物之间设置屏蔽；⑩提高防护标准；⑪改变工艺流程；⑫修复或急救。

### 2.4.4　典型实例

（1）事故概况及经过

2016 年 11 月 24 日，某电厂 7# 冷却塔施工混凝土班组、钢筋班组先后完成该塔第 52 节混凝土浇筑和第 53 节钢筋绑扎作业，离开作业面。随后，木工组 70 人分布在筒壁四周施工平台上，拆除第 50 节并安装第 53 节模板。此外，与施工平台连接的平桥上有 3 名作业人员，冷却塔底部有 19 名工人正在作业。

早晨7时33分，第50节筒壁混凝土从后期浇筑完成部位开始沿圆周向两侧倾塌坠落，施工平台及平桥上的作业人员随筒壁混凝土及模架体系一起坠落。期间，坠落物砸中平桥附着拉锁，导致平桥晃动、倒塌，事故持续24秒。

(2) 事故原因分析

该电厂平台坍塌事故详细能量分析过程为：因气温骤降，自然界的热能转换为筒外壁化学能；由于筒外壁和模板本身存在重力势能，导致能量储存迅速增加；事故发生后，转化为混凝土的动能；在此动能的基础上加上脚手架的重力势能，导致动能继续大幅度增加；由于坠落物体的增加（混凝土、模架体系、平台、作业人员），导致重力势能增加，最后都转移为坠落物体的动能，事故发生。

基于能量转移模型有效地从能量约束失效及控制的微观视角分析事故发生机理过程。分析表明，该电厂平台坍塌事故是系列能量约束失效导致危险能量转移的一场特大工程事故。分析出重力势能、化学能是事故发生中的主要危险能量，约束失效后导致重力势能、化学能向动能能量类型的转移且动能能量约束失效是坍塌事故发生的直接方面。

(3) 防止同类事故发生的措施

① 混凝土强度不足是该事故网络中的关键节点和核心因素，只有有效切断其他风险事件和该风险事件的联系，才能控制事故的发生。

② 按照国家规范要求安全施工，严格遵守施工顺序，且施工管理有效，以此避免事故发生。

## 2.5 轨迹交叉论

### 2.5.1 基本概念

轨迹交叉论综合了各种事故致因理论的积极方面。其基本思想是：伤害事故是许多互相关联的事件顺序发展的结果。这些事件概括起来不外乎人和物两个发展系列。当人的不安全行为和物的不安全状态在各自发展过程中（轨迹），在一定时间、空间发生了接触（交叉），能量“逆流”人体时，伤害事故就会发生。而人的不安全行为和物的不安全状态之所以产生和发展，又是受多种因素作用的结果。

轨迹交叉理论的侧重点是说明人为失误难以控制，但可控制设备、物流不发生故障。管理的重点应放在控制物的不安全状态上，即消除了“起因物”，当然就不会出现“施害物”，“砍断”物流连锁事件链，使人流与物流的轨迹不相交叉，事故即可避免。

## 2.5.2　事故模型

人的事件链：

A. 生理、先天身心缺陷；

B. 社会环境、企业管理上的缺陷；

C. 后天的心理缺陷；

D. 视、听、嗅、味、触五感能量分配上的差异；

E. 行为失误。

人的行为自由度很大，生产劳动中受环境条件影响，加之自身生理、心理缺陷都易于发生失误动作或行为失误。

物的事件链：

a. 设计上的缺陷；

b. 制造、工艺流程上的缺陷；

c. 维修保养上的缺陷，降低了可靠性；

d. 使用上的缺陷；

e. 作业场所环境上的缺陷。

人的事件链随时间进程的运动轨迹按 $A\rightarrow B\rightarrow C\rightarrow D\rightarrow E$ 的方向线进行；物质或机械的事件链随时间进程的运动轨迹按 $a\rightarrow b\rightarrow c\rightarrow d\rightarrow e$ 的方向线进行，如图 2-14 所示。

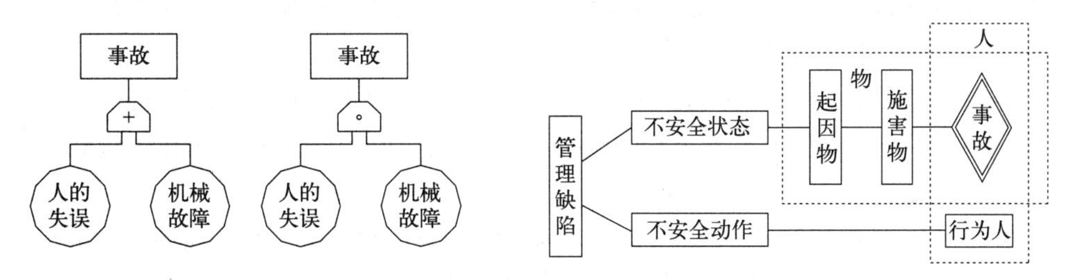


图 2-14　轨迹交叉事故模型

## 2.5.3　典型实例

在某隧道施工工地，拖式混凝土泵的随机操作维修工蒋某一人在泵旁，用手持式电动砂轮机进行维修工作。该员工工作中穿拖鞋，时逢阴雨天，地面非常潮湿，因手持式电动砂轮机漏电，致使触电倒下且未能脱离电源。

事故的直接原因分析：直接原因是在时间上最接近事故发生的原因。轨迹交叉论认为，人的不安全行为和物的不安全状态是事故的直接原因。《企业职工伤亡事故分类》（GB 6441—1986）附录A中A.6、A.7还较具体规定了不安全状态和不安全行为的类型。经现场勘查，且根据《手持式电动工具的管理、使用、检查和维修安全技术规程》（GB/T 3787—2017）的要求，当时蒋某使用的手持式砂轮机属于Ⅰ类工具，未按规定采用剩余电流动作保护器、隔离变压器等保护措施。未按规定安装漏电保护器。此外，蒋某违反必须戴绝缘手套，穿绝缘鞋的规定，穿着拖鞋，在阴雨天非常潮湿的地面上手持砂轮机作业，这本身就是一种不安全行为。由于以上物的不安全状态和人的不安全行为运动轨迹交叉，当漏电发生时，造成对第一类危险源电源装置电能的失控，因而导致蒋某触电死亡。

轨迹交叉论关于人的不安全行为和物的不安全状态在事故致因中地位的认识，是事故致因理论中的一个重要问题，在这一方面，该理论是正确的。根据轨迹交叉论和上述两个标准，可以分析本起事故的直接原因。

## 2.6 人因素的系统理论

### 2.6.1 S-O-R的人因素模型

S-O-R的人因素模型是由J. 瑟利在1969年提出的一种事故模型，瑟利把人、环境（包括机械）系统中事故发生的过程，分为两个阶段，每个阶段又包含三类心理和生理成分，如图2-15所示。

两个阶段指的是：①是否产生迫近的危险（危险构成，指形成潜在危险）；②是否造成伤害或损坏（出现危险的紧急期间，指危险由潜在状态变为现实状态）。

两个阶段各包括三类心理、生理成分：①对事件的感觉（刺激，stimulate）；②对事件的认识（内部响应、认识活动，organism）；③生理行为响应（输出，respond）。

在第一阶段，如果正确地回答了每个问题（图中标示的Y系列），危险就能消除或得到控制；反之，只要对任何一个问题做出了否定的回答（图中标示的N系列），危险就会迫近转入下一阶段。

在第二阶段，如果正确回答了每个问题，则虽然存在危险，但由于感觉认

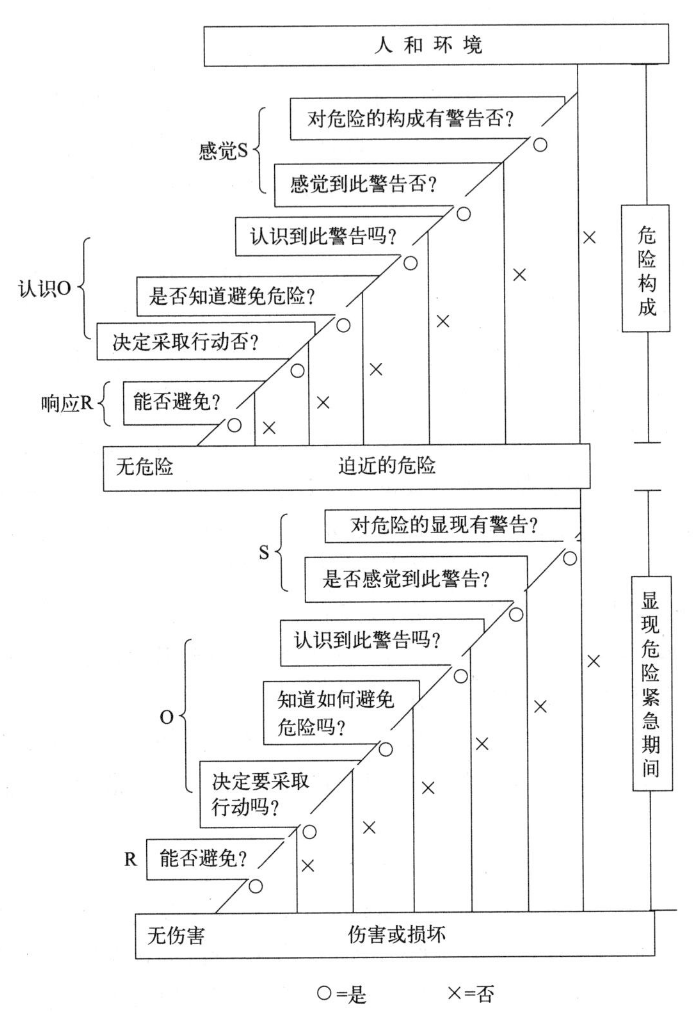


图 2-15　S-O-R 的人因素模型

识到并正确地做出了行为响应，就能避免危险的紧急出现，就不会发生伤害或损坏；反之，只要对任何一个问题做了否定的回答，危险就会紧急出现，从而导致伤害或损坏。

● 第一个问题：对危险的构成（显现）有警告吗？

问的是环境的瞬时状态，即环境对危险的构成（显现）是否客观存在警告信号。这个问题可以再被问成：环境中是否存在两种运行状态（安全和危险）的可感觉到的差异？这个问题含蓄地表示出危险可以没有可感觉到的线索。这样，事故将是不可避免的。这个问题的启示是：在系统运行期间应该密切观察环境的状况。

● 第二个问题：感觉到警告了吗？

问的是如果环境有警告信号，能被操作者察觉吗？这个问题有两方面含义：一是人的感觉能力（如视力、听力、动觉性）如何，如果人的感觉能力差，或者过度集中精力于工作，那么即使客观有警告信号，也可能未被察觉。二是“干扰”（环境中影响人感知危险信号的各种因素，如噪声等）的影响如何，如果干扰严重，则可能妨碍对危险线索的发现。由此得到的启示是：如果存在上述情况，则应安装便于操作者发现危险信号的仪器（譬如能将危险信号加以放大的仪器）。

上述两个问题都是关于感觉成分的，而下面的三个问题是关于认识成分的。

● 第三个问题：认识到警告了吗？

问的是操作者是否知道危险线索是什么，并且知道每个线索意味着什么危险。即操作者是否能接收客观存在的危险信号（一声尖叫，一种运动，或者常见的物体不见了，对操作者而言都可能是一种已知的或未知的危险信号），并经过大脑的分析变成了主观的认识，意识到了危险。

● 第四个问题：知道如何避免危险吗？

问的是操作者是否具备避免危险的行为响应的知识和技能。由此得到的启示是：为了具备这种知识应使操作者受到训练。

这两个问题是紧密相连的。认识危险是避免危险的前提，如果操作者不认识、不理解危险线索，则即使有了认识危险的知识和避免危险的技能也是无济于事的。

● 第五个问题：决定要采取避免危险的行动吗？

就第二阶段的这个问题而言，如果不采取行动，就会造成伤害或损坏，因此必须做出肯定回答，这是无疑的。然而，第一阶段的这个问题却是耐人寻味的。它表明操作者在察觉危险之后不一定必须立即采取行动。这是因为危险由潜在状态变为现实状态，不是绝对的，而是存在某种概率的关系。潜在危险不一定将要导致事故，造成伤害或损坏。这里存在一个危险的可接受性的问题。在察觉潜在危险之后，立即采取行动，固然可以消除危险，然而却要付出代价。譬如要停产减产，影响效益。反之，如果不立即行动，尽管要冒显现危险的风险（事故过程进入第二阶段），然而却可以减少花费和利益损失。究竟是否立即行动，应该考虑两方面的问题：一是正确估计危险由潜在变为显现的可能性；二是正确估计自己避免危险显现的技能。

● 第六个问题：能够避免吗？

问的是操作者避免危险的技能如何，譬如能否迅速、敏捷、准确地做出反应。由于人的行动以及危险出现的时间具有随机变异性（不稳定性），这将导致即使行为响应正确，有时也不能避免危险。就人而言，其反应速度和准确性不是稳定不变的。譬如人的反应时间平均为 900ms，因此 1s 或更短的反应时间在多数情况下都使人能够避免危险；然而人的反应时间有时也会超过临界时间（如 1.05s），这时就无法避免危险了。而危险出现的时间也并非稳定不变的，正常情况下危险由潜在变为显现的时间可能足够人们采取行动来避免危险。然而有时危险显现可能提前，人们再按正常速度行动就无法避免危险了。上述随机变异性可以通过机械的改进、维护的改进、人避免危险技能的改进而减小，然而要完全加以消除是困难的。因此，由于这种随机变异性而导致事故的可能性是难以完全消除的。

### 2.6.2　操作过程 S-O-R 的人因素的综合模型

1978 年安德森等在分析 60 件工伤事故时，应用了瑟利模型及其提出的问题，发现后者存在相当的缺陷，并指出瑟利虽然清楚地处理了操作者的问题，但未涉及机械及其用于环境的运行过程。通过在瑟利模型上增加一组提前步骤，即构成危险的来源及可察觉性，运行系统内部波动（变异性），控制此波动使之与操作波动相一致，这一工作过程的增加使瑟利模型更为有用，如图 2-16 所示。安德森等对工作过程提出了四个问题：

第一个问题：过程是可控制的吗？即不可控制的过程（如闪电）所带来的危险是无法避免的，此模型所讨论的是可以控制的工作过程。

第二个问题：过程是可观察的吗？指的是依靠人的感官或借助于仪表设备能否观察、了解工作过程。

第三个问题：察觉是可能的吗？指的是工作环境中的噪声、照明不良、栅栏等是否会妨碍对工作过程的观察了解。

第四个问题：对信息的理智处理是可能的吗？此问题有两方面的含义：一是问操作者是否知道系统是怎样工作的。如果系统工作不正常，他是否能感觉、认识到这种情况。二是问系统运行给操作者带来的疲劳、精神压力（如此长期处于高度精神紧张状态）以及注意力减弱是否会妨碍对系统工作状况的准确观察和了解。

上述问题的含义与瑟利模型第一组问题的含义有类似的地方。所不同的是：安德森等的扩展是针对整个系统而瑟利模型仅仅是针对具体的危险线索。

第五个问题：系统产生行为波动吗？问的是操作者行为响应的不稳定性如何，有无不稳定性？有多大？

第六个问题：系统对行为的波动给出足够的时间和空间吗？问的是运行系统（机械、环境）是否有足够的时间和空间以适应操作者行为的不稳定性。如

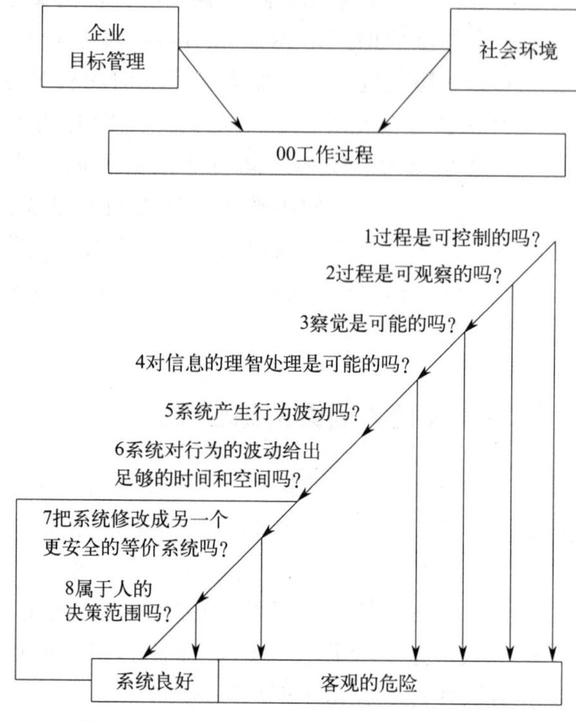


图 2-16　操作过程 S-O-R 的人因素综合模型

果是，则可以认为运行系统是安全的（图中跨过 7、8 问题，直接指向系统良好），否则就转入第七个问题，即能否对系统进行修改（机器或程序）以适应操作者行为在预期范围内的不稳定性。

第八个问题：属于人的决策范围吗？指修改系统是否可以由操作和管理人员做出决定。尽管系统可以被改为安全的，但如果操作和管理人员无权改动，或者涉及政策法律不属于人的决策范围，那么修改系统也是不可能的。

对模型的每个问题，如果回答是肯定的，则能保证系统安全可靠（图 2-16 中沿斜线前进），如果对问题 1～4、7～8 做出了否定的回答，则会导致系统产生潜在的危险，从而转入瑟利模型。对问题 5 如果回答是否定的，则跨过问题 6、7 而直接回答问题 8。对问题 6 如果回答是否定的，则要进一步回答问题 7 才能继续系统的发展。

### 2.6.3　海尔模型

1970 年海尔认为，当人们对事件的真实情况不能做出适当响应时，事故就会发生，但并不一定造成伤害后果。海尔的模型集中于操作者与运行系统的相互作用，模型是两个闭环反馈系统，如图 2-17 所示，把下列四个方面的相互关系清楚地显示了出来：

① 察觉情况，接受信息——察觉的信息；

② 处理信息——效益决策；

③ 用行动改变形势——行动；

④ 新的察觉、处理，响应情况变化，新的刺激。

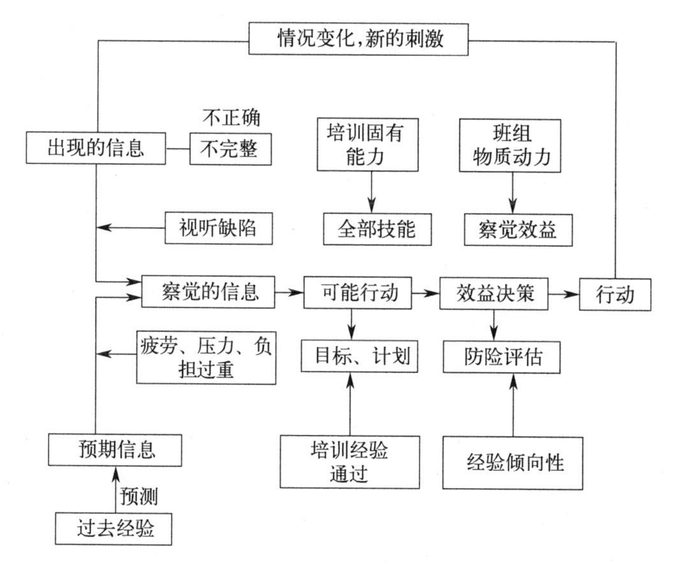


图 2-17　海尔模型

# 2.7　综合原因论

## 2.7.1　基本概念

综合原因论认为事故的发生绝不是偶然的，而是有其深刻原因的，包括直接原因、间接原因和基础原因。事故是社会因素、管理因素和生产中的危险因素被偶然事件触发所造成的结果，可用下列公式表达：

生产中的危险因素＋触发因素＝事故

## 2.7.2　事故模型

综合原因事故模型的结构，如图 2-18 所示。事故的直接原因是指不安全状态（条件）和不安全行为（动作），这些物质的、环境的以及人的原因构成了生产中的危险因素（或称为事故隐患）。

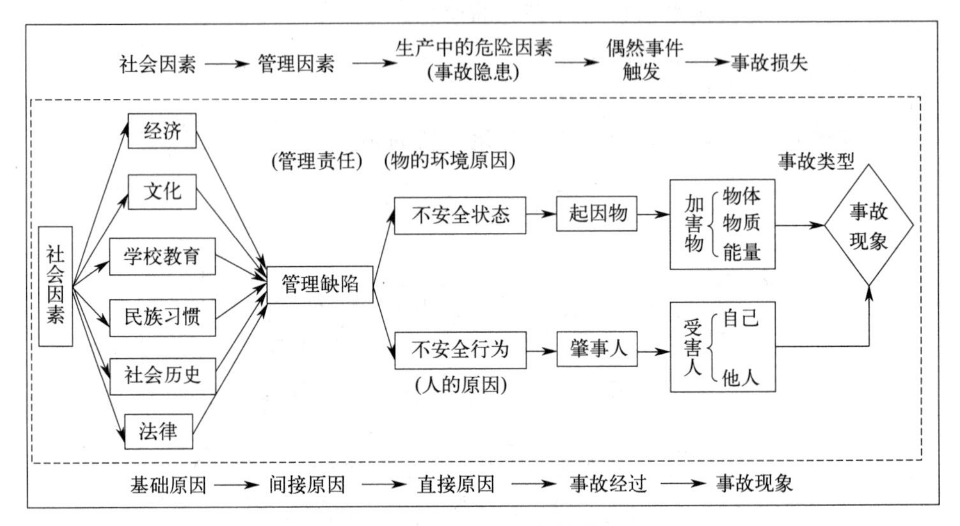


图 2-18　综合原因事故模型

所谓偶然事件触发，指由于起因物和肇事人的作用，造成一定类型的事故和伤害的过程。很显然，这个理论综合地考虑了各种事故现象和因素，有利于各类事故的分析、预防和治理，是当今世界上最为流行、应用最为广泛的理论。美国、日本和我国等国家都主张按这种模式分析事故。

事故产生的过程是：由“社会因素”产生“管理因素”，进一步产生“生产中的危险因素”，通过偶然事件触发而发生伤亡和损失。所谓直接原因，是指人的不安全行为与物的不安全状态；所谓间接原因，是指管理缺陷、管理因素和管理责任，是导致直接原因产生的因素。造成间接原因产生的因素称为基础原因，包括经济、文化、学校教育、民族习惯、社会历史、法律等。

调查事故的过程则与此相反，应当通过事故现象，查询事故经过，进而依次了解其发生的直接原因、间接原因和基础原因；事故发生的原因（直接原因、间接原因与基础原因）即事故隐患。综合原因论中虽然未能直接体现风险管控失效致使隐患产生的过程，但其阐述的整个事故发生链条与风险紧密相关。

### 2.7.3　典型实例

印度博帕尔灾难（India Bhopal gas leak case）是历史上最严重的工业化学事故之一，影响巨大。1984 年 12 月 3 日凌晨，印度中央邦首府博帕尔市的美国联合碳化物属下的联合碳化物（印度）有限公司设于贫民区附近一所农药厂发生氰化物泄漏，引发了严重的后果。

① 社会因素。1964 年，印度农业“绿色革命”运动如火如荼，中央政府多年为亿万饥民的危机所困扰，急于解决全国粮食短缺问题，而其成败很大程度上取决于国内有无足够的化肥和农药。因此，当时世界著名的美国联合碳化物公司提出开办一座生产杀虫剂农药厂的建议，1969 年，一家小规模的农药厂在博帕尔市近郊应运而生，试产 3 年双方都表示满意后，一座具备年产 5000t 高效杀虫剂能力的大型农药厂正式落成。

② 管理因素。根据工人反映，工厂“明明知道储藏异氰酸酯，就意味着面临极大的危险。公司在管理这种放射性气体时，太过于自负，从来没有真正担心这种气体有可能引发一系列的问题”。早在 1982 年，一支安全稽查队就曾向美国联合碳化物公司汇报，称博帕尔工厂有“一共 61 处危险”，但工厂没有引起足够的重视。另外，在 1984 年中期，工厂就开始面临停产，开始大量削减雇工人数，70 多只仪表盘、指示器和控制装置只有 1 名操作员管理，异氰酸酯生产工人的安全培训时间也从 6 个月降到了 15 天。这都为事故发生埋下了巨大的隐患。

③ 生产中的危险因素。在博帕尔惨案发生的时候，农药厂生产线上的 6 个安全系统无一正常运转。厂里的手动报警铃、异氰酸酯的冷却及中和等设备不是发生了故障，就是被关闭了。据了解，异氰酸酯的冷却系统停止运转一天，就可以节约 30 美元。

④ 触发事件。1984 年 12 月 2 日下午，在例行日常保养的过程中，由于该公司杀虫剂工厂维修工人的失误，导致了水突然流入到装有 MIC 气体的储藏罐内。MIC 是一种氰化物，一旦遇水会产生强烈的化学反应。这次有水渗入载有 MIC 的储藏罐内，令罐内产生极大的压力，最后导致罐壁无法抵受压力，罐内的化学物质泄漏至博帕尔市的上空。

博帕尔灾难造成了 2.5 万人直接致死，55 万人间接致死，另外有 20 多万人永久残废的人间惨剧。现在当地居民的患癌率及儿童夭折率，仍然因这场灾难而远高于其他印度城市。在这起事故中，混杂了各种因素的影响。

## 2.8　事故致因 2-4 模型

### 2.8.1　基本概念

事故致因 2-4 模型，英文简写为“24Model”，是由中国矿业大学（北京）

安全管理研究中心历时10年研究提出的事故致因理论模型，认为任何事故都至少发生在社会组织之内，其原因分为组织内部原因和外部原因。其中，组织内部原因又分为组织行为和个人行为两个层面，组织行为可以分为安全文化(根源原因)、安全管理体系（根本原因）两个阶段，个人行为可以分为习惯性行为（间接原因)、一次性行为与物态（直接原因）两个阶段，共四个阶段，这四个阶段链接起来即构成了一个行为事故致因模型。它既是用于事故原因分析的模型，也是用于事故预防对策设计的事故预防模型，是一个通用管理模型，可用于组织和个人管理任何事物。

## 2.8.2 事故模型

24Model从分析事故致因开始，揭示出引发事故的直接原因是事故引发人的不安全动作和不安全物态，间接原因是相关人员安全知识不足、安全意识不强、安全习惯不佳、安全心理不佳、安全生理不佳。在组织内，需要消除的事故原因分为两部分，一部分是个人层面的原因，一部分是组织层面的原因，形成24Model的“2”的含义（两个层面)，如图2-19所示。根据“个人行为决定于组织行为、组织行为为组织文化所导向”的组织行为学基本原理和Reason的观点，认为事故的“组织安全方案”是组织的安全管理体系和安全文化，可细化为根本原因和根源原因，形成“根源原因-根本原因-间接原因-直接原因-事故”的事故致因链条，对应的组织和个人层面的四个阶段形成，形成24Model的“4”的含义（四个阶段)。

该模型肯定了生理、心理因素对引发事故的动作的影响，从逻辑关系来看是直接对员工不安全动作产生影响，应与安全知识、安全意识和安全习惯在同一个层次上，属于组织内的因素；外部原因是指监管及其他具体化因素，主要涉及组织外部的监管、供应商及其产品和服务质量，组织成员的家庭、遗传、成长环境及自然因素，社会政治、经济、法律、文化因素等。

对图2-19的模型稍作修改，将事故变成安全业绩，将不安全的方面改为安全的方面，则事故致因图就变成了事故预防图，如图2-20所示，造成损失的过程就变成了收益创造的过程，这就是事故致因图的预防意义。实际上，事故预防图才是人们想要的，预防事故才是目的。如果把事故预防的过程比作工厂的生产过程，那么事故预防（也即广义的“安全管理”）的原理就表达得更为形象了。

## 2.8.3 典型实例

2011年11月10日，云南省某煤矿发生特别重大煤与瓦斯突出事故，事

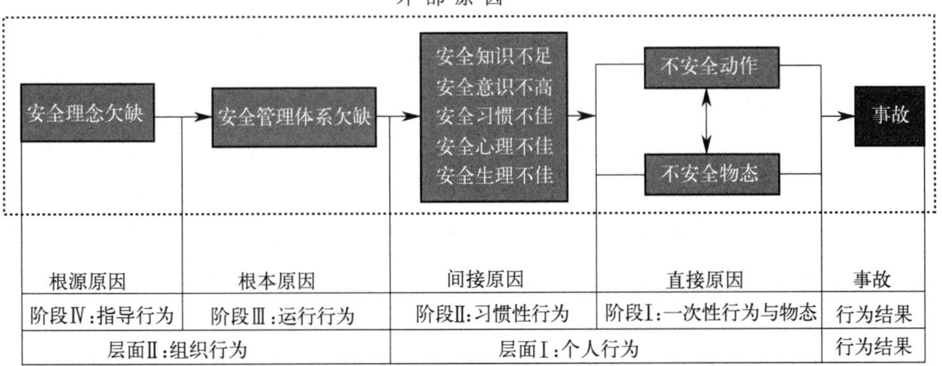


图 2-19　24Model

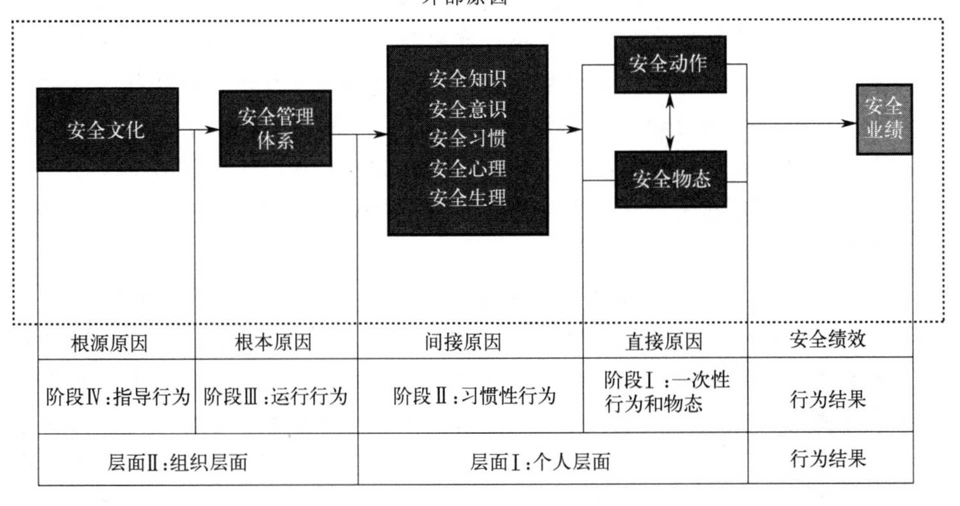


图 2-20　事故预防 24Model

故调查认定该起事故的原因是：该矿未执行区域和局部“四位一体”（即“两个四位一体”）综合防突措施，在未消除突出危险性的情况下，掘进工作面违规使用风镐掘进作业，诱发了煤与瓦斯突出事故。下面应用“24Model”定位事故的原因并制定预防对策。

① 直接原因的定位。在掘进工作面未执行“四位一体”的区域和局部煤与瓦斯防突综合防治措施的情况下，“违规”使用风镐进行掘进作业，诱发了

煤与瓦斯突出事故，这个“未执行”“违规”是不安全动作，即事故的直接原因。

② 间接原因的定位。上述“未执行”“违规”这两个不安全动作的发生原因，可能是相关人员不了解“四位一体”煤与瓦斯突出综合防治措施的原理和重要作用，或者不了解此时使用风镐进行掘进作业会引起瓦斯突出事故，或者不了解一次违章就能引起严重事故等，这实质上是这类知识的不充分；也可能是在“未执行”“违规”者的思想上，未重视“未执行”“违规”动作的严重后果，这表现为违规者安全意识不强；还可能是日常就习惯性多次违章引起的。事实上，很多事故发生后，都能找到事前的多次相关违章，这就是事故引发人安全习惯的不佳。这就根据24Model定位了本次事故的间接原因即习惯性行为（安全知识、意识和习惯）控制的缺欠，据此可以制定有针对性的培训、训练手段和措施，改善知识、意识、习惯三项习惯性行为，进而预防事故。

③ 根本原因分析。根本原因即间接原因的原因。之所以发生上面的间接原因，是因为规章执行有问题，而执行有问题的原因可能是因为解决知识缺乏的培训工作不到位，规章不够详尽，规章执行过程和执行的考核过程、监管过程有问题，而这些问题都应该在掘进作业的安全操作程序中写清楚、执行准确，出问题便是程序文件（即管理体系）建设不够完善，即组织的运行行为控制不够，运行行为就是事故的根本原因。其解决办法就是加强管理体系建设，改善运行行为控制。

④ 根源原因分析。管理体系不完善的根源原因是思想认识不到位。一些生产经营单位，特别注重产量和效益，对于安全，谈论多、实际中重视却不够，这就是安全文化建设不充分。企业管理者是否认识到“安全是影响企业运营的最重要因素、安全创造经济效益、做任何事情都要首先考虑安全、充分工作就能预防事故……”决定了其企业安全管理体系的文件完善程度和执行状况，这些认识问题，也即对安全文化元素的认识程度，就是安全文化建设水平的反映，也是组织的文化指导行为的控制欠缺。如果对安全文化元素认识充分，管理体系就会健全，事故就不会发生。提高安全文化建设的办法就是采取一切措施，尤其是定量跟踪测量，加强安全文化建设，改善文化指导行为，提高员工对安全文化元素的理解程度，为安全管理体系建设打下基础。

## 思考题

① 什么是事故致因理论？

② 简述事故致因理论的发展历程。
③ 多米诺骨牌理论中的基本事件序列有哪几个?
④ 论述能量意外释放理论、轨迹交叉论的基本思想。
⑤ 试用举例的方式论述综合原因论在事故分析中的应用。

# 第 3 章

# 系统安全分析

系统安全分析的主要目的是辨识危险源，预先发现系统可能存在的危险与有害因素，是系统安全评价的前提。本章主要介绍危险、有害因素的定义及其分类方法；从定义、分析步骤、适用范围、优缺点等方面介绍了现阶段应用广泛的系统定性与定量安全分析方法。

## 3.1 危险和有害因素

### 3.1.1 定义

危险因素是指能够对人造成伤亡或对物造成突发性损害的因素；有害因素是指能影响人的身体健康，导致疾病，或对物造成慢性损害的因素。危险和有害因素是指可对人造成伤亡、影响人的身体健康甚至导致疾病的因素［《生产过程危险和有害因素分类与代码》（GB/T 13861—2022）］。事故的发生是由于存在危险有害物质、能量和危险有害物质、能量失去控制两方面因素的综合作用，并导致危险有害物质的泄漏、散发和能量的意外释放。

### 3.1.2 分类

#### 3.1.2.1 按导致事故发生的原因进行分类

根据《生产过程危险和有害因素分类与代码》（GB/T 13861—2022）的规定，将生产过程中的危险有害因素分为四大类，分别是“人的因素”“物的因素”“环境因素”“管理因素”。

（1）人的因素

① 心理、生理性危险和有害因素。

a. 负荷超限：体力、听力、视力及其他负荷超限；

b. 健康状况异常；

c. 从事禁忌事业；

d. 心理异常：情绪异常、冒险心理、过度紧张、其他心理异常；

e. 辨识功能缺陷：感知延迟、辨识错误、其他辨识功能缺陷；

f. 其他心理、生理性危险和有害因素。

② 行为性危险和有害因素。

a. 指挥错误：指挥失误、违章指挥、其他指挥错误；

b. 操作错误：误操作、违章作业、其他操作失误；

c. 监护失误；

d. 其他行为性危险和有害因素。

（2）物的因素

① 物理性危险和有害因素。

a. 设备、设施、工具、附件缺陷：强度不够、刚度不够、稳定性差、密封不良、耐腐蚀性差、应力集中、外形缺陷、外露运动件、操纵器缺陷、制动器缺陷、控制器缺陷、设计缺陷、传感器缺陷、其他设备/设施/工具/附件缺陷；

b. 防护缺陷：无防护、防护装置/设施缺陷、防护不当、支撑（支护）不当、防护距离不够、其他防护缺陷；

c. 电危害：带电部位裸露、漏电、静电和杂散电流、电火花、电弧、短路、其他电危害；

d. 噪声：机械性噪声、电磁性噪声、流体动力性噪声、其他噪声；

e. 振动危害：机械性振动、电磁性振动、流体动力性振动、其他振动危害；

f. 电离辐射；

g. 非电离辐射：紫外辐射、激光辐射、微波辐射、超高频辐射、高频电磁场、工频电场、其他非电离辐射；

h. 运动物危害：抛射物、飞溅物、坠落物、反弹物、土/岩滑动、料堆（垛）滑动、气流卷动、撞击、其他运动物危害；

i. 明火；

j. 高温物质：高温气体、高温液体、高温固体、其他高温物质；

k. 低温物质：低温气体、低温液体、低温固体、其他低温物质；

l. 信号缺陷：无信号设施、信号选用不当、信号位置不当、信号不清、信号显示不准、其他信号缺陷；

m. 标志标识缺陷：无标志标识、标志标识不清晰、标志标识不规范、标志标识选用不当、标志标识位置缺陷、标志标识设置顺序不规范、其他标志标识缺陷；

n. 有害光照；

o. 信息系统缺陷：数据传输缺陷、自供电装置电池寿命过短、防爆等级缺陷、等级保护缺陷、通信中断或延迟、数据采集缺陷、网络环境的保护过低。

② 化学性危险和有害因素。

a. 理化危险：爆炸物、易燃气体、易燃气溶胶、氧化性气体、压力下气体、易燃液体、易燃固体、自反应物质或混合物、自燃液体、自燃固体、自热物质和混合物、遇水放出易燃气体的物质或混合物、氧化性液体、氧化性固体、有机过氧化物、金属腐蚀物；

b. 健康危险：急性毒性、皮肤腐蚀/刺激、严重眼损伤/眼刺激、呼吸或皮肤过敏、生殖细胞致突变性、致癌性、生殖毒性、特异性靶器官系统毒性——一次接触、特异性靶器官系统毒性——反复接触、吸入危险、其他化学性危险和有害因素。

③ 生物性危险和有害因素。

a. 致病微生物：细菌、病毒、真菌、其他致病微生物；

b. 传染病媒介物；

c. 致害动物；

d. 致害植物；

e. 其他生物性危险和有害因素。

（3）环境因素

① 室内作业场所环境不良。

a. 室内地面滑；

b. 室内作业场所狭窄；

c. 室内作业场所杂乱；

d. 室内地面不平；

e. 室内梯架缺陷；

f. 地面、墙和天花板上的开口缺陷；

g. 房屋基础下沉；

h. 室内安全通道缺陷；

i. 房屋安全出口缺陷；

j. 采光照明不良；

k. 作业场所空气不良；

l. 室内温度、湿度、气压不适；

m. 室内给、排水不良；

n. 室内涌水；

o. 室内作业场所环境不良。

② 室外作业场所环境不良。

a. 恶劣气候与环境；

b. 作业场地和交通设施湿滑；

c. 作业场地狭窄；

d. 作业场地杂乱；

e. 作业场地不平；

f. 交通环境不良：航道狭窄/有暗礁或险滩、其他道路/水路环境不良、道路急转陡坡/临水临崖；

g. 脚手架、阶梯和活动梯架缺陷；

h. 地面及地面开口缺陷；

i. 建（构）筑物和其他结构缺陷；

j. 门和周界设施缺陷；

k. 作业场地地基下沉；

l. 作业场地安全通道缺陷；

m. 作业场地安全出口缺陷；

n. 作业场地光照不良；

o. 作业场地空气不良；

p. 作业场地温度、湿度、气压不适；

q. 作业场地涌水；

r. 排水系统故障；

s. 其他室外作业场所环境不良。

③ 地下（含水下）作业环境不良。

a. 隧道/矿井顶板或巷帮缺陷；

b. 隧道/矿井作业面缺陷；

c. 隧道/矿井底板缺陷；

d. 地下作业面空气不良；

e. 地下火；

f. 冲击地压（岩爆）；
g. 地下水；
h. 水下作业供氧不当；
i. 其他地下作业环境不良。
④ 其他作业环境不良。
a. 强迫体位；
b. 综合性作业不良；
c. 以上未包括的其他作业环境不良。

（4）管理因素

① 职业安全卫生管理机构设置和人员配备不健全。
② 职业安全卫生责任制不完善或未落实。
③ 职业安全卫生管理制度不完善或未落实。
a. 建设项目“三同时”制度；
b. 安全风险分级管控；
c. 事故隐患排查治理；
d. 培训教育制度；
e. 操作规程；
f. 职业卫生管理制度；
g. 其他职业安全卫生管理规章制度不健全。
④ 职业安全卫生投入不足。
⑤ 应急管理缺陷。
a. 应急资源调查不充分；
b. 应急能力、风险评估不全面；
c. 事故应急预案缺陷；
d. 应急预案培训不到位；
e. 应急预案演练不规范；
f. 应急演练评估不到位；
g. 其他应急管理缺陷。
⑥ 其他管理因素缺陷。

#### 3.1.2.2 参照《企业职工伤亡事故分类》(GB 6441)

参照GB6441综合考虑起因物、引起事故的诱导性原因、致害物、伤害方式等，将事故分为20类：

①物体打击；②车辆伤害；③机械伤害；④起重伤害；⑤触电；⑥淹溺；

⑦灼烫；⑧火灾；⑨高处坠落；⑩坍塌；⑪冒顶片帮；⑫透水；⑬放炮；⑭火药爆炸；⑮瓦斯爆炸；⑯锅炉爆炸；⑰容器爆炸；⑱其他爆炸；⑲中毒和窒息；⑳其他伤害。

#### 3.1.2.3　按职业健康分类

《职业病危害因素分类目录》（国卫疾控发［2015］92 号）将危险和有害因素分为 6 类：

① 粉尘；

② 化学因素；

③ 物理因素；

④ 放射性因素；

⑤ 生物因素；

⑥ 其他因素。

### 3.1.3　危险和有害因素的辨识

危险和有害因素的辨识应遵循科学性、系统性、全面性和预测性原则。具体要求包括以下几个方面：

① 为了有序、方便地进行分析，防止遗漏，宜按厂址、平面布局、建筑物、物质、生产工艺及设备、辅助生产设施（包括公用工程）、作业环境等几个方面，分别分析其存在的危险、危害因素，列表登记，综合归纳。

② 对导致事故发生的直接原因、诱导原因进行重点分析，从而为确定评价目标、评价重点，划分评价单元，选择评价方法和采取控制措施计划提供依据。

③ 对重大危险、危害因素，不仅要分析正常生产、运输、操作时的危险、危害因素，更重要的是要分析设备、装置破坏及操作失误可能产生严重后果的危险、危害因素。

## 3.2　系统定性安全分析

要提高系统的安全性，使其不发生或少发生事故，其前提条件就是预先发现系统可能存在的危险与有害因素，全面掌握其基本特点，明确其对系统安全性的影响程度。只有这样，才有可能确定系统可能存在的主要危险，采取有效安全防护措施，改善系统安全状况。这里所强调的“预先”是指：无论系统生命过程处于哪个阶段，都要在该阶段开始之前进行系统的安全分析，发现并掌握系统的危险因素。这就是系统安全分析要解决的问题。

系统安全分析是使用系统工程的原理和方法辨别、分析系统存在的危险因素，并根据实际需要对其进行定性、定量描述的技术方法。系统安全分析有多种形式和方法，使用中应注意以下几点：

① 根据系统的特点、分析的要求和目的，采取不同的分析方法。因为每种方法都有其自身的特点和局限性，并非处处通用。使用中有时要综合应用多种方法，以取长补短或相互比较，验证分析结果的正确性。

② 使用现有分析方法不能死搬硬套，必要时要根据实用、适用的要求对相关方法进行改造或简化。

③ 不能局限于分析方法的应用，而应从系统原理出发，开发新方法，开辟新途径，还要在以往行之有效的一般分析方法基础上总结提高，形成系统性的安全分析方法。

系统安全定性分析方法主要包括：安全检查表法、预先危险性分析法、故障类型及影响分析、危险及可操作性研究、鱼刺图等方法。

### 3.2.1 安全检查及安全检查表

20 世纪 30 年代工业迅速发展时期由于安全系统工程尚未出现，安全工作者为了解决生产中日益增多的事故，运用系统工程的手段编制了一种检验系统安全与否的表格。系统工程广泛应用后，安全系统工程亦开始快速发展，安全检查表的编制也因此逐步走向理论阶段。在 20 世纪中期，安全检查表在许多发达国家的保险、军事等部门得到了广泛应用；我国机械、电子等部门首先用来开展企业安全评价工作，于 1988 年 1 月颁布了《机械工厂安全性评价标准》。

安全检查表（SCL）是运用常规、例行的安全管理工作及时发现不安全行为及不安全状态的有效途径，也是消除事故隐患、防止伤亡事故发生的重要手段。安全检查表种类多、适用面广、使用方便，可根据不同的要求制定不同的检查表进行检查，因此，它作为一种定性安全评价方法有着广泛的应用。

(1) 定义

为了系统地识别工厂、车间、工段或装置、设备以及各种操作管理和组织中的危险有害因素，事先将要检查的项目，以提问方式编制成表，以便进行系统检查和避免遗漏，这种表叫作安全检查表。

检查表有各种形式，不论何种形式的检查表，总体的要求是：第一，内容必须全面，以避免遗漏主要的潜在危险；第二，要重点突出，简明扼要，否则的话，检查要点太多，容易掩盖主要危险，分散人们的注意力，反而使评价不确切。安全检查表的主要适用范围为方案设计、样机、详细设计、建造投产、日常运行、改建扩建和拆除。

安全检查表主要有以下优点：

① 检查项目系统、完整，可以做到不遗漏任何能导致危险的关键因素，因而能保证安全检查的质量；

② 可以根据已有的规章制度、标准、规程等，检查执行情况，得出准确的评价；

③ 安全检查表采用提问的方式，有问有答，给人的印象深刻，能使人知道如何做才是正确的，因而可起到安全教育的作用；

④ 编制安全检查表的过程本身就是一个系统安全分析的过程，可使检查人员对系统的认识更深刻，更便于发现危险因素。

（2）安全检查的内容要求

安全检查的内容主要包括 4 个方面的要求：查思想、查管理、查隐患、查事故处理。

① 查思想。检查企业领导和各级管理人员的思想认识，是否把职工的安全健康放在首位，对安全法规、政策和安全生产方针是否认真贯彻执行。

② 查管理。检查企业领导是否把安全生产列入议事日程；企业主要负责人在计划、布置、检查、总结、评比生产的同时，是否将“三同时”的要求落到实处；新建、改建、扩建项目与安全卫生设施是否执行同时设计、同时施工、同时投产的“三同时”原则。

③ 查隐患。通过检查生产设备、劳动条件、安全卫生设施是否符合安全要求以及劳动者在生产中是否存在不安全行为等，找出不安全因素和事故隐患。

④ 查事故处理。检查企业对伤亡事故是否及时报告，认真调查。是否按“四不放过”的要求严肃处理。四不放过：a. 事故原因未查清楚不放过；b. 事故责任者和周围群众未受到教育不放过；c. 未制定防止事故重复发生的措施不放过；d. 事故责任者未受处理不放过，是否采取了有效措施，避免类似事故重复发生。

安全检查对潜在危险问题和采取的建议措施进行了定性描述，检查的内容主要包括：

① 偏离设计的工艺条件所引起的安全问题；

② 偏离规定的操作规程所引起的安全问题；

③ 新发现的安全问题。

（3）安全检查表的分类

安全检查表按其使用场合及用途大致可分为以下几种。

① 设计用安全检查表：主要供设计人员进行安全设计时使用，也以此作为审查设计的依据。其主要内容包括：厂址选择，平面布置，工艺流程的安全性，建筑物、安全装置、操作的安全性，危险物品的性质、储存与运输，消防设施等。

② 厂级安全检查表：供全厂安全检查时使用，也可供安技、防火部门进行日常巡回检查时使用。其内容主要包括厂区内各种产品的工艺和装置的危险部位，主要安全装置与设施，危险物品的储存与使用，消防通道与设施，操作管理以及遵章守纪情况等。

③ 车间用安全检查表：供车间进行定期安全检查。其内容主要包括工人安全、设备布置、通道、通风、照明、噪声、振动、安全标志、消防设施及操作管理等。

④ 工段及岗位用安全检查表：主要用作自查、互查及安全教育。其内容应根据岗位的工艺与设备的防灾控制要点确定，要求内容具体易行。

⑤ 专业性安全检查表：由专业机构或职能部门编制和使用。其主要用于定期的专业检查或季节性检查，如对电气、压力容器、特殊装置与设备等的专业检查表。

（4）安全检查表的编制

安全检查表应由专业干部、有关部门领导、工程技术人员和工人共同编写，并通过实践检验不断修改，使之逐步完善。安全检查表可以按生产系统、车间、工段和岗位编写，也可以按专题编写，如对重要设备和容易出现事故的工艺流程就应该编制该项工艺的专门的安全检查表。

编制安全检查表的主要依据如下。

① 有关标准、规程、规范及规定。为了保证安全生产，国家及有关部门发布了一些不同的安全标准及文件，这是编制安全检查表的一个主要依据。为了便于工作，有时可将检查条款的出处加以注明，以便能尽快统一不同的意见。

② 国内外事故案例。前事不忘后事之师，以往的事故教训和研制、生产过程中出现的问题都曾付出了沉重的代价，有关的教训必须汲取，因此，要搜集国内外同行业及同类产品行业的事故案例，从中发掘出不安全因素，作为安全检查的内容。国内外及本单位在安全管理及生产中的有关经验，自然也是一

项重要内容。

③ 通过系统安全分析确定的危险部位及防范措施，也是制定安全检查表的依据。系统安全分析的方法可以多种多样，如预先危险分析、可操作性研究、故障树等。

（5）安全检查表示例

**【例 3-1】** 我国国家标准 GB 13548《光气及光气化产品生产装置安全评价通则》中的安全检查表格式见表 3-1。该检查表属于否决型的检查表，必须达到的条款在检查表的备注栏内以△标注。该检查表包括场地条件、安全设计、运行管理、安全管理 4 个部分，每部分又细分为若干具体的条款。

**表 3-1　安全检查表**

| 检查项目 | | | 检查结果 | | 备注 |
|---|---|---|---|---|---|
| | | | 是 | 否 | |
| 一、场地条件 | 1. 地理条件 | | | | △ |
| | 2. 气象条件 | | | | |
| | 3. 其他 | | | | |
| 二、安全设计 | 1. 危险识别 | | | | |
| | 2. 工艺设备 | | | | |
| | 3. 管道 | | | | |
| | 4. 仪表 | | | | |
| | 5. 土建与电气 | | | | |
| | 6. 操作的安全性 | | | | |
| | 7. 防止灾害扩大的措施 | | | | |
| 三、运行管理 | 运行管理 | | | | |
| 四、安全管理 | 1. 组织 | | | | |
| | 2. 安全教育 | | | | |
| | 3. 设备管理 | | | | |
| | 4. 防灾措施 | | | | |

## 3.2.2 预先危险性分析

（1）定义

预先危险性分析（preliminary hazard analysis，PHA）也称为危险性预先分析，是在一项工程活动（设计、施工、生产运行、维修等）进行之前，首先对系统可能存在的主要危险源、危险性类别、出现条件和导致事故后果所做的宏观、概略分析，是一种定性分析、评价系统中危险因素危险程度的方法。

（2）预先危险性分析特点

预先危险性分析是一种定性的系统安全分析方法。它的主要优点是：①在产品设计或系统开发的初期，可以利用危险分析的结果，提出应遵循的注意事项和规程。②由于在最初构思产品设计时，即可指出存在的主要危险，从一开始便可采用措施排除、降低和控制它们。③可用来制定设计管理方法和制定技术责任，并可编制成安全检查表以保证实施。

（3）分析步骤

进行预先危险性分析时，一般是利用安全检查表、经验和技术先查明危险因素存在方位，然后识别使危险因素演变为事故的触发因素和必要条件，对可能出现的事故后果进行分析，并采取相应的措施。预先危险性分析程序大致包括准备、审查和结果汇总三个阶段。其具体的分析步骤如下。

准备阶段：

- 了解所开发系统的任务、目的、基本活动的要求（包括对环境的了解）。
- 参照过去同类及相关产品或系统发生事故的经验教训，确定所开发的系统（工艺、设备）存在的危险因素。

审查阶段：

- 确定能够造成受伤、损失、功能失效或物质损失的初始危险。
- 确定初始危险的起因事件。

结果汇总阶段：

- 找出消除或控制危险的可能方法。
- 在危险不能控制的情况下，分析最好的预防损失方法，如：隔离、个体防护、救护等。

分析结果通常记入表格中，表 3-2、表 3-3 为两种表格形式。

**表 3-2　预先危险性分析表（一）**

| 危害/意外事故 | 阶段 | 起因 | 影响 | 分类 | 对策 |
| --- | --- | --- | --- | --- | --- |
| 事故名称<br>…… | 危害发生的阶段，如生产、试验、运输、维修、运行 | 产生危害原因 | 对人员及设备的影响 |  | 消除、减少或控制危害的措施 |

**表 3-3　预先危险性分析表（二）**

| 潜在事故 | 危害因素 | 触发事件 | 形成事故的原因 | 事故后果 | 危险等级 | 对策 |
| --- | --- | --- | --- | --- | --- | --- |
| …… |  |  |  |  |  |  |

根据事故原因的重要性和事故后果的严重程度，确定危险因素的危害分级。通常将危险因素分为 4 级，分级标准如下：

Ⅰ级：可忽略的，不至于造成人员伤害和系统损害；

Ⅱ级：临界的，不会造成人员伤害和主要系统的损坏，且可能排除和控制；

Ⅲ级：危险的（致命的），会造成人员伤害和主要系统的损坏，为了人员和系统安全，需立即采取措施；

Ⅳ级：破坏性的（灾难性的），会造成人员死亡或众多伤残、重伤及系统报废。

（4）应用举例

【例 3-2】热水器的预先危险分析

热水器用煤气加热，装有温度、煤气开关联动装置，水温超过规定温度时，联动装置将调节煤气阀的开度。如发生故障，致压力过高时，则由泄压安全阀放出热水，防止发生事故。热水器结构示意图见图 3-1，危险分析结果列于表 3-4。

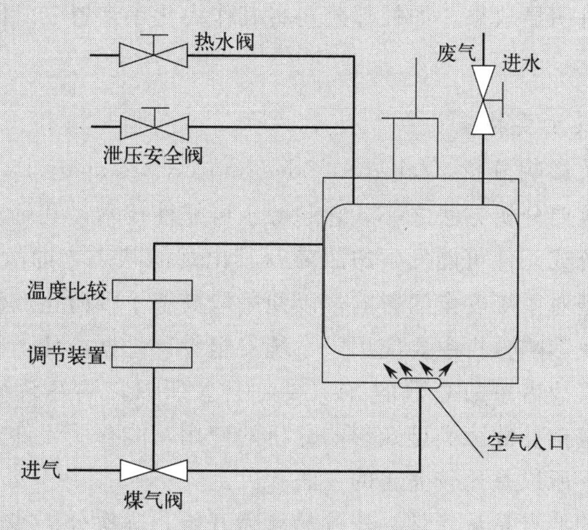


图 3-1　热水器结构示意图

**表 3-4　热水器预先危险性分析表**

| 危害 | 阶段 | 起因 | 影响 | 级别 | 对策 |
|---|---|---|---|---|---|
| 热水器爆炸 | 使用 | 加工质量差 | 伤亡、设备损失 | Ⅳ | 质量检查 |
| 热水器爆炸 | 使用 | 压力升高、泄压阀失灵 | 伤亡、设备损失 | Ⅲ | 装防爆膜、定期检查安全阀 |

续表

| 危害 | 阶段 | 起因 | 影响 | 级别 | 对策 |
|---|---|---|---|---|---|
| 煤气爆炸 | 使用 | 喷火、煤气阀未关、通风不良 | 伤亡、设备损失 | Ⅲ | 火焰温度与煤气联锁、定期检查调节器、通风、CO气体检测、禁止火源 |
| 煤气中毒 | 使用 | 喷火、煤气阀未关、通风不良 | 伤亡 | Ⅲ | 火焰温度与煤气联锁、定期检查调节器、加强通风、CO使用气体检测器 |
| 烫伤 | 使用 | 温度调节器失灵、安全阀失灵 | 致伤 | Ⅱ | 定期检查温度调节器和安全阀 |

### 3.2.3 故障类型及影响分析

20世纪中期，故障类型及影响分析（FMEA）广泛用于飞机发动机的安全分析，美国国家航空和航天管理局、陆军在签订合同时均要求实施FMEA；现阶段FMEA在原子能工业、电气工业、仪表工业等均有广泛的应用，在化学工业应用亦有明显效果，如杜邦公司将其作为化工装置三阶段安全评价中的一个重要环节。

（1）定义及主要特点

故障类型及影响分析（failure modes and effects analysis，FMEA）是安全系统工程的重要分析方法之一。它起源于可靠性技术，其基本考虑是找出系统的各个子系统或元件可能发生的故障及其出现的状态（即故障类型），搞清楚每个故障类型对系统安全的影响，以便采取措施予以防止或消除。

故障类型及影响分析主要应用于系统安全设计。据统计，由于系统的设计不周而造成的事故占事故总数的25%～30%。所以，搞好系统安全设计是实现系统安全的基础。故障类型及影响分析的使用，能查明元件发生各种故障时带来的危险性，所以是比较完善的方法。

这种方法的特点是从元件、器件的故障开始，逐次分析其影响及应采取的对策。其基本内容是为找出构成系统的每个元件可能发生的故障类型及其对人员、操作及整个系统的影响。可以说，故障类型及影响分析从元件的角度出发，回答了“如果…怎么样”的问题，是一种定性的危险分析方法。故障类型及影响分析还常常与故障树配合使用，来确定故障树的顶上事件。

故障类型及影响分析（FMEA）通常按预设的分析表逐项进行，表3-5所示为一种分析表示例。表3-5中的危险严重度及故障发生概率分别按表3-6、表3-7确定。

**表 3-5　故障类型及影响分析表**

| 元、器件名称 | 功能 | 故障及误动作的类型 | 故障的影响 | | | | 危险严重度 | 故障发生概率 | 检测方法（故障识别） | 采取措施 |
|---|---|---|---|---|---|---|---|---|---|---|
| | | | 子系统 | 全系统 | 功能 | 人员 | | | | |

**表 3-6　危险严重度分类**

| 严重度分类 | 影响程度 | 可能造成的危险及损失 |
|---|---|---|
| Ⅰ | 致命的 | 可能造成人员死亡或系统损失 |
| Ⅱ | 严重的 | 可能造成人员严重伤害、严重职业病，主要系统损坏 |
| Ⅲ | 临界的 | 可能造成人员轻伤、职业病或主要系统损坏 |
| Ⅳ | 可忽略的 | 不会造成人员轻伤、职业病，系统也不会受损 |

**表 3-7　故障发生概率**

| 分类 | 发生概率的描述 | 概率＝平均故障间隔时间/全部动作时间 |
|---|---|---|
| A | 非常容易发生 | $1\times10^{-1}$ |
| B | 容易发生 | $1\times10^{-2}$ |
| C | 适度发生 | $1\times10^{-3}$ |
| D | 不大发生 | $1\times10^{-4}$ |
| E | 几乎不发生 | $1\times10^{-5}$ |
| F | 非常不易发生 | $1\times10^{-6}$ |

（2）分析步骤

故障类型及影响分析通常包括以下四方面：①掌握和了解对象系统；②对系统元件的故障类型和产生原因进行分析；③分析故障类型对元件、子系统和系统的影响；④汇总结果和提出改正措施。

其具体的分析步骤如下：

① 将系统分成子系统，以便处理。

② 审查系统和各子系统的工作原理图、示意图、草图，查明它们之间及元件组合件之间的关系。这项工作可通过编制和使用方块图来完成。

③ 编制每个待分析的子系统的全部零件表，每个零件的特有功能同时列入。确定操作和环境对系统的作用。

④ 分析工程图和工作原理图，查出元件发生的主要故障机理。

⑤ 查明每个元件的故障类型对子系统的故障影响。一个元件有一个以上的故障类型时，必须分析每一类型故障的影响并分别列出。根据故障影响大小确定危险严重度。

⑥ 列出故障概率。

⑦ 列出排除或控制危险的措施。如果故障会引起受伤或死亡，要说明提供的安全装置。

元件分解到什么程度是一个要注意的问题，要根据危险分析的目的加以确定。一般认为分析的对象有确定的故障率并能得到它时就可以了，不必再详细分解。例如，生产中的电动机，它的故障率是可以得到的，就没有必要再对它的零件进行分析了。如果这部机器的故障率很高，可以进一步分析各种零件的故障类型、影响及故障率，以确定哪个零件需要加以改进。

（3）危险度分析

故障类型及影响分析包括两个方面的分析：①故障类型和影响分析；②危险度分析。

确定了每个元件的故障发生概率，可确定设备、系统或装置的故障发生概率（评价），从而定量地描述故障的影响。评价系统的关键：指标（哪些元件）、确定关系（合成关系）和指标故障概率（定量化）。例如，起重机制动装置和钢丝绳的部分故障类型和影响、危险度分析，见表 3-8。

**表 3-8 起重机制动装置和钢丝绳的部分故障类型和影响、危险度分析**

| 项目 | 构成元素 | 故障类型 | 故障影响 | 危险程度 | 故障发生概率 | 处理方法 | 应急措施 |
|---|---|---|---|---|---|---|---|
| 制动装置 | 电器元件 | 动作失灵 | 过卷、坠落 | 大 | $10^{-2}$ | 仪表检查 | 立即检修 |
| | 机械部件 | 变形、摩擦 | 破裂 | 中 | $10^{-3}$ | 观察 | 及时检修 |
| | 制动瓦块 | 间隙过大 | 摩擦力小 | 大 | $10^{-3}$ | 检查 | 调整 |
| 钢丝绳 | 股 | 变形、磨损 | 断绳 | 中 | $10^{-4}$ | 观察 | 更换 |
| | 钢丝 | 断丝超标 | 断绳 | 大 | $10^{-1}$ | 检查 | 更换 |

注：1. 危险程度分为：大——危险；中——临界；小——安全。

2. 应急措施：立即停止作业、及时检修。

3. 发生概率：非常容易发生，$1\times10^{-1}$；容易发生，$1\times10^{-2}$；偶尔发生，$1\times10^{-3}$；不常发生，$1\times10^{-4}$；几乎不发生，$1\times10^{-5}$；很难发生，$1\times10^{-6}$。

危险度分析目的是评价每种故障类型危险程度，采用概率-严重度评价故障类型的危险度；概率是指故障类型发生概率，严重度是指故障后果严重程度。危险度分析时，把概率和严重度分别划分为若干等级，如美国杜邦公司把概率划分为 6 个等级，危险程度划分为 3 个等级（表 3-8 注）。当用危险度一个指标来评价时，可按下式计算：

$$C=\sum_{i=1}^{n}(\alpha\beta k_1 k_2\lambda t) \tag{3-1}$$

式中，$C$ 为系统危险度；$n$ 为导致系统重大故障或事故的故障类型数目；$\lambda$ 为元素的基本故障率；$t$ 为元素的运行时间；$\alpha$ 为导致系统重大故障或事故的故障类型数目占全部故障类型数目的比例；$\beta$ 为导致系统重大故障或事故的故障类型出现时，系统发生重大故障或事故的概率；$k_1$ 为实际运行状态的修正系数；$k_2$ 为实际运行环境条件的修正系数。

（4）应用实例

**【例 3-3】** 空气压缩机储罐故障类型和影响分析。空气压缩机储罐属于压力容器，其功能是储存空气压缩机产生的压缩空气。仅考察储气罐的罐体和安全阀两个部件，分析结果见表 3-9。

**表 3-9　储气罐的故障类型及影响分析表**

| 元、器件名称 | 功能 | 故障及误动作的类型 | 故障的影响 | | | | 危险严重度 | 故障发生概率 | 检测方法（故障识别） | 采取措施 |
|---|---|---|---|---|---|---|---|---|---|---|
| | | | 子系统 | 全系统 | 功能 | 人员 | | | | |
| 储气罐罐体 | 储存气体 | 轻微泄漏 | 能耗增加 | | | | Ⅲ | | 漏气噪声，空压机频频启动增压 | 巡检保养 |
| | | 严重泄漏 | 供气压力下降 | 受到影响 | | 可能伤人 | Ⅱ | | 漏气噪声，压力下降 | 巡检停车 |
| | | 破裂 | 供气压力迅速下降 | 无法正常运行 | | 可能致人严重伤害 | Ⅰ | | 破裂声响，压力突降 | 巡检保养 |
| 安全阀 | 避免储气罐超压 | 漏气 | 能耗增加 | | | | Ⅲ | | 漏气噪声，空压机频频启动增压 | 巡检保养 |
| | | 误开启 | 供气压力下降 | 受到影响 | | | Ⅱ | | 漏气噪声，压力下降 | 巡检维修 |
| | | 不开启 | 供气压力上升，可能发生爆炸 | 正常运行可能破裂 | | | Ⅰ | | 压力升高 | 巡检停车 |

## 3.2.4 危险及可操作性研究

（1）定义

危险及可操作性研究（HAZOP），是以系统工程为基础的危险分析方法。该方法采用表格分析形式，具有专家分析法的特性，主要适用于连续性生产工程的安全分析与控制，是一种启发性、实用性的定性分析方法。

HAZOP是英国帝国化学工业公司（ICI）蒙德分部于20世纪60年代发展起来的以引导词（Guide Words）为核心的系统安全分析方法。HAZOP的出发点是先找到系统运行过程中工艺参数（如温度、压力、流量等）的变动以及操作、控制中可能出现的偏差（离），然后分析每一偏差出现的原因和造成的后果；据所查找原因，采取对策。

（2）分析步骤

危险及可操作性研究是对应有现象和实际现象或可能现象，做出如下判断：

① 会不会出现偏差，构成不构成一个问题？

② 用什么资料来说明它是偏差？

③ 如果会有偏差并构成了问题，则它的重要性、程度、影响范围如何？

④ 什么是偏差产生的可能原因？

⑤ 如何核对这些可能原因？

危险及可操作性研究的分析步骤，如图3-2所示。

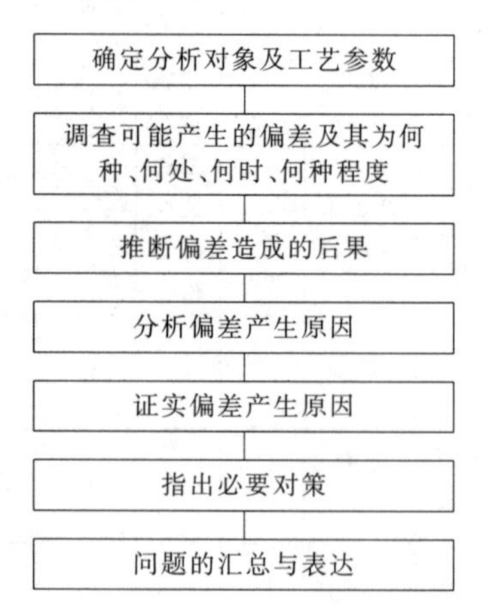


图3-2 危险及可操作性研究分析步骤

在说明步骤方法之前先对引导词加以说明，为了能适应化学工业和其他产业分析的需要，现将“引导词”的意义及其说明列入表3-10中。

**表 3-10　引导词的意义及其说明**

| 引导词 | 意义 | 说明 |
|---|---|---|
| 没有（否） | 完全实现不了设计或操作规定的要求 | 未发生设计上要求的事件，如没有物料输入（流量为零），或温度、压力无显示等 |
| 多（过大） | 比设计规定的标准值数量增大或提前到达 | 如温度、流量、压力比规定值要大，或对原有活动，如“加热”和“反应”的增加 |
| 少（过小） | 比设计规定的标准值少或迟后到达 | 如温度、压力、流量比规定值要小，或对原有活动，如“加热”和“反应”的减少 |
| 多余（以及） | 在完成规定功能的同时，伴有其他（多余）事件发生 | 如在物料输送过程中消失或同时对几个反应容器供料，则有一个或几个没有获得物料 |
| 部分（局部） | 只能完成规定功能的一部分 | 如物料某种成分在输送过程中消失或同时对几个反应容器供料，则有一个或几个没有货的物料 |
| 相反 | 出现与设计或操作要求相反的事件 | 如发生反向输送或逆反应等 |
| 其他（异常） | 出现了不相同的事和物 | 发生了异常的事或状态，完全不能达到设计或操作标准的要求 |

偏差可用下式来表示：

$\varepsilon$（偏差）$=A$（应有现象或给定值）$-A'$（实际现象或可能现象）

具体分析步骤如下：

① 确定分析对象。对设备进行工艺单元划分，确定可能产生偏差的工艺单元。

② 调查偏差、说明问题。问题的产生是由于生产系统中工艺流程的状态参数发生变化引起的，那么究竟是“何种”“何时”“何处”“何种程度”的偏差引起的呢？为了弄清这些问题，首先要将生产系统中工艺流程的状态参数、在运行过程中可能产生的偏差一一列举出来，并用“何种”“何时”“何处”“何种程度”等启发性要求加以系统说明。

a. 何种：指发生了什么偏差，并明确判定“是”与“不是”偏差；

b. 何处：如果是偏差，这一偏差发生在哪个装置、部件或元件上；

c. 何时：该项偏差何时发生；

d. 何种程度：该项偏差的程度大小、数量多少、影响程度。

上述四项都应根据有关资料和报告列举清楚，并尽可能详细。因为这四项要求的研究是分析和找出偏差产生的原因和主要根据。

③ 推断偏差产生的后果。后果分析是假定发生偏差且已有安全保护措施均失效时可能造成的结果推断。此步骤不考虑那些细小的与安全无关的后果。

④ 分析、证实可能原因。基于上述有关资料和报告，根据分析者的经验

和专业知识分析并证实发生偏差的原因，这些原因可能是设备故障、人为失误、外界干扰等。

⑤ 指出必要对策。针对偏差产生的位置和原因进行改进措施建议，包括修改设计、操作规程、改进安全措施等。

⑥ 问题的汇总与表述。分析人员应将分析资料做详尽说明，并归入技术资料档案。为了便于安全管理，可编制问题分析工作表（表 3-11），作为检索参考。

**表 3-11　问题分析工作表**

| 引导词 | 偏差 | 原因 | 后果 | 对策 |
| --- | --- | --- | --- | --- |
| | | | | |
| | | | | |
| | | | | |
| | | | | |

（3）应用实例

**【例 3-4】** 用危险及可操作性研究（HAZOP）对电站锅炉进行评价。锅炉设备及系统概述：该锅炉本体设备选用 DG-1900/25.4Ⅱ2 型超临界参数变压直流炉，单炉膛、内螺纹螺旋管圈水冷壁、一次中间再热、平衡通风、露天布置、固态排渣、全钢构架全悬吊结构Ⅱ型锅炉。锅炉主要参数：过热器出口蒸汽流量：1900t/h；过热器出口蒸汽压力/温度：25.5MPa(a)/571℃；再热器出口蒸汽温度：569℃；锅炉效率：93.07%。

（1）主要危险、有害因素分析

① 选用的锅炉为超临界参数，工质压力高，主蒸汽温度高达 571℃，压力为 25.5MPa。锅炉、压力容器、压力管道因设计不合理、制造质量不合格、安装质量不合格，在工艺状况下产生缺陷或致使原有缺陷扩展，因超压、超温运行，均可能引发爆炸破坏。

② 在电厂的生产工艺过程中压力容器储存或分离的介质主要有高温高压蒸汽、压缩空气等，压力管道输送的介质有高温高压蒸汽、压缩空气、柴油等。锅炉和承压部件一旦发生爆裂，可能由此引发连锁、继发性的易燃易爆介质的化学爆炸和有毒有害介质伤害。

③ 如汽水系统保温隔热不当会直接烫伤人员，其热辐射使周围环境恶化。

④ 煤粉制备中的煤粉、电除尘收集的干灰和锅炉运行中产生的烟尘，如因输送、储存密封或操作不当外泄，会危及作业人员健康，患尘肺（肺尘埃沉着）病。

⑤ 煤粉具有颗粒小、表面积大的特点，很容易被氧化，当氧化放出的热量不能及时散发，会造成温度积累，当达到煤粉的自燃温度时（煤粉的自燃温度为 250～700℃），就会自燃，造成设备损坏。

⑥ 煤粉的爆炸是因为煤粉与空气混合形成悬浮的雾状气粉混合物，当气粉混合物的浓度在 35～2000g/$m^3$ 的范围内，形成爆炸性混合物，遇明火或达到一定的温度，煤粉会突然着火，使周围的空气体积急剧膨胀而产生较大的压力，即发生煤粉爆炸。气粉混合物的最小点火能仅为 40mJ。爆炸时产生的冲击波以很高的速度向周围扩散，对炉膛或设备造成猛烈冲击，损坏设备，并可引起火灾和人身伤亡事故。粉尘爆炸的特点往往是连续性。

⑦ 存在转动机械噪声（磨煤机、送风机、引风机等）、空气动力噪声（烟、风道）、燃烧噪声和安全阀排气噪声等。

⑧ 锅炉补给水和炉水处理中要使用一些有毒有害物质如联氨、氨等。如泄漏和使用不当会对作业人员造成伤害。

⑨ 点火助燃使用的轻柴油为易燃物质，存在发生火灾爆炸的危险。

(2) HAZOP 方法分析

利用 HAZOP 方法对锅炉设备及系统有可能发生火灾、爆炸，造成人员伤亡及财产损失的危险因素进行分析，结果见表 3-12。

**表 3-12　危险因素分析表**

| 引导词 | 偏差 | 可能原因 | 可能后果 | 必要对策 |
| --- | --- | --- | --- | --- |
| 空白 | 锅炉炉膛（燃烧室）灭火、爆炸 | 1. 制粉系统故障，堵煤、断煤，处理不当；<br>2. 水冷管壁爆破，大量汽水喷入炉膛；<br>3. 燃烧调节不当，炉膛负压过大，火焰被拉断，未及时投油；<br>4. 煤质变化，挥发分太低，煤粉太粗，水分、灰分过高 | 影响正常生产<br>财产受损 | 1. 应设置完善的炉膛安全监控系统；<br>2. 为防止锅炉灭火及燃烧恶化，应保持燃煤煤种的稳定，多煤种的情况下，应掺匀燃烧，避免煤种的突然变化，尤其是在低负荷运行时更为重要；<br>3. 为防止燃料进入停用的炉膛，应加强锅炉点火及停炉运行操作的监督；<br>4. 锅炉一旦灭火，应立即切断全部燃料，严禁采用爆燃法恢复燃烧 |
| 少 | 锅炉缺水 | 1. 给水泵故障跳闸，备用给水泵未能正常投用；<br>2. 锅炉自动给水装置失灵，造成给水调节门自动关小或关闭；<br>3. 给水管道泄漏；<br>4. 给水系统高压加热器故障时，系统阀门误操作 | 财产受损 | 1. 设计上应配置直流锅炉给水流量过低保护，并应保持工作正常；<br>2. 确保给水泵、备用给水泵能正常投用；<br>3. 确保锅炉自动给水装置正常；<br>4. 确保给水管道完好；<br>5. 确保高压加热器、除氧器工作正常 |

续表

| 引导词 | 偏差 | 可能原因 | 可能后果 | 必要对策 |
|---|---|---|---|---|
| 高或多 | 锅炉承压部件和炉外管道爆破泄漏 | 1. 汽水管道(包括疏放水管)及附属压力容器壳体腐蚀；<br>2. 过热器、再热器受热面管壁超温运行；<br>3. 错用管材；<br>4. 管内杂物堵塞；<br>5. 烟气冲刷管壁减薄或弯管时工艺不当，管壁厚度不符合要求 | 影响生产<br>财产受损<br>人员伤亡 | 1. 设计上加装锅炉"四管"爆破检漏装置；<br>2. 做好化学监督，保证水汽质量，并做好停炉保养；<br>3. 精心调整燃烧，监视壁温，防止超温超压；<br>4. 管子材质选用要强度计算合格，使用合金钢做光谱复查；<br>5. 安装、抢修时不得有杂物遗留 |

## 3.2.5 鱼刺图

(1) 简介

鱼刺图诞生于 1953 年，是日本管理大师石川馨发明的，故又名石川图，用于把握结果（特性）与原因（影响特征的要因）。鱼刺图是一种发现问题"根本原因"的方法，也称为"Ishikawa"或者"因果图""特性要因图"，如图 3-3 所示。

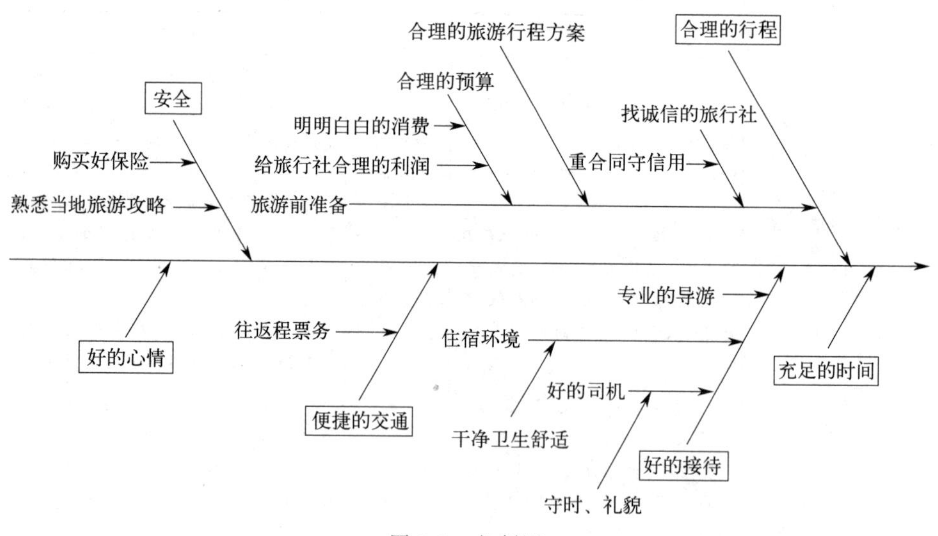


图 3-3 鱼刺图

鱼刺图（cause & effect/fishbone diagram）是指有系统地整理工作的结果和原因，是一种透过现象看本质的分析方法。换句话说，它是一种针对特性来分析其要因所带来的影响，以便追求原因的手法。同时，也用在生产中，用来形象地表示生产车间的流程。

因其形状如鱼刺，所以叫鱼刺图，其特点是简洁实用，深入直观。在鱼骨上长出鱼刺，上面按出现机会多寡列出产生生产问题的可能原因。鱼刺图有助于说明各个原因之间如何相互影响。它也能表现出各个可能的原因是如何随时间而依次出现的，这有助于着手解决问题。

鱼刺图是追究原因的手法，而非提出对策的手法，请特别注意这点不要用错，特性是尽可能地将事实具体表现出来，最好是能用数量具体表示出来。

例如，“提出的改善方法距设想的还差两件”就比“提出的改善方法离设想的目标还差些”听起来要好。这是因为将要因更具体地表现了出来。

鱼刺图的三种类型：①整理问题型鱼刺图（各要素与特性值间不存在原因关系，而是结构构成关系）。②原因型鱼刺图（鱼头在右，特性值通常以“为什么……”来写）。③对策型鱼刺图（鱼头在左，特性值通常以“如何提高/改善……”来写）。

(2) 鱼刺图制作

制作鱼刺图分两个步骤：分析问题原因/结构；绘制鱼刺图。

① 分析问题原因/结构。

a. 针对问题点，选择层别方法（如人机料法环、人事时地物等）；

b. 按头脑风暴分别对各层别类别找出所有可能原因（因素）；

c. 将找出的各要素进行归类、整理，明确其从属关系；

d. 分析选取重要因素；

e. 检查各要素的描述方法，确保语法简明、意思明确。

② 鱼刺图绘图过程。

a. 填写鱼头（按为什么不好的方式描述），画出主刺；

b. 画出大骨，填写大要因；

c. 画出中骨、小骨，填写中小要因；

d. 用特殊符号标识重要因素，绘图时，应保证大骨与主骨成60°夹角，中骨与主骨平行。

(3) 鱼刺图分析步骤

① 查找要解决的问题；

② 把问题写在鱼刺的头上；

③ 召集同事共同讨论问题出现的可能原因，尽可能多地找出问题；

④ 把相同的问题分组，在鱼刺上标出；

⑤ 根据不同问题征求大家的意见，总结出正确的原因；

⑥ 拿出任何一个问题，研究为什么会产生这样的问题；

⑦ 针对问题的答案再问为什么，这样至少深入五个层次（连续问五个问题）；

⑧ 当深入到第五个层次后，认为无法继续进行时，列出这些问题的原因，而后列出至少 20 个解决方法。

（4）应用实例

**【例 3-5】** 基于鱼刺图法的瓦斯爆炸事故人-机-环境分析。众所周知，发生瓦斯爆炸（图 3-4）的三个必要条件：空气中瓦斯含量在爆炸范围内；高温热源存在时间大于瓦斯的引火感应期；瓦斯-空气混合气体中的氧浓度大于 12%。其中供氧条件在通常情况下是自然满足的，因而在大多数条件下只要一定浓度的瓦斯及引爆火源同时存在，瓦斯爆炸就必然发生。

根据事故致因理论和事故构成要素，认为煤矿瓦斯爆炸事故是人、机和环境这三个因素在同一时空，人的不安全行为，机的不安全状态，在环境因素的影响下，相互作用而发生事故。人的不安全行为和机的不安全状态是发生事故的必要条件，环境是外因，它对事故发生有很大的诱发因素，是造成事故发生的充分条件。

图 3-4　瓦斯爆炸

形成煤矿瓦斯爆炸事故的因素复杂多样，它是一系列致因事件在一定时序下产生的结果，因此，该事故鱼刺图不可能是一个简单的因果连锁图，而是一个复合式鱼刺图。为了使鱼刺图清晰明了，结合事故致因相关理论，在对多起瓦斯爆炸事故分析基础上，分别对人的因素、机的因素以及环境的因素进行分析，根据因果之间逻辑关系画出了相应的鱼刺图，为进行煤矿瓦斯爆炸事故综合分析奠定了一定的基础。

(1) 对人的因素分析

人因缺陷定性分析是指对已发生的一些人因失误进行分析，从中找出人因失误发生的根本原因，《生产安全事故调查技术管理导则》（DB23/T 2828—2021）和《企业职工伤亡事故分类》（GB 6441）中，人的不安全行为被列为事故发生的直接原因之一。GB 6441 把人的不安全行为列为 13 类、54 项。导致这 54 种行为的发生可归纳为 6 大类因素，即工人失职、管理人员失职、技术失误、思想麻痹松解、安全资金不落实、应急预案不完善。根据爆炸事故分析和《生产安全事故调查技术管理导则》（DB23/T 2828—2021），画出人因缺陷鱼刺图，如图3-5所示。

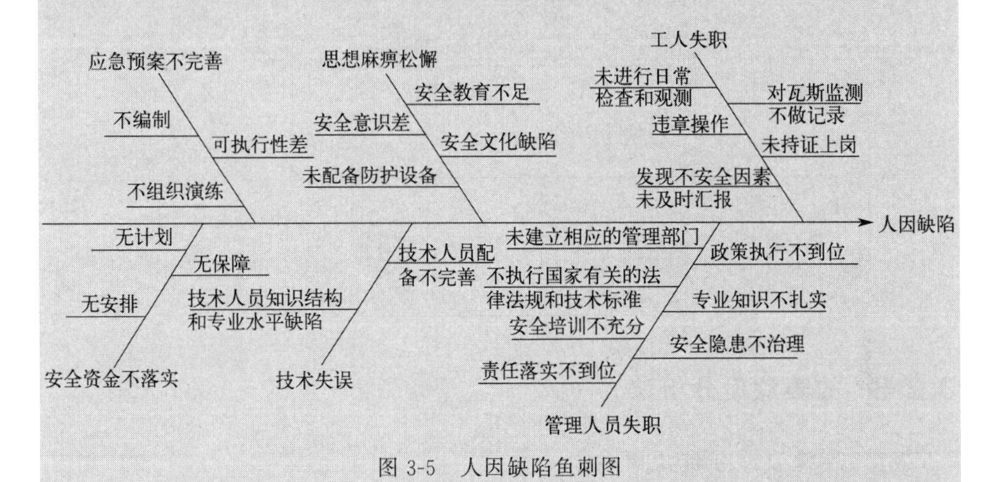


图3-5 人因缺陷鱼刺图

（2）对机的因素分析

机的不安全状态是导致事故发生的第二大要素。根据煤矿瓦斯事故爆炸机理，对机的不安全状态分析主要围绕设备缺陷所涉及的因素，如图3-6所示。

（3）对环境因素的分析

环境因素更多的是自然属性的特点，其实环境的作用和影响取决于管理的效能，这就体现出社会属性的特征，对分析对象的选取角度不同，影响系统所处的环境也不尽相同，如图3-7所示。

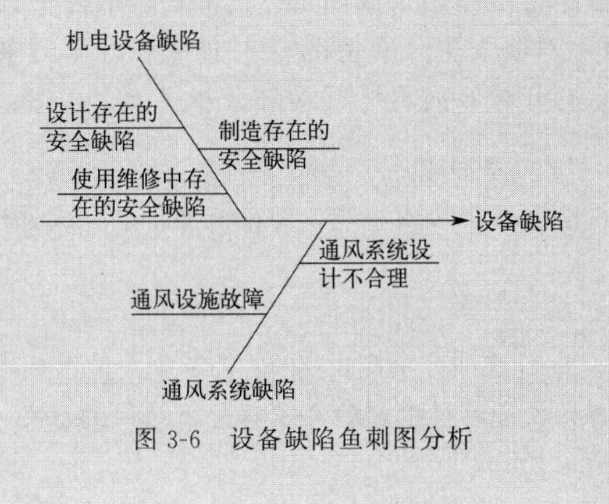


图3-6 设备缺陷鱼刺图分析

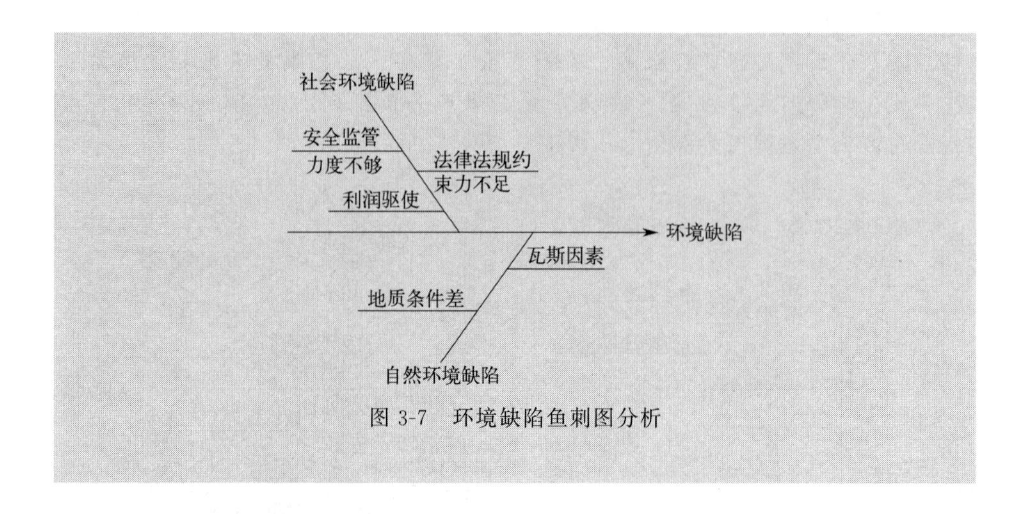


图 3-7　环境缺陷鱼刺图分析

## 3.2.6　故障假设分析法

（1）故障假设分析法简介

故障假设分析法（What... If Analysis）是对某一生产工艺过程或操作过程创造性的分析方法。使用该方法的人员应对工艺熟悉，通过提出一系列“如果…怎么办”的问题（故障假设）来发现可能和潜在的事故隐患，从而对系统进行彻底的检查。在分析会上围绕所确定的安全分析项目对工艺过程或操作进行分析，鼓励每个分析人员对假定的故障问题发表不同看法。

任何与工艺安全有关的问题，即使它与之不太相关也可提出并加以讨论。故障假设分析结果将找出暗含在分析组所提出的问题和争论中可能的事故情况。这些问题和争论常常指出了故障发生的原因。故障假设提出的问题诸如“如果原料的浓度不对将发生什么情况？”“如果在开车时泵停止运转如何处理？”“如果操作工打开阀 B 而不是阀 A 怎么办？”等。

（2）故障假设分析法步骤

故障假设分析法由三个步骤组成，即分析准备、完成分析、编制分析结果文件。

① 分析准备。

a. 人员组成。进行这项分析应由 2～3 名专业人员组成小组。小组成员要熟悉生产工艺，有评价危险性的经验并了解分析结果的意义，最好有现场班组长和工程技术人员参加。

b. 确定分析目标。首先要考虑以取得什么样的结果作为目标，对目标又可进一步加以限定。目标确定之后就要确定分析哪些系统，如物料系统、生产工艺等。分析某一系统时应注意与其他系统的相互作用，避免漏掉危险性。

c. 准备资料。故障假设分析法所需资料见表3-13。危险分析组最好在分析会议开始之前得到这些资料。

**表3-13　故障假设分析法所需资料**

| 资料大类 | 详细资料 |
| --- | --- |
| 工艺流程及其说明 | 1. 生产条件，工艺中涉及的物料及其理化性质，物料平衡及热平衡；2. 设备说明书 |
| 工厂平面布置图 | |
| 工艺流程及仪表控制和管路图 | 1. 控制（连续监测装置，报警系统功能）；2. 仪表（仪表控制图，监测方式） |
| 操作规程 | 1. 岗位职责；2. 通信联络方式；3. 操作内容（预防性维修、动火作业规定、容器内作业规定、切断措施、应急措施） |

d. 准备基本问题。基本问题是分析会议的“种子”。对之前进行过故障假设分析，或者对装置改造后的分析，可以使用之前分析报告中所列的问题。对新的装置或第一次进行故障假设分析的装置，分析组成员在会议前应当拟定一些基本问题，其他各种危险分析方法对原因和后果的分析也可以作为故障假设分析的问题。

② 完成分析。

a. 了解情况，准备故障假设问题。分析会议一开始，应该首先由熟悉整个装置和工艺的人员阐述生产情况和工艺过程，包括原有的安全设备及措施。这些人员主要是分析组所分析区域的有关专业人员。分析人员还应说明装置的安全防范、安全设备、卫生控制规程。

b. 按照准备好的问题从工艺进料开始，一直进行到成品产出为止，逐一提出如果发生某种情况，操作人员应该怎么办的问题，分析得出正确答案，填入分析表中，常见的故障假设分析法分析表形式见表3-14。

**表3-14　故障假设分析法分析表**

| 如果……怎么办 | 危险性/结果 | 建议/措施 |
| --- | --- | --- |
| | | |

c. 将提出的同题及正确答案加以整理，找出危险、可能产生的后果、已

有安全保护装置和措施、可能的解决方法等汇总后报相关部门，以便采取相应措施。在分析过程中，可以补充任何新的故障假设问题。

③ 编制分析结果文件。编制分析结果文件是将分析人员的发现变为消除或减少危险措施的关键。分析组还应根据分析结果提出提高过程安全性的建议，根据对象的不同要求可对表格内容进行调整。

(3) 故障假设分析法的特点及适用范围

故障假设分析法鼓励思考潜在的事故和可能导致的后果，它弥补了基于经验的安全检查表编制时经验的不足，但是，检查表可以使故障假设分析法更系统化，因此出现了安全检查表与故障假设分析结合在一起的分析方法，互相取长补短，弥补各自单独使用时的不足。

故障假设分析法适用范围很广，可用于设备设计和操作的各个方面（如建筑物、动力系统、原料、中间体、产品、仓库储存、物料的装卸与运输、工厂环境、操作方法与规程、安全管理规程、装置的安全保卫等）。

(4) 故障假设分析法应用实例

用故障假设分析法，对磷酸二氢铵（DAP）系统的反应工段进行分析。表 3-15 列出了将在分析会议上讨论的问题。

**表 3-15　对生产 DAP 的过程进行故障假设分析所提的问题**

| 提问方式 | 提问内容 |
| --- | --- |
| 如果……将会发生什么情况？ | 1. 原料磷酸中含有其他杂质<br>2. 原料中磷酸浓度太低，不符合原设计要求<br>3. 反应器中氨含量过高<br>4. 阀门 B 关闭或堵塞<br>5. 阀门 C 关闭或堵塞<br>6. 搅拌器停止搅拌 |

对表 3-15 中第一个问题：如果原料磷酸中含有其他杂质将会发生什么情况？分析人员需要考虑哪些物质与氨混合可发生危险。如果清楚是哪种物质，就要注意是装置中存在该物质，还是原料供应商提供的原料本来就有问题（也可能是原料标签有误）。如果物料的错误搭配对操作人员和环境有危害，分析人员要识别这种危害，并且还应分析已有的安全保护措施是否能避免这种危害的发生。建议原料分析中心在磷酸送入装置前对其进行分析检验。分析人员按照这种方式逐一分析、回答其他问题并记录下来。表 3-16 列出了结果分析文件。

**表 3-16　DAP 工艺过程的故障假设结果分析文件**

| 工艺过程:DAP 反应器<br>分析主题:有毒、有害物质释放 | | 分析人员:由安全、操作、设计等方面人员组成<br>日　　期:　　日/　月/　年 | |
|---|---|---|---|
| 故障假设分析问题 | 危险/后果 | 已有安全保护 | 建议 |
| 原料磷酸中含有杂质 | 杂质与磷酸或氨反应可能产生危险,或产品不符合要求 | 供应商可靠,对反应器进料有严格的规定 | 采取措施保证物料管理规定严格执行 |
| 进料中磷酸浓度太低,不符合原设计规定 | 过量且未反应的氨经过 DAP 储槽释放到工作区 | 供应商可靠,已安装有氨检测与报警装置 | 严格分析检测原料站送来的磷酸的浓度 |
| 反应器中氨含量过高 | 未反应的氨进入 DAP 储槽并释放到工作区,恶化环境 | 氨水管线上装有流量计、氨检测报警器 | 通过阀 B 的流量较小时,氨报警器启动或关闭阀 A |
| 阀 B 关闭或堵塞 | 大量未反应的氨进入 DAP 储槽并释放到工作区,恶化环境 | 定期检修,安装有氨检测与报警装置,磷酸管线上装有流量计 | 通过阀 B 的流量较小时,阀 A 关闭或氨报警启动 |
| 搅拌器停止搅拌 | 物料不均匀,局部反应剧烈,易发生危险 | | 关闭阀 A、阀 B 备用搅拌器 |

## 3.3　系统定量安全分析

### 3.3.1　事件树分析

(1) 定义

事件树 (event tree analysis, ETA) 是判断树在灾害分析上的应用，判断树 (decision tree) 是以元素的可靠性系数表示系统可靠程度的系统分析方法之一，是一种既能定性，又能定量分析的方法。判断树用于灾害分析时，常称为事件树，树形图从作为危险源的初始事件出发，根据后续事件或安全措施是否成功做分支到灾害事件发生为止。

(2) 分析步骤及应用范围

事件树图的具体作法是将系统内各个事件按完全对立的两种状态（如成功、失败）进行分支，然后把事件依次连接成树形，最后再和表示系统状态的输出连接起来。事件树图的绘制是根据系统简图由左至右进行的，在表示各个事件的节点上，一般表示成功事件的分支在上，表示失败事件的分支在下，每个分支上注明其发生概率，最后分别求出它们的积与和，作为系统的可靠系数。事件树分析中，形成分支的每个事件的概率之和，一般都等于1。事件树分析的具体步骤如下：

① 确定初始事件。初始时间是事件树中在一定条件下造成事故后果的最初原因事件。它可以是系统故障、设备失效、人员误操作或工艺过程异常等，一般是选择分析人员最感兴趣的异常事件作为初始事件。

② 找出与初始事件有关的环节事件。所谓环节事件就是出现在初始事件后一系列可能造成事故后果的其他原因事件。

③ 绘制事件树。把初始事件写在最左边，各个环节事件按顺序写在右边；从初始事件画一条水平线到第一个环节事件，在水平线末端画一垂直线段，垂直线段上端表示成功，下端表示失败；再从垂直线两端分别向右画水平线到下个环节事件，同样用垂直线段表示成功和失败两种状态；以此类推，直到最后一个环节事件为止。如果某一个环节事件不需要往下分析，则水平线延伸下去，不发生分支，如此便得到事件树。

④ 分析结果。在事件树最后面写明由初始事件引起的各种事故结果和后果。

为清楚起见，对事件树的初始事件和各环节用不同字母加以标记。事件树分析主要应用于以下几个方面：

a. 系统分析初始事件到事故的过程中种种故障与系统成功、失败的关系。

b. 提供定义事故树顶上事件的方法。

c. 可用于事故分析。

（3）应用举例

**【例 3-6】** 有一泵和两个串联阀门组成的物料输送系统，如图 3-8 所示。物料沿箭头方向顺序经过泵 A、阀门 B 和阀门 C，泵启动后的物料输送系统的事件树如图 3-9 所示。设泵 A、阀门 B、阀门 C 的可靠度分别为 0.95、0.9、0.9，则系统成功的概率为 0.7695，系统失败的概率为 0.2305。

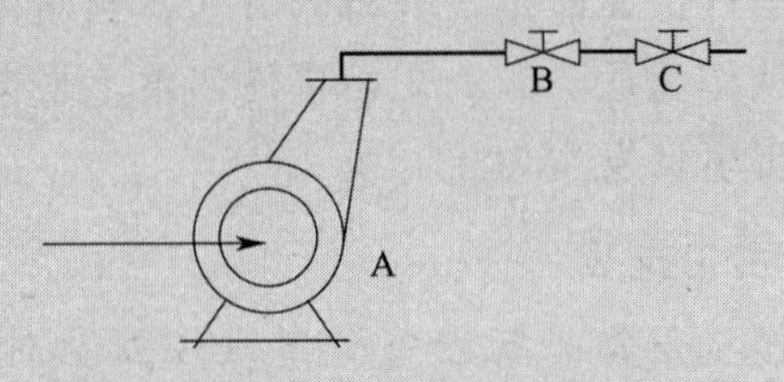


图 3-8　阀门串联的物料输送系统

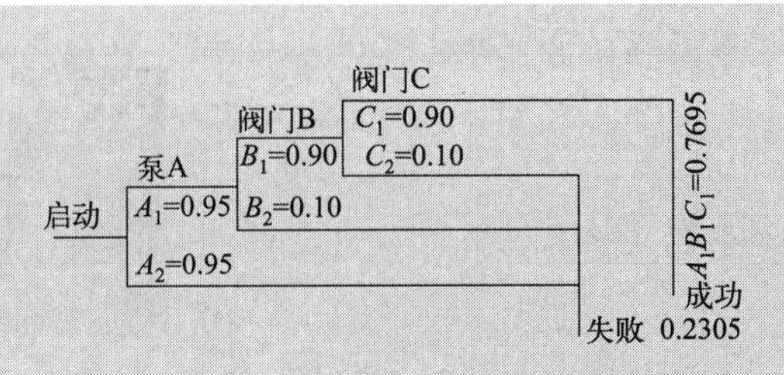


图 3-9　阀门串联输送系统事件树图

**【例 3-7】** 有一泵和两个并联阀门组成的物料输送系统，如图 3-10 所示。A 代表泵，阀门 C 是阀门 B 的备用阀，只有当阀门 B 失效时，C 才开始工作。同上例一样，假设泵 A、阀门 B、阀门 C 的可靠度分别为 0.95、0.9、0.9，则按照它的事件树（图 3-11），可得知这个系统成功的概率为 0.9405，系统失败的概率为 0.0595。从以上两例可以看出，阀门并联物料系统的可靠度比阀门串联时要大得多。

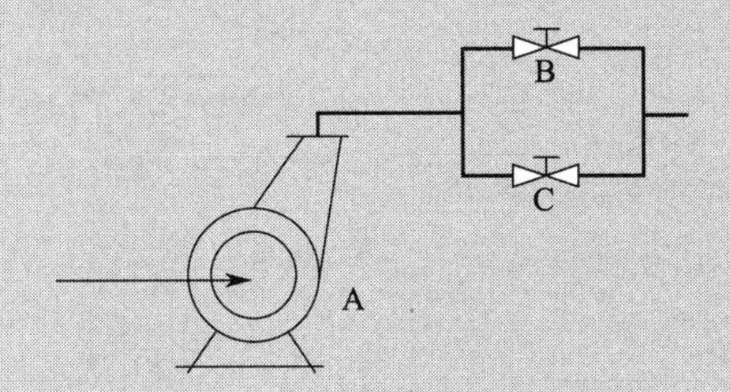


图 3-10　阀门并联的物料输送系统

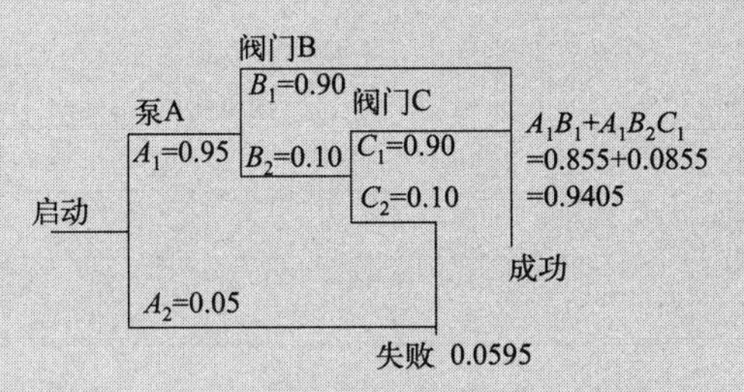


图 3-11　阀门并联输送系统事件树图

**【例 3-8】** 某工厂的氯磺酸罐（图 3-12）发生爆炸事故，事件树分析的结果如图 3-13 所示。该厂有 4 台氯磺酸储罐。因其中两台的紧急切断阀失灵而准备检修，一般按如下程序准备：

① 将罐内的氯磺酸移至其他罐；

② 将水徐徐注入，使残留的浆状氯磺酸分解；

③ 氯磺酸全部分解且烟雾消失以后，往罐内注水至满罐为止；

④ 静置一段时间后，将水排出；

⑤ 打开人孔盖，进入罐内检修。

图 3-12　氯磺酸储罐图

可是在这次检修时，负责人为了争取时间，在上述第（1）～（3）项任务未完成的情况下，连水也没排净就命令维修工人去开人孔盖。由于人孔盖螺栓锈死，当检修工用气割切断螺栓时，突然发生爆炸。

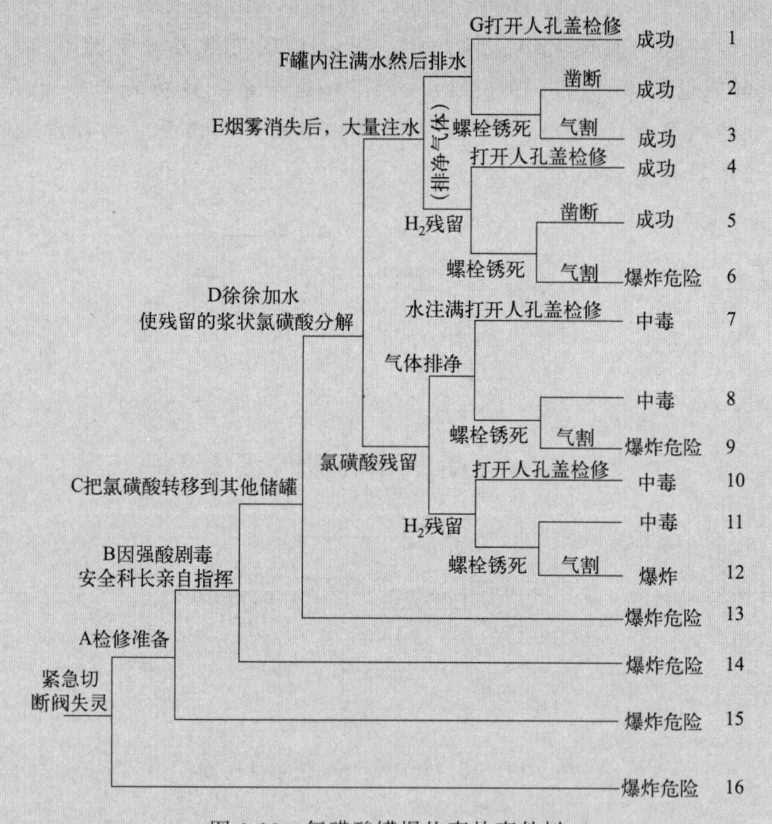


图 3-13　氯磺酸罐爆炸事故事件树

分析这次事故的事件树图可以看出，紧急切断阀失灵会引起事故，对其修理时，会发生如图 3-13 所示的 16 种不同的情况，这次爆炸事故属于图中的第 12 种情况。

【例 3-9】家用燃气灶具的胶管端部松动会导致燃气泄漏而可能引发中毒、火灾爆炸事故，为确保安全会安装监测报警仪，当燃气浓度超过规定值时自动报警，以便操作者采取措施。整个过程中涉及的中间事件主要有：监测报警仪报警、人员发现泄漏、人员修复胶管、人员紧急关闭燃气、点火源、燃气着火，其“失败”概率分别为 0.01、0.25、0.25、0.1、0.8、0.7。

(1) 试绘制燃气泄漏可能引发中毒、火灾爆炸事故的事件树；

(2) 分别计算燃气泄漏可能引发中毒与火灾爆炸事故的概率。

根据题意分析，绘制燃气泄漏可能引发中毒、火灾爆炸事故的事件树，如图 3-14 所示。

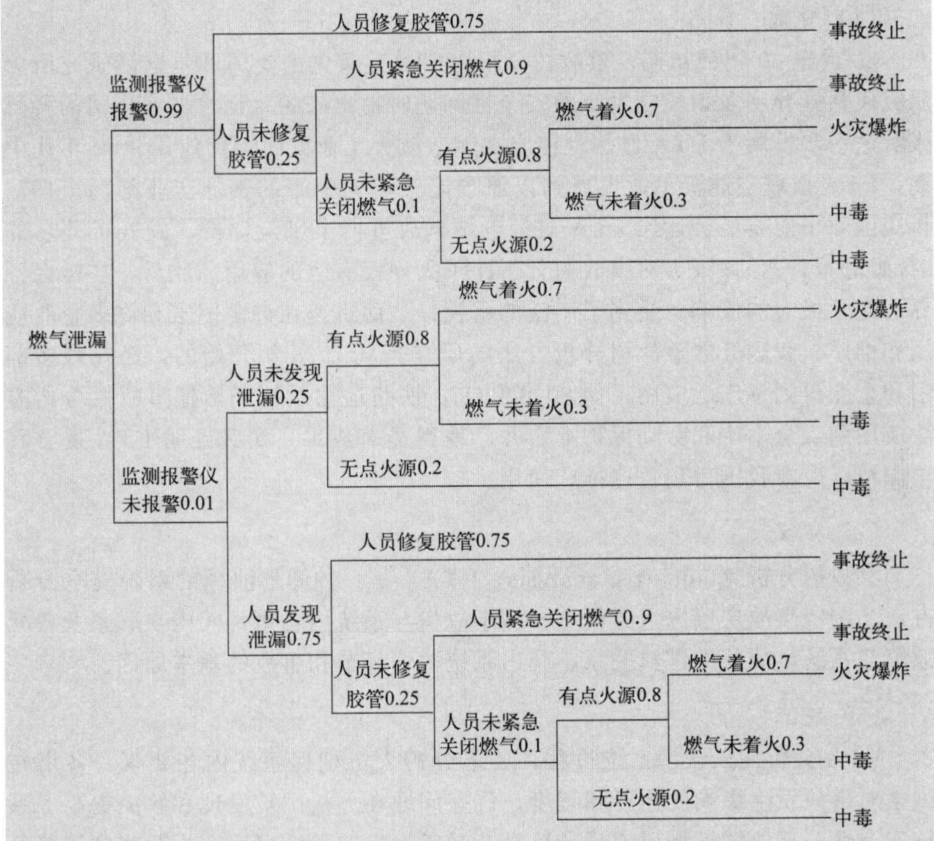


图 3-14　燃气泄漏引发中毒、火灾爆炸事故的事件树

中毒事故发生概率的计算如下：

$P_1=0.99\times0.25\times0.1\times0.8\times0.3+0.99\times0.25\times0.1\times0.2+0.01\times0.25\times0.8\times0.3+0.01\times0.25\times0.2+0.01\times0.75\times0.25\times0.1\times0.8\times0.3+0.01\times0.75\times0.25\times0.1\times0.2=0.0120725$

火灾爆炸发生概率的计算如下：

$P_2=0.99\times0.25\times0.1\times0.8\times0.7+0.01\times0.25\times0.8\times0.7+0.01\times0.75\times0.25\times0.1\times0.8\times0.7$

$=0.015365$

## 3.3.2 事故树分析

### 3.3.2.1 简介

(1) 背景

20 世纪 60 年代初期，事故树分析（FTA）首先由美国贝尔电话研究所为研究民兵式导弹发射控制系统的安全性问题时提出来的；随之波音公司的科研人员进一步发展了 FTA 方法，使之在航空航天工业方面得到应用。60 年代中期，FTA 由航空航天工业发展到以原子能工业为中心的其他产业部门。1974 年美国原子能委员会运用 FTA 对核电站事故进行了风险评价，发表了著名的《拉姆逊报告》，该报告对事故树分析作了大规模有效的应用。此后，在社会各界引起了极大的反响，受到了广泛的重视，从而迅速在许多国家和许多企业应用和推广。我国开展事故树分析方法的研究是从 1978 年开始的，已在很多部门和企业得到了广泛应用，如 80 年代末，铁路运输系统开始把事故树分析方法应用到安全生产和劳动保护上，并已取得显著成果，实践证明 FTA 适合我国国情，应在我国得到普遍推广使用。

(2) 定义

事故树分析（fault tree analysis，FTA）是一种图形演绎的系统安全分析方法。围绕事故层层深入分析，根据事故树与系统内各事件间内在联系及单元故障与系统事故间的逻辑关系，找出系统薄弱环节和事故的基本原因。

(3) 特点

FTA 分析深入认识系统过程，要求分析人员把握系统内各要素、各潜在因素对事故发生影响的途径和程度，许多问题在分析中被发现和解决提高了系统安全性。事故树模型可定量计算复杂系统发生的事故概率，为改善和评价系统安全性提供了定量分析依据。

事故树分析（FTA）方法存在的主要缺点如下：

① 需要花费大量人力、物力和时间；

② 难度较大，建树过程复杂，需要经验丰富的技术人员参加，容易发生遗漏和错误；

③ FTA 只考虑（0，1）状态的事件，而大部分系统存在局部正常、局部故障状态，建数学模型时，会产生较大误差；

④ FTA 虽可考虑人的因素，但人失误难以量化。

总之，事故树分析（FTA）仍处于发展和完善中。目前，事故树分析在自动编制、多状态系统 FTA、相依事件的 FTA、FTA 的组合、数据库的建立及 FTA 技术的实际应用等方面尚待进一步深入研究。

（4）分析步骤

事故树分析（FTA）的程序，因分析对象、目的、程度的不同而不同，一般可按如下程序进行。

① 熟悉系统。全面了解整个系统，包括系统性能、工作程序、各种重要的参数、作业情况及环境状况等，必要时绘制出工艺流程图及其布置图。

② 选择合理的顶上事件。顶上事件就是分析的对象事件——系统失效事件。对调查的事故，要分析其重要程度和发生的频率，从中找出后果严重且发生概率大的事件作为顶上事件。也可事先进行预先危险性分析（PHA）、故障类型及影响分析（FMEA）、事件树分析（ETA），确定顶上事件。

③ 调查原因事件。调查与事故有关的所有原因事件和各种因素，包括机械设备故障，原材料、能源供应不正常（缺陷），生产管理、指挥、操作上的失误与差错和环境不良等。

④ 绘制事故树。该步骤是事故树分析的核心部分之一，根据上述资料，从顶上事件开始，按照演绎法，运用逻辑推理，分级找出所有直接原因事件，直至找到最基本的原因事件为止。按照逻辑关系，用逻辑门连接输入输出关系（即上下层事件），绘制事故树。

⑤ 修改、简化事故树。在事故树绘制完成后，应进行相应的修改和简化，特别是当事故树的不同位置存在同一基本事件时，必须用布尔代数进行整理简化。

⑥ 定性分析。求出事故树的最小割集或最小径集，确定各基本事件的结构重要度的大小。根据定性分析的结论，按重要度大小分别采取相应的对策。

⑦ 定量分析。定量分析应根据实际需要和条件来确定，包括确定各基本事件的故障率或失误率，计算其发生概率，求出顶上事件发生的概率，同时对各基本事件进行概率重要度分析和临界重要度分析。

### 3.3.2.2　事故树的编制

事故树是由各种事件符号和逻辑门组成的，事件之间的逻辑关系用逻辑门表示，这些符号可分为事件符号、逻辑符号等。

(1) 事件符号及意义

① 矩形符号。代表顶上事件(简称顶事件)或中间事件,如图 3-15(a) 所示,是通过逻辑门作用的、由一个或多个原因而导致的故障事件。

② 圆形符号。代表基本事件,如图 3-15(b) 所示,表示不要求进一步展开的基本引发故障事件。

③ 屋形符号。代表正常事件,如图 3-15(c) 所示,即系统在正常状态下发挥正常功能的事件。

④ 菱形符号。代表省略事件,如图 3-15(d) 所示,因影响不大或情报不足,而没有进一步展开的故障事件。

⑤ 椭圆形符号。代表条件事件,如图 3-15(e) 所示,表示施加于任何逻辑门的条件或限制。

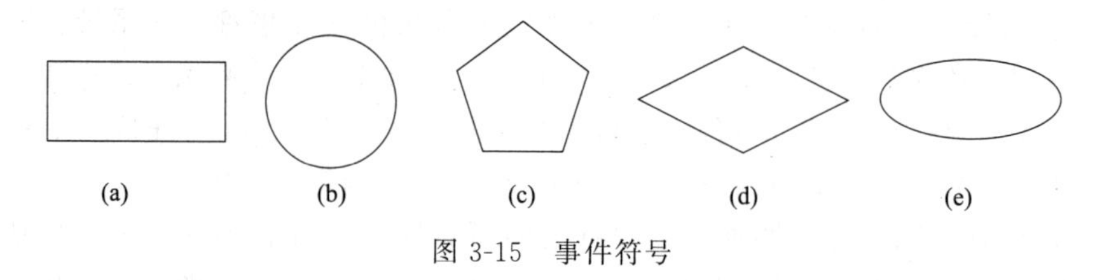


图 3-15 事件符号

(2) 逻辑符号

事故树中表示事件之间逻辑关系的符号称门,主要有以下几种:

① 或门。代表一个或多个输入事件发生,输出事件即发生的情况,表现为逻辑加的关系。或门符号如图 3-16(a) 所示,或门示意图如图 3-17 所示。

② 与门。代表当全部输入事件发生时,输出事件才发生的逻辑关系,表现为逻辑积的关系。与门符号如图 3-16(b) 所示,与门示意图如图 3-18 所示。

③ 禁门。与门的特殊情况,它的输出事件是由单输入事件所引起的。但在输入造成输出之间,必须满足某种特定的条件。禁门符号见图 3-16(c),禁门示意图如图 3-19 所示。

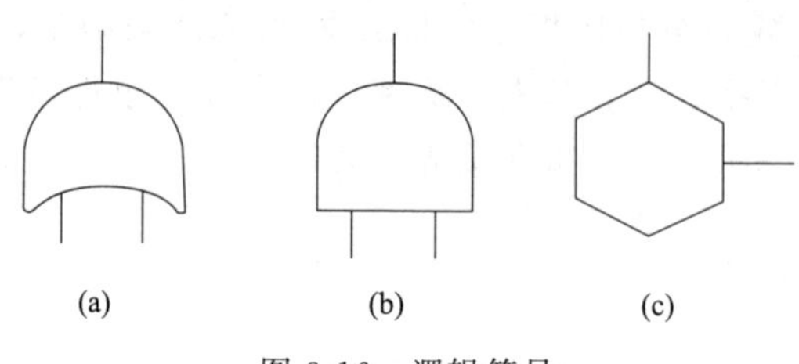


图 3-16 逻辑符号

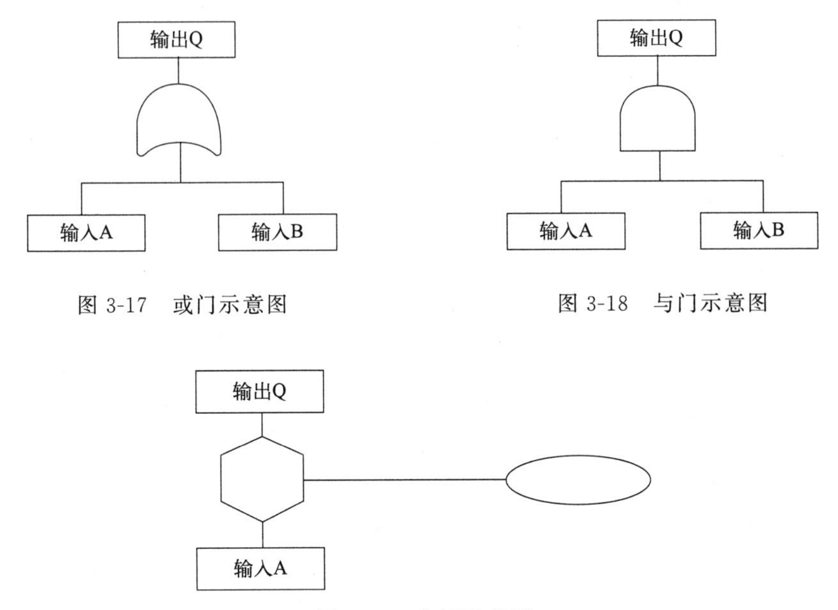


图 3-17　或门示意图

图 3-18　与门示意图

图 3-19　禁门示意图

例如，许多化学反应只有在催化剂存在的情况下才能反应完全，催化剂不参加反应，但它的存在是必要的，如图 3-20 所示。

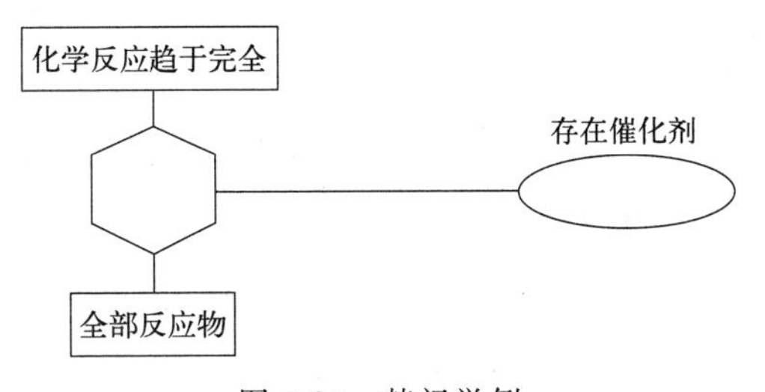


图 3-20　禁门举例

（3）编制事故树的原则

事故树的树形结构是进行分析的基础，它的正确与否，直接影响事故树的分析结果及其可靠程度。因此，为了成功地编制事故树，要遵循以下基本规则：

①“直接原因原则”（细步思考法则）。编制事故树时，首先从顶上事件开始分析，确定顶上事件的直接、必要和充分的原因事件；然后将直接、必要和充分原因事件作为次顶上事件（即中间事件），进一步确定它们的直接、必要和充分的原因事件，依次逐步展开。这时“直接原因”是至关重要的，按照直接原因的原则编制事故树，才能保持其严密的逻辑性，才能对事故的基本原因

事件做出详尽的分析。

② 基本规则Ⅰ。事件方框图内填入故障内容，具体说明是什么故障，在什么条件下发生的。

③ 基本规则Ⅱ。对方框内事件提问“方框内的故障能否由一个元件失效构成?”如果回答是肯定的，把事件列为“元件类”故障，反之，把事件列为“系统类”故障。若是“元件类”故障，可添加或门，找出主因故障、次因故障、指令故障或其他影响；若是“系统类”故障，根据具体情况，添加或门、与门或禁门等，逐项进行分析。

主因故障为元件在规定的工作条件范围内发生的故障。如：设计压力 $P_0$ 的压力容器在工作压力 $P \leqslant P_0$ 时的破坏。次因故障为元件在超过规定的工作条件范围内发生的故障。如：设计压力为 $P_0$ 的压力容器在压力 $P > P_0$ 时的破坏。指令故障为元件的工作是正常的，但时间发生错误或地点发生错误。其他影响的故障主要指环境或安装所致的故障，如湿度太大、接头锈死等。

④ 完整门原则。对某个门的全部输入事件中任一事件进一步分析之前，应先对该门的全部输入事件做出完整的定义。

⑤ 非门原则。门的输入应当是恰当定义的故障事件，门与门之间不得直接相连。在定量评定及简化故障树时，门门连接可能是对的，但在编制事故树的过程中会导致混乱。

(4) 事故树编制举例

**【例 3-10】** 图 3-21 所示为一受压容器装置，配有安全阀及压力自控装置。压力容器爆炸事故树分析如图 3-22 所示。

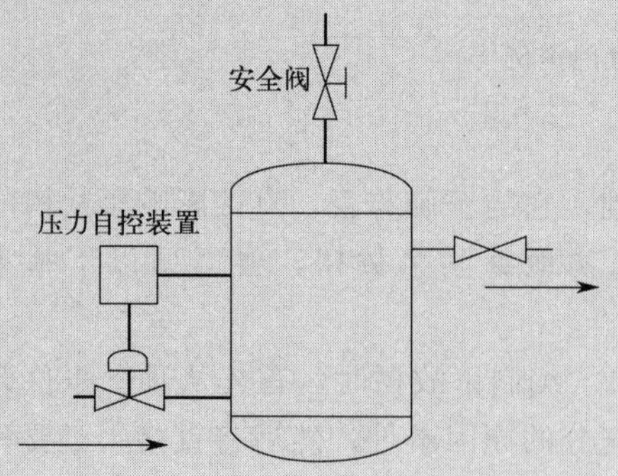

图 3-21 受压容器装置

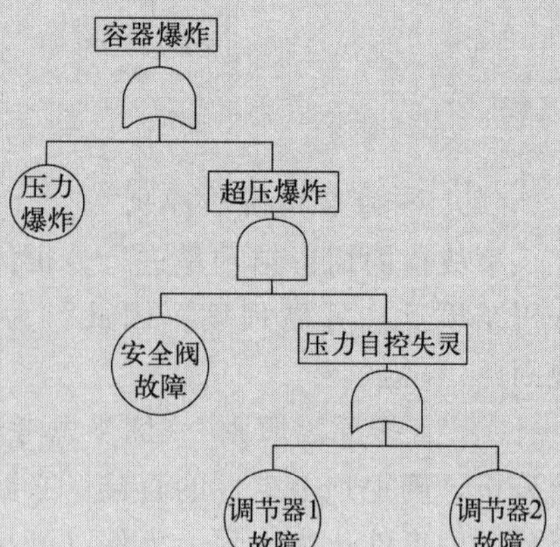

图 3-22 压力容器爆炸事故树

### 3.3.2.3　事故树定性分析

事故树定性分析，是根据事故树求取其最小割集或者最小径集，确定顶上事件的事故模式、原因及其对顶上事件的影响程度，为经济有效地采取预防对策和控制措施，防止同类事故发生提供科学依据。

(1) 布尔代数与主要运算法则

在事故树分析中常用逻辑运算符号（“·”“+”）将各个事件连接起来，称为布尔代数表达式。在求最小割集时，要用布尔代数运算法则，化简代数式，主要法则有：

① 结合律　$A+(B+C)=(A+B)+C, A\cdot(B\cdot C)=(A\cdot B)\cdot C$

② 分配律　$A\cdot(B+C)=A\cdot B+A\cdot C, A+(B\cdot C)=(A+B)\cdot(A+C)$

③ 交换律　$A\cdot B=B\cdot A, A+B=B+A$

④ 等幂法则　$A+A=A, A\cdot A=A$

⑤ 吸收律　$A\cdot(A+B)=A, A+(A\cdot B)=A$

⑥ 德摩根律　$\overline{A\cdot B}=\overline{A}+\overline{B}, \overline{A+B}=\overline{A}\cdot\overline{B}$

(2) 事故树表示方法

为进行事故树定性、定量分析，需建立数学模型，得出相应的数学表达式。将顶上事件用布尔代数表示，自上而下展开，可得到布尔表达式。未经化简的事故树如图 3-23 所示。

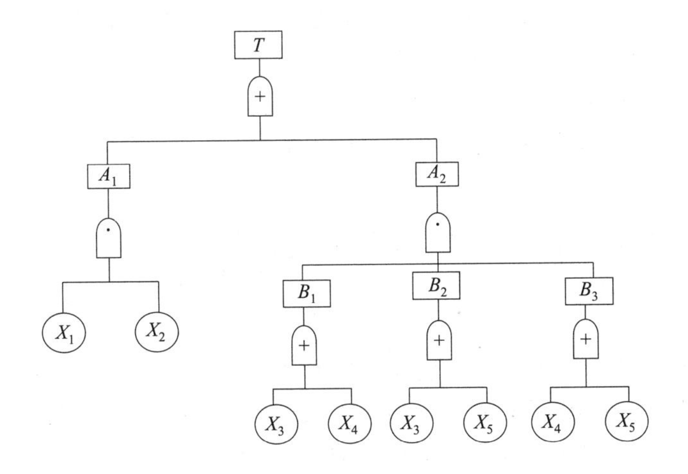


图 3-23　未经化简的事故树

未经化简的事故树，其结构函数表达式为：

$$
\begin{aligned}
T &= A_1 + A_2 \\
&= A_1 + B_1 B_2 B_3 \\
&= X_1 X_2 + (X_3 + X_4)(X_3 + X_5)(X_4 + X_5) \\
&= X_1 X_2 + X_3 X_3 X_4 + X_3 X_4 X_4 + X_3 X_4 X_5 + \\
&\quad X_4 X_4 X_5 + X_4 X_5 X_5 + X_3 X_3 X_5 + X_3 X_5 X_5 + X_3 X_4 X_5
\end{aligned}
$$

（3）最小割集的概念和求法

① 最小割集的概念。通常把满足某些条件或具有某种共同性质事物的全体称为集合，属于这个集合的每个事物叫元素。在事故树中，能引起顶上事件发生的基本事件叫作割集。一般一个事故树会包含多个割集，在这些割集中不包含其他割集的就是最小割集。例如，上述事故树中 $\{X_1, X_2\}$ 是最小割集，而 $\{X_3, X_4, X_5\}$ 是割集但不是最小割集。

② 最小割集的求法。

a. 布尔代数法。利用布尔代数进行简化，将上式归并、化简：

$$
\begin{aligned}
T &= X_1 X_2 + X_3 X_3 X_4 + X_3 X_4 X_4 + X_3 X_4 X_5 + X_4 X_4 X_5 + \\
&\quad X_4 X_5 X_5 + X_3 X_3 X_5 + X_3 X_5 X_5 + X_3 X_4 X_5 \\
&= X_1 X_2 + X_3 X_4 + X_3 X_4 X_5 + X_4 X_5 + X_3 X_5 + X_3 X_4 X_5 \\
&= X_1 X_2 + X_3 X_4 + X_4 X_5 + X_3 X_5
\end{aligned}
$$

得到四个最小割集：$\{X_1, X_2\}$，$\{X_3, X_4\}$，$\{X_4, X_5\}$，$\{X_3, X_5\}$。

b. 行列法。行列法是 1972 年由富赛尔（Fussel）等人提出的，所以又称富赛尔法。此方法的原理是：从顶上事件开始，按逻辑门顺序用下面的输入事件代替上面的输出事件，逐层替代，直到所有基本事件替代完成为止。在替代过程中，“或门”连接的输入事件纵向列出，“与门”连接的输入事件横向列出得到若干行基本事件的交集，运用布尔代数化简，得到最小割集。

以图 3-24 所示的事故树为例，求最小割集为：

$$
T \rightarrow AB \rightarrow \begin{cases} X_1 B \\ CB \end{cases} \rightarrow \begin{cases} X_1 B \\ X_2 X_3 B \end{cases} \rightarrow \begin{cases} X_1 X_3 \\ X_1 X_4 \\ X_2 X_3 X_3 \\ X_2 X_3 X_4 \end{cases} \rightarrow \begin{cases} X_1 X_3 \\ X_1 X_4 \\ X_2 X_3 \end{cases}
$$

从顶上事件 $T$ 开始，第一层逻辑门为“与门”，“与门”连接的两个事件横向排列代替 $T$；$A$ 下面的逻辑门为“或门”，连接 $X_1$、$C$ 两个事件，应纵向排列，变成 $X_1 B$ 和 $CB$ 两行；$C$ 下面的“与门”连接 $X_2$、$X_3$ 两个事件，因此 $X_2$、$X_3$ 写在同一行上代替 $C$，此时得到两个交集 $X_1 B$、$X_2 X_3 B$。同理将事件 $B$ 用下面的输入事件代入，得到四个交集，经化简得到三个最小割集：

$$
K_1 = \{X_1, X_3\}, K_2 = \{X_1, X_4\}, \ K_3 = \{X_2, X_3\}
$$

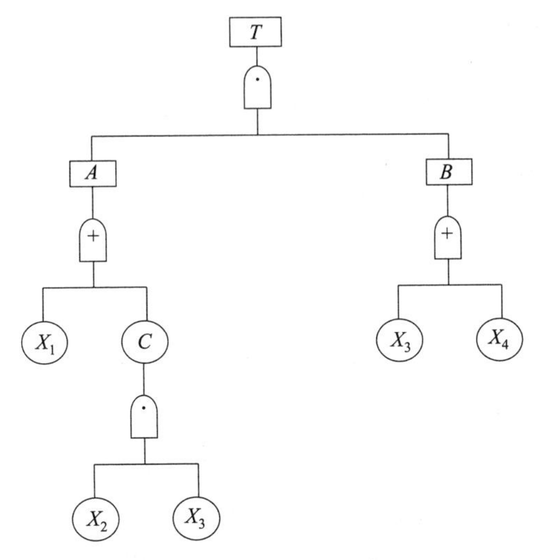


图 3-24　事故树示例

此法求得的结果与布尔代数法相同，但相比较而言，在应用手工计算情况下，布尔代数法较为简单，行列法适用于计算机编程求最小割集，目前国内外已经开发出许多用计算机求最小割集的程序。

（4）最小径集的概念和求法

在事故树中，有一组基本事件不发生，顶上事件就不会发生，这一组基本事件的集合叫径集，表示系统不发生故障而正常运行的模式。同样在径集中也存在相互包含和重复事件的情况，不包含其他径集的叫最小径集。也就是说，凡是不能导致顶上事件发生的最低限度基本事件的集合叫最小径集。在最小径集中，任意去掉一个事件就不是径集。事故树有一个最小径集，顶上事件不发生的可能性就有一种；最小径集越多，顶上事件不发生的途径就越多，系统也就越安全。

最小径集的求法是利用最小径集与最小割集的对偶性，首先画事故树的对偶树，即成功树，求成功树的最小割集，就是原事故树的最小径集。成功树的画法是将事故树的“与门”全部换成“或门”，“或门”全部换成“与门”，并把全部事件的发生变成不发生，就是在所有事件上都加“′”，使之变成原事件补的形式。经过这样变换后得到的就是原事故树的成功树。

这种做法的原理是根据布尔代数的德摩根定律，如图 3-25(a) 所示的事故树，其布尔表达式为：

$$T=X_1+X_2$$

此式表示事件 $X_1$、$X_2$ 任一个发生，顶上事件 $T$ 就会发生。要使顶上事

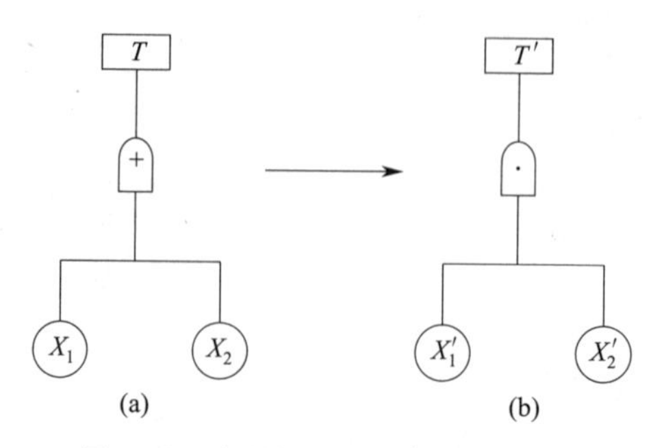


图 3-25　事故树变成功树示例（一）

件不发生，$X_1$、$X_2$ 两个事件必须都不发生，将上式两端取补，得到下式：

$$T'=(X_1+X_2)'=X_1'\cdot X_2'$$

此式用图形表示就是图 3-25(b)，图(b) 是图(a) 的成功树。由图 3-25 可见，图中所有事件都变化，逻辑门也由“或门”转换成“与门”。

同理可知：绘制成功树时，事故树的“与门”要变成“或门”，事件也都要变为原事件补的形式，如图 3-26 所示。

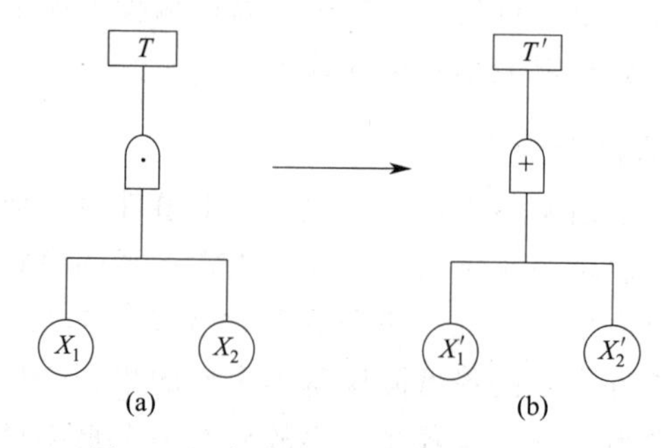


图 3-26　事故树变成功树示例（二）

“条件与门”“条件或门”“限制门”的变换方式同上，变换时，把条件作为基本事件处理。

下面仍以图 3-24 事故树为例求最小径集。首先画出事故树的对偶树——成功树，如图 3-27 所示，求成功树的最小割集。

$$\begin{aligned}T'&=A'+B'\\&=X_1'C'+X_3'X_4'\\&=X_1'(X_2'+X_3')+X_3'X_4'\\&=X_1'X_2'+X_1'X_3'+X_3'X_4'\end{aligned}$$

成功树有三个最小割集,就是事故树的三个最小径集：

$$P_1=\{X_1,X_2\},P_2=\{X_1,X_3\},P_3=\{X_3,X_4\}$$

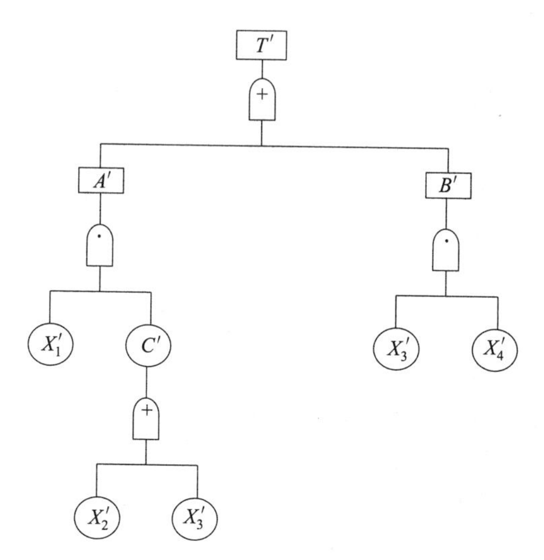


图 3-27　事故树的成功树示例

用最小径集表示的事故树结构式为：$T=(X_1+X_2)(X_1+X_3)(X_3+X_4)$

同样，用最小径集也可画事故树的等效树，用最小径集绘制图 3-27 事故树的等效树结果，如图 3-28 所示。

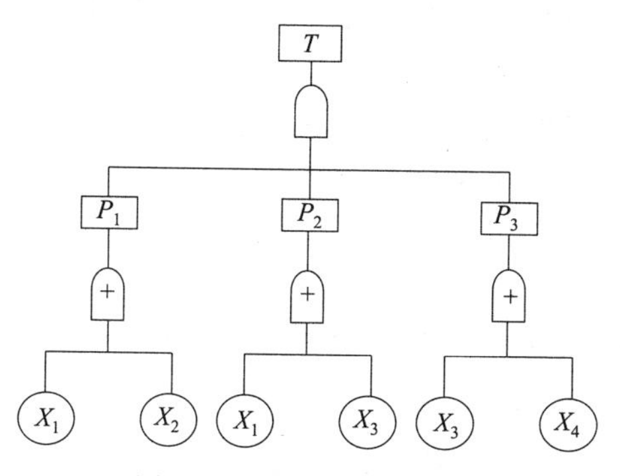


图 3-28　事故树的等效树

用最小径集表示的等效树也有两层逻辑门，与用最小割集表示的等效树比较，所不同的是两层逻辑门符号正好相反。

(5) 最小割集和最小径集在事故树分析中的作用

最小割集和最小径集在事故树分析中有非常重要的作用，归纳起来主要有以下几方面：

① 最小割集表示系统的危险性。由最小割集定义可知，事故树中有一个最小割集，顶上事件发生的可能性就有一种；有几个最小割集，顶上事件发生

的可能性就有几种。事故树中最小割集越多，系统发生事故的途径越多，因而就越危险。

② 最小径集表示系统的安全性。由最小径集定义得，事故树中有一个最小径集，则顶上事件不发生的可能性就有一种；事故树中最小径集越多，说明控制顶上事件不发生的方案就越多，系统的安全性就越高。

③ 最小割集可直观比较各种故障模式的危险性。事故树中有一个最小割集，说明系统就有一种故障模式。在这些故障模式中，有的只含有一个基本事件，有的含有两个基本事件，还有的含有三个、四个甚至更多的基本事件。含有一个基本事件的最小割集，只要一个事件发生，顶上事件就会发生；含有两个基本事件的，必须两个基本事件同时发生，顶上事件才会发生。很显然，一个事件发生的概率要比两个事件同时发生的概率大得多，三个事件同时发生的概率就更小了。因此，最小割集含有的基本事件越少，这种故障模式越危险，只含一个基本事件的割集最危险。

④ 从最小径集可选择控制事故的最佳方案。事故树中有一个最小径集，控制顶上事件不发生的方案就有一种。一个事故树有几个最小径集，使顶上事件不发生的方案就有几种。在这些方案中，选择哪一种最好，一般说来，控制少事件最小径集中的基本事件比控制多基本事件省工、省时、经济、有效。当然也有例外，有时少事件径集中的基本事件由于经济或技术上的原因难以控制，这种情况下应选择其他方案。

⑤ 利用最小割集和最小径集，可进行结构重要度分析。

⑥ 利用最小割集和最小径集可对系统进行定量分析和评价。

（6）方法示例

**【例 3-11】** 锅炉结垢定性分析，锅炉结垢事故树分析，如图 3-29 所示。

$$
\begin{aligned}
T &= A_1 + A_2 \\
&= X_1 + X_2 + B_1 + X_3 + B_2 \\
&= X_1 + X_2 + X_4 C_1 + X_3 + X_7 + X_8 \\
&= X_1 + X_2 + X_4 (X_5 + X_6) + X_3 + X_7 + X_8 \\
&= X_1 + X_2 + X_4 X_5 + X_4 X_6 + X_3 + X_7 + X_8
\end{aligned}
$$

从而得出 7 个最小割集为：

$K_1=\{X_1\}, K_2=\{X_2\}, K_3=\{X_3\}, K_4=\{X_4, X_5\}, K_5=\{X_4, X_6\}, K_6=\{X_7\}, K_7=\{X_8\}$

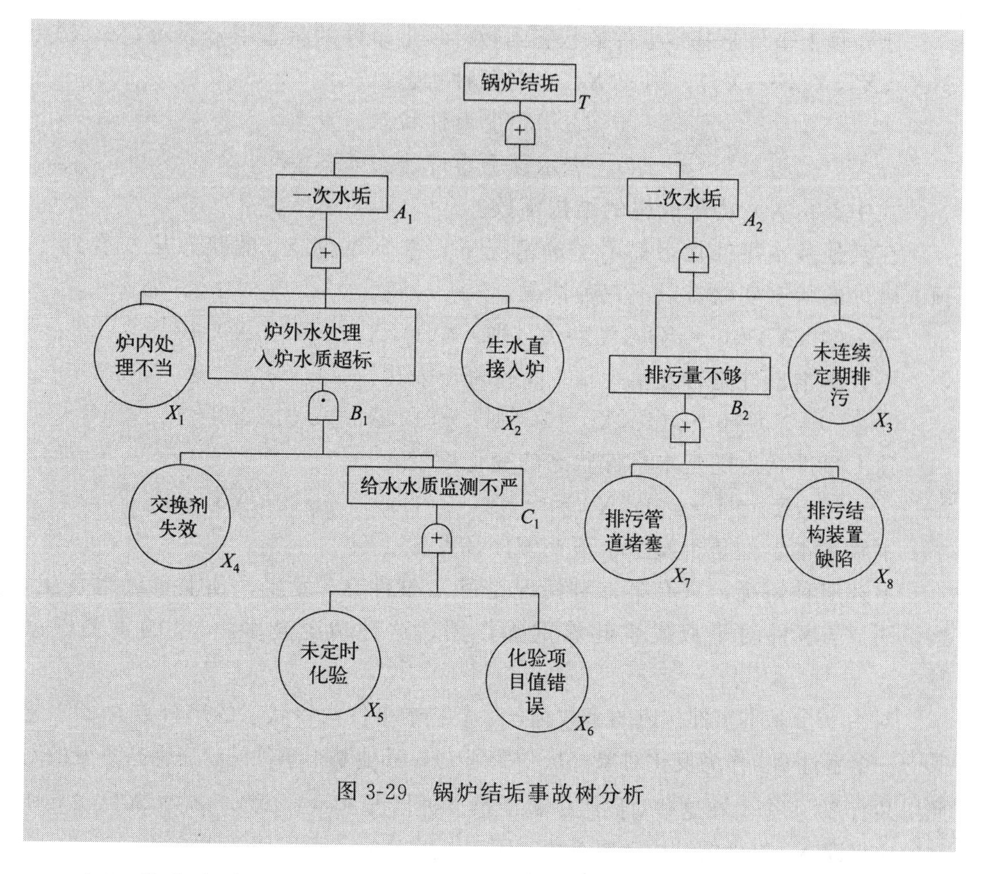


图 3-29　锅炉结垢事故树分析

（7）基本事件的结构重要度分析

结构重要度分析，就是不考虑基本事件发生的概率是多少，仅从事故树结构上分析各基本事件的发生对顶上事件发生的影响程度。

事故树是由众多基本事件构成的，这些基本事件对顶上事件均产生影响，但影响程度是不同的，在制定安全防范措施时必须有个先后次序、轻重缓急，以便使系统达到经济、有效、安全的目的。结构重要度分析虽然是一种定性分析方法，但在缺乏定量分析数据的情况下，这种分析显得尤为重要。

结构重要度分析方法归纳起来有两种：一种是计算出各基本事件的结构重要系数，将系数由大到小排列各基本事件的重要顺序；第二种是用最小割集和最小径集近似判断各基本事件的结构重要系数的大小，并排列次序。

下面介绍结构重要系数的求取方法。假设某事故树有几个基本事件，每个基本事件的状态都有两种：

$$\varphi(X)=\begin{cases}0 & \text{表示基本事件状态　不发生}\\1 & \text{表示基本事件状态　发生}\end{cases}$$

已知顶上事件是基本事件的状态函数，顶上事件的状态用 $\varphi$ 表示，$\varphi(X)=\varphi(X_1,X_2,X_3,\cdots,X_n)$，则 $\varphi(X)$ 也有两种状态：

$$\varphi(X)=\begin{cases}1 & \text{表示顶上事件状态　发生} \\ 0 & \text{表示顶上事件状态　不发生}\end{cases}$$

式中，$\varphi(X)$ 为事故树的结构函数。

在其他基本事件状态都不变的情况下，基本事件 $X_i$ 的状态从 0 变到 1，顶上事件的状态变化有以下三种情况：

① $\varphi(0_i,X)=0\rightarrow\varphi(1_i,X)=0$，则：$\varphi(1_i,X)-\varphi(0_i,X)=0$。

不管基本事件是否发生，顶上事件都不发生。

② $\varphi(0_i,X)=0\rightarrow\varphi(1_i,X)=1$，则：$\varphi(1_i,X)-\varphi(0_i,X)=1$。

顶上事件状态随基本事件状态的变化而变化。

③ $\varphi(0_i,X)=1\rightarrow\varphi(1_i,X)=1$，则：$\varphi(1_i,X)-\varphi(0_i,X)=0$。

不管基本事件是否发生，顶上事件都发生。

上述三种情况，只有第二种情况是基本事件 $X_i$ 发生，顶上事件也发生，这说明 $X_i$ 事件对事故发生起着重要作用，这种情况越多，$X_i$ 的重要性就越大。

对由 $n$ 个基本事件构成的事故树，$n$ 个基本事件两种状态的组合数为 $2^n$。把其中一个事件 $X_i$ 作为变化对象（从 0 变到 1），其他基本事件的状态保持不变的对照组共有 $2^{n-1}$ 个。在这些对照组中属于第二种情况 $[\varphi(1_i,X)-\varphi(0_i,X)=1]$ 所占的比例即 $X_i$ 事件的结构重要系数，用 $I_\varphi(i)$ 表示，可以用下式求得：

$$I_\varphi(i)=\frac{1}{2^{n-1}}\sum[\varphi(1_i,X)-\varphi(0_i,X)]$$

下面以图 3-30 所示的事故树为例，说明各基本事件结构重要系数的求法。

此事故树有 5 个基本事件，按照二进制列出所有基本事件两种状态的组合数，共有 $2^5=32$ 个，见表 3-17。为便于对照，将 32 组分成左右两部分各占 16 组，然后根据事故树图或最小割集确定 $\varphi(0_i,X)$ 和 $\varphi(1_i,X)$ 的值，以 0 和 1 两种状态表示。

由表可知：$X_1$ 在左半部的状态值都为 0，右半部都为 1，右半部和左半部对应找出 $\varphi(1_i,X)-\varphi(0_i,X)=1$ 的组合，共有 7 个；基本事件 $X_2$ 在表中左右两侧，其状态值都分成上下两部分，每部分 8 组，在同一侧上下部分对照找出的组合，只有 1 个，故：

$$I_\varphi(1)=7/16,I_\varphi(2)=1/16$$

同理可得：

$$I_\varphi(3)=7/16,I_\varphi(4)=5/16,I_\varphi(5)=5/16$$

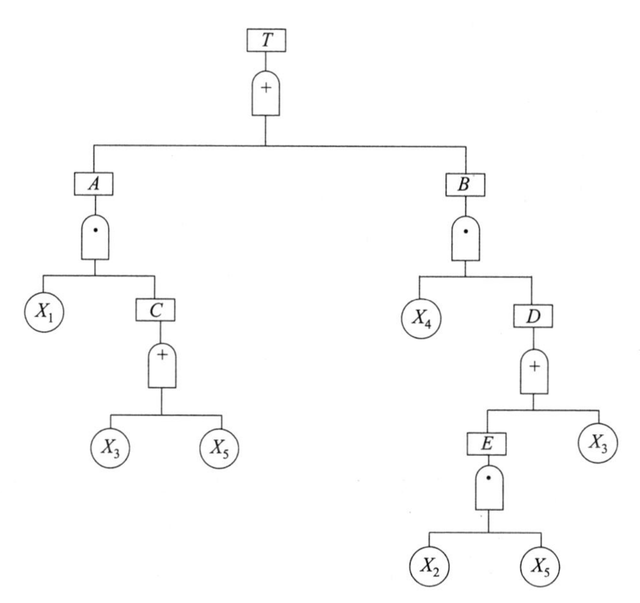


图 3-30　事故树示例

按各基本事件 $I_{\varphi}(i)$ 值的大小排列起来，其结果为：

$$I_{\varphi}(1)=I_{\varphi}(3)>I_{\varphi}(4)=I_{\varphi}(5)>I_{\varphi}(2)$$

**表 3-17　基本事件状态值与顶上事件状态值**

| $X_1$ | $X_2$ | $X_3$ | $X_4$ | $X_5$ | $\varphi(0_i,X)$ | $X_1$ | $X_2$ | $X_3$ | $X_4$ | $X_5$ | $\varphi(1_i,X)$ |
|---|---|---|---|---|---|---|---|---|---|---|---|
| 0 | 0 | 0 | 0 | 0 | 0 | 1 | 0 | 0 | 0 | 0 | 0 |
| 0 | 0 | 0 | 0 | 1 | 0 | 1 | 0 | 0 | 0 | 1 | 1 |
| 0 | 0 | 0 | 1 | 0 | 0 | 1 | 0 | 0 | 1 | 0 | 0 |
| 0 | 0 | 0 | 1 | 1 | 0 | 1 | 0 | 0 | 1 | 1 | 1 |
| 0 | 0 | 1 | 0 | 0 | 0 | 1 | 0 | 1 | 0 | 0 | 1 |
| 0 | 0 | 1 | 0 | 1 | 0 | 1 | 0 | 1 | 0 | 1 | 1 |
| 0 | 0 | 1 | 1 | 0 | 1 | 1 | 0 | 1 | 1 | 0 | 1 |
| 0 | 0 | 1 | 1 | 1 | 1 | 1 | 0 | 1 | 1 | 1 | 1 |
| 0 | 1 | 0 | 0 | 0 | 0 | 1 | 1 | 0 | 0 | 0 | 0 |
| 0 | 1 | 0 | 0 | 1 | 0 | 1 | 1 | 0 | 0 | 1 | 1 |
| 0 | 1 | 0 | 1 | 0 | 0 | 1 | 1 | 0 | 1 | 0 | 0 |
| 0 | 1 | 0 | 1 | 1 | 1 | 1 | 1 | 0 | 1 | 1 | 1 |
| 0 | 1 | 1 | 0 | 0 | 0 | 1 | 1 | 1 | 0 | 0 | 1 |
| 0 | 1 | 1 | 0 | 1 | 0 | 1 | 1 | 1 | 0 | 1 | 1 |
| 0 | 1 | 1 | 1 | 0 | 1 | 1 | 1 | 1 | 1 | 0 | 1 |
| 0 | 1 | 1 | 1 | 1 | 1 | 1 | 1 | 1 | 1 | 1 | 1 |

用计算基本事件结构重要系数的方法进行结构重要度分析，其结果较为精确，但很烦琐。特别是当事故树比较复杂或庞大、基本事件个数比较多时，要排列为 $2^n$ 个组合是很困难的，有时即使是使用计算机也难以进行。

结构重要度分析的另一种方法是用最小割集或最小径集近似判断各基本事件的结构重要系数。这种方法虽然精确度比求结构重要系数法差一些，但操作简便，因此目前应用较多。用最小割集或最小径集近似判断结构重要系数的方法也有几种，这里只介绍其中的一种，就是用四条原则来判断，这四条原则是：

① 单事件最小割（径）集中基本事件的结构重要度系数最大。

例如，某事故树含有 3 个最小径集：

$$P_1=\{X_1\};P_2=\{X_2,X_3\};P_3=\{X_4,X_5,X_6\}$$

第一个最小径集只含一个基本事件 $X_1$，按此原则 $X_1$ 的结构重要系数最大。

$$I_\varphi(1)>I_\varphi(i);i=2,3,4,5,6$$

② 仅出现在同一个最小割（径）集中的所有基本事件结构重要系数相等。

例如，上述事故树 $X_2$、$X_3$ 只出现在第二个最小径集，在其他最小径集中都未出现，所以 $I_\varphi(2)=I_\varphi(3)$，同理：$I_\varphi(4)=I_\varphi(5)=I_\varphi(6)$。

③ 仅出现在基本事件个数相等的若干个最小割（径）集中的各基本事件结构重要系数依出现次数而定，即出现次数少，其结构重要系数小；出现次数多，其结构重要系数大；出现次数相等，其结构重要系数相等。

例如，某事故树含有三个最小割集：

$$K_1=\{X_1,X_2,X_3\};K_2=\{X_1,X_3,X_4\};K_3=\{X_1,X_4,X_5\}$$

此事故树有 5 个基本事件，都出现在含有 3 个基本事件的最小割集中。$X_1$ 出现 3 次，$X_3$、$X_4$ 出现 2 次，$X_2$、$X_5$ 只出现 1 次，按此原则可得：$I_\varphi(1)>I_\varphi(3)=I_\varphi(4)>I_\varphi(2)=I_\varphi(5)$。

④ 两个基本事件出现在基本事件个数不等的若干个最小割（径）集中，其结构重要系数依下列情况而定：

a. 若它们在各最小割（径）集中重复出现的次数相等，则在少事件最小割（径）集中出现的基本事件结构重要系数大。

例如，某事故树含有 4 个最小割集：

$$K_1=\{X_1,X_3\};K_2=\{X_1,X_4\};K_3=\{X_2,X_4,X_5\};K_4=\{X_2,X_5,X_6\}$$

$X_1$、$X_2$ 两个基本事件都出现 2 次，但 $X_1$ 所在的 2 个最小割集都含有 2 个基本事件，而 $X_2$ 所在的 2 个最小割集，都含有 3 个基本事件，所以 $I_\varphi(1)>I_\varphi(2)$。

b. 若它们在少事件最小割（径）集中出现次数少，在多事件最小割（径）

集中出现次数多，以及其他更为复杂的情况，可用以下近似判别式计算：

$$\sum I(i)=\sum_{X_i \in K_j} \frac{1}{2^{n_j-1}} \tag{3-2}$$

式中 $I(i)$——基本事件 $X_i$ 结构重要系数的近似判别值，$I_\varphi(i)$ 大则 $I(i)$ 也大；

$X_i \in K_j$——基本事件 $X_i$ 属于 $K_j$ 最小割（径）集；

$n_j$——基本事件 $X_i$ 所在最小割（径）集 $K_j$ 中包含基本事件的个数。

假设某事件树共有 5 个最小径集：

$$P_1=\{X_1,X_3\};P_2=\{X_1,X_4\};P_3=\{X_2,X_4,X_5\};$$
$$P_4=\{X_2,X_5,X_6\};P_5=\{X_2,X_6,X_7\}$$

基本事件 $X_1$ 与 $X_2$ 比较，$X_1$ 出现 2 次，但所在的两个最小径集都含有 2 个基本事件；$X_2$ 出现 3 次，所在的 3 个最小径集都含有 3 个基本事件，根据这个原则判断：

$$I_\varphi(1)=\frac{1}{2^{2-1}}+\frac{1}{2^{2-1}}=1,\ I_\varphi(2)=\frac{1}{2^{3-1}}+\frac{1}{2^{3-1}}+\frac{1}{2^{3-1}}=\frac{3}{4}$$

由此可知：$I_\varphi(1)>I_\varphi(2)$。利用上述四条原则判断基本事件结构重要系数大小时，必须从第①～④条按顺序进行，不能单纯使用近似判别式，否则会得到错误的结果。

用最小割集或最小径集去判断基本事件结构重要顺序其结果是一样的，选用哪一种要视具体情况而定。一般来说，最小割集和最小径集哪一种数量少就选哪一种，这样对包含的基本事件容易比较。

例如，某事故树含有 4 个最小割集：

$K_1=\{X_1,X_3\};K_2=\{X_1,X_5\};K_3=\{X_3,X_4\};K_4=\{X_2,X_4,X_5\}$

含有 3 个最小径集：

$$P_1=\{X_1,X_4\};P_2=\{X_1,X_2,X_3\};P_3=\{X_3,X_5\}$$

显然用最小径集比较各基本事件的结构重要顺序比用最小割集方便。

根据以上 4 条原则判断：$X_1$、$X_3$ 都各出现 2 次，且 2 次所在的最小径集中基本事件个数相等，所以 $I_\varphi(1)=I_\varphi(3)$，$X_2$、$X_4$、$X_5$ 都各出现 1 次，但 $X_2$ 所在的最小径集中基本事件个数比 $X_4$、$X_5$ 所在最小径集的基本事件个数多，故 $I_\varphi(4)=I_\varphi(5)>I_\varphi(2)$，由此得各基本事件的结构重要顺序为：

$$I_\varphi(1)=I_\varphi(3)>I_\varphi(4)=I_\varphi(5)>I_\varphi(2)$$

在这个例子中，近似判断法与精确计算各基本事件结构重要系数方法的结果是相同的。

分析结果说明：仅从事故树结构来看，基本事件 $X_1$ 和 $X_3$ 对顶上事件发生影响最大，其次是 $X_4$ 和 $X_5$，$X_2$ 对顶上事件影响最小。据此，在制定系统防灾对策时，首先要控制住 $X_1$ 和 $X_3$ 两个危险因素，其次是 $X_4$ 和 $X_5$，$X_2$ 要根据情况而定。

基本事件的结构重要度排序后，也可作为制定安全检查表、找出日常管理的控制要点的依据。

#### 3.3.2.4 事故树定量分析

事故树定性分析就是对事故树中各事件不考虑发生概率多少，只考虑发生和不发生两种情况。通过定性分析可以知道哪一个或哪几个基本事件发生，顶事件就一定发生，哪一个事件发生对顶事件影响大，哪一个影响小，从而可以采取经济有效的措施，防止事故发生。

事故树定量分析包括确定基本事件发生概率，依据最小割集和最小径集求顶事件的发生概率，并在此基础上确定安全措施。

在进行事故树定性分析时，一般做以下假设：

① 基本事件之间相互独立；

② 基本事件和顶事件都只考虑两种状态；

③ 假定故障分布为指数分布。

(1) 基本事件的发生概率

基本事件的发生概率包括系统的单元（部件或元件）故障概率及人的失误概率等，在工程上计算时，往往用基本事件发生的频率来代替其概率值。

① 系统的单元故障概率。可修复系统的单元故障概率定义为：

$$q=\frac{\lambda}{\lambda+\mu} \tag{3-3}$$

式中 $q$——单元故障概率；

$\lambda$——单元故障率，是指单位时间内故障发生的频率；

$\mu$——单元修复率，是指单位时间内元件修复的频率。

一般情况下，单元故障率为：

$$\lambda=K\lambda_0 \tag{3-4}$$

式中 $K$——综合考虑温度、湿度、振动及其他条件影响的修正系数，一般 $K=1\sim10$；

$\lambda_0$——单元故障的实验值，一般可根据实验或统计求得，等于元件平均故障间隔期（MTBF）的倒数，即

$$\lambda_0=\frac{1}{\text{MTBF}} \tag{3-5}$$

式中，MTBF 相邻两故障间隔期内正常工作的平均时间，一般按下式计算获得：

$$\text{MTBF}=\frac{1}{n}\sum_{i=1}^{n}t_i \tag{3-6}$$

式中　$n$——各单元发生故障的总次数；

$t_i$——第 $i-1$ 次到第 $i$ 次故障间隔时间。

单元修复率 $\mu$ 一般可根据统计分析用下式求得：

$$\mu=\frac{1}{\text{MTTR}} \tag{3-7}$$

式中　MTTR——平均修复时间，是指系统单元出现故障，从开始维修到恢复正常工作所需的平均时间。

一般 MTBF＞MTTR，所以 $\lambda \ll \mu$，则其故障概率为：

$$q=\frac{\lambda}{\lambda+\mu}\approx\frac{\lambda}{\mu} \tag{3-8}$$

② 不可维修系统的单元故障概率。不可维修系统的单元故障概率为：

$$q=1-e^{-kt} \tag{3-9}$$

式中　$t$——元件的运行时间。

如果把 $e^{-kt}$ 按级数展开，略去后面的高阶无穷小，则可近似为：

$$q\approx\lambda t \tag{3-10}$$

目前，国际上最著名的设备可靠性数据库是挪威 DNV 发布的 OREDA（Offshore Reliability Data）数据库，包含 278 个安装、17000 个设备单元的数据，其中有 39000 个故障和 73000 个维护记录。数据手册涉及控制和安全设备系统（如火/气探测器、过程传感器、控制逻辑单元、阀门等），电气设备（如发电机、电动机等），机电设备（如压缩机、汽轮机、泵、内燃机等），机械装备（如热交换器、锅炉、容器）以及海底装备等。我国对工业安全相关系统设备的失效数据信息的收集分析亟待系统性地展开，以建立可供使用的工业失效数据库。为此，在工程实践中可以通过系统长期的运行情况统计其正常工作时间、修复时间及故障发生次数等原始数据，就可近似求得系统的单元故障概率；若干单元、部件的故障率数据见表 3-18。

**表 3-18　故障率数据举例**

| 项目 | 故障率/$h^{-1}$ | |
|---|---|---|
| | 观测值 | 建议值 |
| 机械杠杆、链条、托架等 | $10^{-6}$～$10^{-9}$ | $10^{-6}$ |
| 电阻、电容、线圈等 | $10^{-6}$～$10^{-9}$ | $10^{-6}$ |
| 固体晶体管、半导体 | $10^{-6}$～$10^{-9}$ | $10^{-6}$ |
| 电气焊接连接 | $10^{-7}$～$10^{-9}$ | $10^{-8}$ |
| 电气螺纹连接 | $10^{-4}$～$10^{-6}$ | $10^{-5}$ |
| 电子管 | $10^{-4}$～$10^{-6}$ | $10^{-5}$ |
| 热电偶 | — | $10^{-6}$ |
| 三角皮带 | $10^{-4}$～$10^{-6}$ | $10^{-4}$ |
| 摩擦制动器 | $10^{-4}$～$10^{-5}$ | $10^{-4}$ |
| 管路焊接连接破裂 | — | $10^{-9}$ |
| 管路法兰连接破裂 | — | $10^{-7}$ |
| 管路螺口连接破裂 | — | $10^{-5}$ |
| 管路胀接破裂 | — | $10^{-5}$ |
| 冷标准容器破裂 | — | $10^{-9}$ |
| 电(气)动调节阀等 | $10^{-4}$～$10^{-7}$ | $10^{-5}$ |
| 继电器、开关等 | $10^{-4}$～$10^{-7}$ | $10^{-5}$ |
| 断路器(自动防止故障) | $10^{-5}$～$10^{-6}$ | $10^{-5}$ |
| 配电变压器 | $10^{-5}$～$10^{-8}$ | $10^{-5}$ |
| 安全阀(自动防止故障) | — | $10^{-6}$ |
| 安全阀(每次过压) | — | $10^{-4}$ |
| 仪表传感器 | $10^{-4}$～$10^{-7}$ | $10^{-5}$ |
| 离心泵、压缩机、循环机 | $10^{-3}$～$10^{-6}$ | $10^{-4}$ |
| 往返泵、比例泵 | $10^{-3}$～$10^{-6}$ | $10^{-4}$ |
| 柴油内燃机 | $10^{-3}$～$10^{-6}$ | $10^{-4}$ |
| 汽油内燃机 | $10^{-3}$～$10^{-4}$ | $10^{-4}$ |
| 蒸汽透平机 | $10^{-3}$～$10^{-6}$ | $10^{-4}$ |
| 电动机、发电机 | $10^{-3}$～$10^{-6}$ | $10^{-4}$ |
| 气动仪表指示器、记录器、控制器等 | $10^{-2}$～$10^{-5}$ | $10^{-4}$ |
| 电动仪表指示器、记录器、控制器等 | $10^{-4}$～$10^{-6}$ | $10^{-5}$ |
| 真空阀未能启动 | $10^{-4}$～$10^{-5}$ | $10^{-5}$ |
| 溢流阀未能打开 | $(3\times10^{-5})$～$(3\times10^{-6})$ | $10^{-5}$ |
| 熔断器未能断开 | $(3\times10^{-5})$～$(3\times10^{-6})$ | $10^{-5}$ |

(2) 人的失误概率

人的失误是另一种基本事件，系统运行中人的失误是导致事故发生的一个重要原因。人的失误通常是指作业者实际完成的功能与系统所要求的功能之间的偏差。人的失误概率通常是指作业者在一定条件下和规定时间内完成某项规定功能时出现偏差或失误的概率，它表示人的失误的可能性大小，因此，一般根据人的不可靠度与人的可靠度互补的规则，获得人的失误概率。

影响人失误的因素很复杂，很多专家、学者对此做过专门研究，提出了不少关于人的失误概率估算方法，但都不很完善。现在能被大多数人接受的是1961年斯温（Swain）和罗克（Rock）提出的“人的失误率预测方法”（T-HERP）。这种方法的分析步骤如下：

① 调查被分析者的作业程序。

② 把整个程序分解成单个作业。

③ 把每一单个作业分解成单个动作。

④ 根据经验和实验，适当选择每个动作的可靠度。常见的人的行为可靠度见表3-19。

**表3-19 人的行为可靠度举例**

| 人的行为类型 | 可靠度 | 人的行为类型 | 可靠度 |
|---|---|---|---|
| 阅读技术说明书 | 0.9918 | 上紧螺母、螺钉和销子 | 0.9970 |
| 读取时间(扫描记录仪) | 0.9921 | 连接电缆(安装螺钉) | 0.9972 |
| 读取电流计或流量计 | 0.9945 | 阅读记录 | 0.9966 |
| 确定多位置电气开关的位置 | 0.9957 | 确定双位置开关 | 0.9985 |
| 在元件位置上标注符号 | 0.9958 | 关闭手动阀门 | 0.9983 |
| 分析缓变电压或电平 | 0.9955 | 开启手动阀门 | 0.9985 |
| 安装垫圈 | 0.9962 | 拆除螺母、螺钉和销子 | 0.9988 |
| 分析锈蚀 | 0.9963 | 对一个报警器的响应能力 | 0.9999 |
| 把阅读信息记录下来 | 0.9966 | 读取数字显示器 | 0.9990 |
| 分析凹陷、裂纹或划伤 | 0.9967 | 读取大量参数的打印记录 | 0.9500 |
| 读取压力表 | 0.9969 | 安装安全锁线 | 0.9961 |
| 安装O形环状物 | 0.9965 | 安装鱼形夹 | 0.9961 |
| 分析老化的防护罩 | 0.9969 | | |

⑤ 用单个动作的可靠度之积表示每个操作步骤的可靠度。如果各个动作中存在非独立事件，则用条件概率计算。

⑥ 用各操作步骤可靠度之积表示整个程序的可靠度。

⑦ 用可靠度之补数（1 减可靠度）表示每个程序的不可靠度，即该程序人的失误概率。

人在人机系统中的功能主要是接受信息（输入）、处理信息（判断）和操纵控制机器将信息输出。因此，就某一动作而言，作业者的基本可靠度为：

$$R=R_1R_2R_3 \tag{3-11}$$

式中 $R_1$——与输入有关的可靠度；

$R_2$——与判断有关的可靠度；

$R_3$——与输出有关的可靠度。

$R_1$、$R_2$、$R_3$ 的参考值见表 3-20。

**表 3-20 $R_1$、$R_2$、$R_3$ 的参考值**

| 类别 | 影响因素 | $R_1$ | $R_2$ | $R_3$ |
|---|---|---|---|---|
| 简单 | 变量不超过几个<br>人机工程上考虑全面 | 0.9995～0.9999 | 0.9990 | 0.9995～0.9999 |
| 一般 | 变量不超过 10 个 | 0.9990～0.9995 | 0.9950 | 0.9990～0.9995 |
| 复杂 | 变量超过 10 个<br>人机工程上考虑不全面 | 0.9900～0.9990 | 0.9900 | 0.9900～0.9990 |

由于受作业条件、作业者自身因素及作业环境的影响，基本可靠度还会降低。例如，有研究表明，人的舒适温度一般是 19～22℃，当人在作业时，环境温度超过 27℃时，人体失误概率大约会上升 40%。因此，还需要用修正系数 $k$ 加以修正，从而得到作业者单个动作的失误概率为：

$$q=k(1-R) \tag{3-12}$$

式中 $k$——修正系数，$k=abcde$；

$a$——作业时间系数；

$b$——操作频率系数；

$c$——危险状况系数；

$d$——心理、生理条件系数；

$e$——环境条件系数。

$a$、$b$、$c$、$d$、$e$ 的取值见表 3-21。

**表 3-21 $a$、$b$、$c$、$d$、$e$ 的取值范围**

| 符号 | 项目 | 内容 | 取值范围 |
|---|---|---|---|
| $a$ | 作业时间 | 有充足的富余时间，没有充足的富余时间，完全没有充足的富余时间 | 1.0，1.0～3.0，3.0～10.0 |
| $b$ | 操作频率 | 频率适当，连续操作，很少操作 | 1.0，1.0～3.0，3.0～10.0 |

续表

| 符号 | 项目 | 内容 | 取值范围 |
| --- | --- | --- | --- |
| $c$ | 危险状况 | 即使误操作也安全,误操作时危险性大,误操作时产生重大灾害的危险 | 1.0,1.0～3.0,3.0～10.0 |
| $d$ | 心理、生理条件 | 教育、培训、健康状况、疲劳、愿望等综合条件较好,综合条件不好,综合条件很差 | 1.0,1.0～3.0,3.0～10.0 |
| $e$ | 环境条件 | 综合条件较好,综合条件不好,综合条件很差 | 1.0,1.0～3.0,3.0～10.0 |

（3）顶事件的发生概率

若事故树中不含重复或相同的基本事件，各基本事件相互独立，顶上事件发生概率可根据事故树结构，用下列公式求得。

用“与门”连接的顶事件发生概率为：

$$P(T)=\prod_{i=1}^{n}q_i \tag{3-13}$$

用“或门”连接的顶事件发生概率为：

$$P(T)=1-\prod_{i=1}^{n}(1-q_i) \tag{3-14}$$

式中，$q_i$ 为第 $i$ 个基本事件发生概率，$i=1,2,\cdots,n$。

图 3-31 所示事故树，已知各基本事件发生概率 $q_1=q_2=q_3=0.1$，顶上事件的发生概率为：

$$P(T)=q_1[1-(1-q_2)(1-q_3)]=0.1\times[1-(1-0.1)\times(1-0.1)]=0.019$$

当事故树中含重复出现的基本事件时，或基本事件可能在几个最小割集中重复出现时，最小割集之间是相交的，则应按以下几种方法计算：

① 状态枚举法。设某事故树有 $n$ 个基本事件，这 $n$ 个基本事件两种状态的组合数为 $2^n$ 个。据事故树模型的结构分析可知，所谓顶事件发生概率，是指结构函数中 $\varphi(X)=1$ 的概率。

顶事件发生概率 $P(T)$ 可用下式定义：

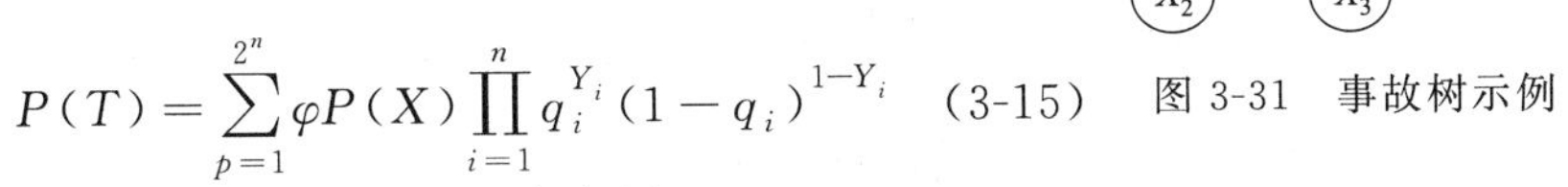

$$P(T)=\sum_{p=1}^{2^n}\varphi P(X)\prod_{i=1}^{n}q_i^{Y_i}(1-q_i)^{1-Y_i} \tag{3-15}$$

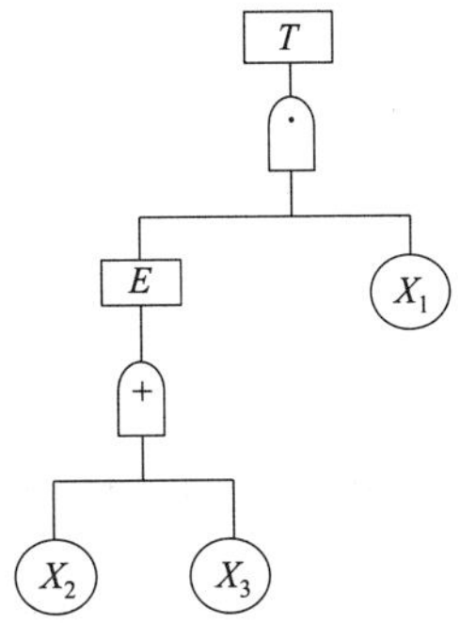

图 3-31　事故树示例

式中　$P$——基本事件状态组合序号；

$\varphi P(X)$——第 $p$ 种组合的结构函数值（1 或 0）；

$q_i$——第 $i$ 个基本事件的发生概率；

$Y_i$——第 $i$ 个基本事件的状态值（1 或 0）。

由上式可知：$n$ 个基本事件两种状态的所有组合中，只当 $\varphi P(X)=1$ 时，组合才对顶事件发生概率产生影响，故计算时，只需考虑 $\varphi P(X)=1$ 的所有状态组合。

a. 列出基本事件状态值表，据事故树结构求得结构函数 $\varphi P(X)$ 值；

b. 求出使 $\varphi P(X)=1$ 的各基本事件对应状态的概率积的代数和，即顶事件发生概率。

该方法规律性强，适于编制程序上机计算，可用来计算较复杂系统事故发生概率。但 $n$ 值较大时，计算中要涉及 $2^n$ 个状态组合，并需求出相应顶事件的状态，因而计算工作量大，花费时间较长。

② 最小割集法。事故树可以用最小割集的等效树来表示，这时顶事件等于最小割集的并集。

设某事故树有 $k$ 个最小割集：$E_1$，$E_2$，…，$E_r$，…，$E_k$，则顶事件的发生概率为：

$$P(T)=P\left\{\bigcup_{r=1}^{k} E_r\right\}$$

根据容斥定理的并事件的概率公式：

$$P\{\bigcup_{r=1}^{k} E_r\}=\sum_{r=1}^{k}P\{E_r\}-\sum_{1\leqslant r<s<t\leqslant k}P\{E_r\cap E_s\}+\sum P\{E_r\cap E_s\cap E_t\}+\cdots+(-1)^{k-1}P\left\{\bigcap_{r=1}^{k} E_r\right\}$$

设各基本事件的发生概率为：$q_1$，$q_2$，…，$q_n$，则有：

$$P\{E_r\}=\prod_{X_i\in E_r} q_i$$

$$P\{E_r\cap E_s\}=\prod_{X_i\in E_r\cup E_s} q_i$$

$$P\{\bigcap_{r=1}^{k} E_r\}=\prod_{r=1(X_i\in E_i)}^{k} q_i$$

因此，顶事件的发生概率为：

$$P(T)=\sum_{r=1}^{k}\prod_{X_i\in E_r} q_i-\sum_{1\leqslant r<s\leqslant k}\prod_{X_i\in E_r} q_i+\cdots+(-1)^{k-1}\prod_{r=1(X_i\in E_i)}^{k} q_i \quad (3\text{-}16)$$

式中 $r$，$s$，$t$——最小割集的序数，$r<s<t$；

$i$——基本事件的序号，$X_i\in E_r$；

$k$——最小割集的数量；

$1\leqslant r<s\leqslant k$——$k$ 个最小割集中第 $r$，$s$ 两个最小割集的组合顺序；

$X_i \in E_r$——属于第 $r$ 个最小割集的第 $i$ 个基本事件；

$X_i \in E_r \cup E_s$——属于第 $r$ 个或第 $s$ 个最小割集的第 $i$ 个基本事件。

③ 最小径集法。根据最小径集与最小割集的对偶性，利用最小径集同样可求出顶事件的发生概率。

设某事故树有 $k$ 个最小径集：$P_1$，$P_2$，…，$P_r$，…，$P_k$。用 $D_r$（$r=1,2,3,\cdots,k$）表示最小径集不发生的事件，用 $T'$表示顶事件不发生。由最小径集的定义可知，只要 $k$ 个最小径集中有一个不发生，顶事件就不会发生，则：

$$T' = \bigcup_{r=1}^{k} D_r$$

即

$$1 - P(T) = P\{\bigcup_{r=1}^{k} D_r\}$$

根据容斥定理的并事件的概率公式：

$$1 - P(T) = P\{\bigcup_{r=1}^{k} D_r\} - \sum_{1 \leqslant r < s \leqslant k} P\{D_r \cap D_s\} + \cdots + (-1)^{k-1} P\{\bigcap_{r=1}^{k} D_r\}$$

其中：$P\{D_r\} = \prod_{X_i \in P_r} (1 - q_i)$

$$P\{D_r \cap D_s\} = \prod_{X_i \in P_r \cup P_s} (1 - q_i)$$

$$P\{\bigcap_{r=1}^{k} D_r\} = \prod_{r=1(X_i \in E_r)}^{k} (1 - q_i)$$

故顶事件的发生概率为：

$$P(T) = 1 - \sum_{r=1}^{k} \prod_{X_i \in P_r}^{k} (1 - q_i) + \sum_{1 \leqslant r < s \leqslant k} \prod_{X_i \in P_r \cup P_s} (1 - q_i) - \cdots - (-1)^{k-1} \prod_{\substack{r=1 \\ X_i \in P_r}}^{k} (1 - q_i) \tag{3-17}$$

式中　$P_r$——最小径集（$r=1,2,3,\cdots,k$）；

$r$，$s$——最小径集的序数，$r<s$；

$k$——最小径集数；

$1-q_i$——第 $i$ 个基本事件不发生的概率；

$X_i \in P_r$——属于第 $r$ 个最小径集的第 $i$ 个基本事件；

$X_i \in P_r \cup P_s$——属于第 $r$ 个或第 $s$ 个最小径集的第 $i$ 个基本事件。

以图 3-32 事故树为例，用最小割集法、最小径集法计算顶事件的发生概率。该事故树有三个最小割集：

$$E_1 = \{X_1, X_2, X_3\}; E_2 = \{X_1, X_4\}; E_3 = \{X_3, X_5\}$$

事故树有四个最小径集：

$$P_1 = \{X_1, X_3\}; P_2 = \{X_1, X_5\}; P_3 = \{X_3, X_4\}; P_4 = \{X_2, X_4, X_5\}$$

设各基本事件的发生概率为：

$$q_1=0.01;\ q_2=0.02;\ q_3=0.03;\ q_4=0.04;\ q_5=0.05$$

由式(3-16) 得顶事件的发生概率：

$$P(T)=q_1q_2q_3+q_1q_4+q_3q_5-q_1q_2q_3q_4-q_1q_3q_4q_5-q_1q_2q_3q_5+q_1q_2q_3q_4q_5$$

代入各基本事件的发生概率得：

$$P(T)=0.001904872$$

由式(3-17) 得顶事件的发生概率：

$$\begin{aligned}P(T)=&1-[(1-q_1)(1-q_3)+(1-q_1)(1-q_5)+(1-q_3)(1-q_4)+\\&(1-q_2)(1-q_4)(1-q_5)]+(1-q_1)(1-q_3)(1-q_5)+\\&(1-q_1)(1-q_3)(1-q_4)+(1-q_1)(1-q_2)(1-q_4)(1-q_5)+\\&(1-q_2)(1-q_3)(1-q_4)(1-q_5)-(1-q_1)(1-q_2)(1-q_3)\\&(1-q_4)(1-q_5)=0.001904872\end{aligned}$$

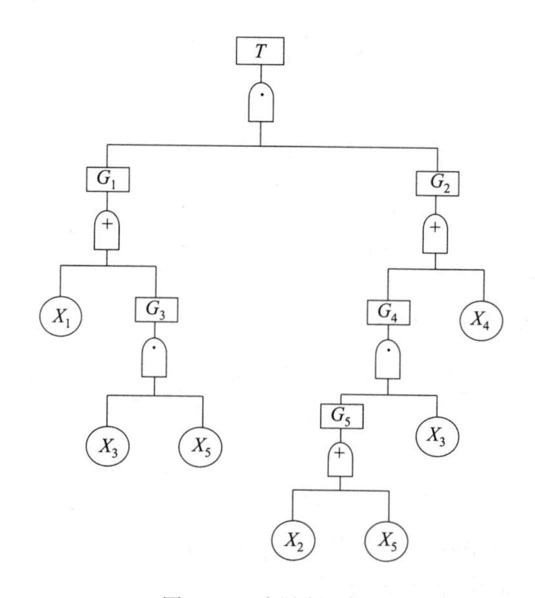


图 3-32　事故树示例

在上述三种顶事件发生概率的精确算法中，后两种相对较简单。一般来说，事故树的最小割集往往多于最小径集，所以最小径集法的实用价值更大些。但在基本事件发生概率非常小的情况下，由于计算机有效位有限，$(1-q_i)$ 的结果会出现较大误差，对此应引起注意。

从后两种方法的计算项数看，两式的和差项数分别为 $(2^k-1)$ 与 $2^k$ 项。当 $k$ 足够大时，就会产生“组合爆炸”问题。当 $k=40$，则计算 $P(T)$ 的式共有 $2^{40}-1=1.1\times10^{12}$，每一项又是许多数的连乘积，即使计算机也难以胜任。解决的办法就是化相交和为不交和，再求顶事件发生概率的精确解。

（4）顶事件发生概率的近似计算

如前所述，按式(3-16) 与式(3-17) 计算顶事件发生概率的精确解，当事故树中的最小割集较多时会发生组合爆炸问题，即使用直接不交化算法或不交积之和定理将相交和化为不交和，计算量也是相当大的。但在许多工程问题中，这种精确计算是不必要的，这是因为统计得到的基本数据往往不是很精确的，因此，用基本事件的数据计算顶事件发生概率值时精确计算没有实际意义。所以，实际计算中多采用近似计算。

① 最小割集逼近法。在式(3-16) 中，设：

$$\sum_{r=1}^{k}\prod_{X_i \in E_r} q_i = F_1$$

$$\sum_{1 \leqslant r < s \leqslant k}\prod_{X_i \in E_r \cup E_r} q_i = F_2$$

$$\cdots\cdots$$

$$\prod_{\substack{r=1 \\ X_i \in E_r}}^{k} q_i = F_k$$

则得到用最小割集求顶事件发生概率的逼近公式，即

$$P(T) \leqslant F_1$$

$$P(T) \geqslant F_1 - F_2$$

$$P(T) \leqslant F_1 - F_2 + F_3 \tag{3-18}$$

$$\cdots\cdots$$

式(3-18) 中的 $F_1$，$F_1-F_2$，$F_1-F_2+F_3$ 等，依次给出了顶事件发生概率的上限和下限，可根据需要求出任意精确解的概率上、下限。

用最小割集逼近法求解图 3-30 事故树顶上事件发生概率，由式(3-18) 可得：

$$F_1 = \sum_{r=1}^{k}\prod_{X_i \in E_r} q_i = q_1q_2q_3 + q_1q_4 + q_3q_5 = 1.906 \times 10^{-3}$$

$$F_2 = \sum_{1 \leqslant r < s \leqslant k}\prod_{X_i \in E_r \cup E_r} q_i = q_1q_2q_3q_4 + q_1q_3q_4q_5 + q_1q_2q_3q_5 = 0.00114 \times 10^{-3}$$

$$F_3 = \prod_{\substack{r=1 \\ X_i \in E_r}}^{k} q_i = q_1q_2q_3q_4q_5 = 0.000012 \times 10^{-3}$$

则有：

$$P(T) \leqslant 1.906 \times 10^{-3}$$

$$P(T) \geqslant 1.90486 \times 10^{-3}$$

$$P(T) \leqslant 1.904872 \times 10^{-3}$$

从中可取任意近似区间，近似计算结果与精确计算结果的相对误差列于表 3-22 中。

**表 3-22　顶事件发生概率近似计算及相对误差**

| 计算项目 | | 顶事件发生概率的近似计算 | | |
|---|---|---|---|---|
| 项目 | 数值 | 取值范围 | 计算值 $P(T)$ | 相对误差/‰ |
| $F_1$ | $1.906 \times 10^{-3}$ | $F_1$ | 0.001906 | 0.059 |
| $F_2$ | $0.00114 \times 10^{-3}$ | $F_1 - F_2$ | 0.001904872 | 0.0006299 |
| $F_3$ | $0.000012 \times 10^{-3}$ | $F_1 - F_2 + F_3$ | 0.001904872 | 0 |

由表 3-22 可知，当 $F_1$ 作为顶事件发生概率时，误差只有 0.059/1000；以 $F_1 - F_2$ 作为顶事件发生概率时，误差仅有 0.0006299/1000。实际应用中，以 $F_1$（称作首项近似法）或 $F_1 - F_2$ 作为顶事件发生概率的近似值，就可达到基本精度要求。

② 最小径集逼近法。与最小割集法相似，利用最小径集也可以求得顶事件发生概率的上、下限。在式(3-17) 中，设：

$$\sum_{r=1}^{k} \prod_{X_i \in P_r} (1 - q_i) = S_1$$

$$\sum_{1 \leqslant r < s \leqslant k} \prod_{X_i \in P_r \cup P_s} (1 - q_i) = S_2$$

……

$$\prod_{\substack{r=1 \\ X_i \in P_r}}^{k} (1 - q_i) = S_k$$

则：

$$P(T) \geqslant 1 - S_1$$

$$P(T) \leqslant 1 - S_1 + S_2$$

……

即

$$1 - S_1 \leqslant P(T) \leqslant 1 - S_1 + S_2$$

$$1 - S_1 + S_2 \geqslant P(T) \geqslant 1 - S_1 + S_2 - S_3 \qquad (3\text{-}19)$$

……

式(3-19) 中的 $1 - S_1$，$1 - S_1 + S_2 - S_3$ 等，依次给出了顶事件发生概率的上、下限。从理论上讲，式(3-18) 和式(3-19) 的上、下限数列都是单调无限收敛 $P(T)$，但是在实际应用中，因基本事件的发生概率较小，而应当采用最小割集逼近法，得到较精确的计算结果。

③ 平均近似法。为了使近似算法接近精确值，计算时保留式(3-16）中第一、二项，取第二项的 1/2 值，即

$$P(T)=\sum_{r=1}^{k}\prod_{X_i\in E_r}q_i-\frac{1}{2}\sum_{1\leqslant r<s\leqslant k}\prod_{X_i\in E_r\cup E_s}q_i \tag{3-20}$$

④ 独立事件近似法。若最小割集 $E_r(r=1,2,3)$ 相互独立，可以证明其对立事件也是独立事件，则有：

$$P(T)=P\{\bigcup_{r=1}^{k}E_r\}=1-P\{\bigcap_{r=1}^{k}E'_r\}=1-\prod_{r=1}^{k}P\{E'_r\} \tag{3-21}$$

$$=1-\prod_{r=1}^{k}(1-P\{E_r\})=1-\prod_{r=1}^{k}(1-\prod_{X_i\in E_r}q_i)$$

对于式(3-21)，由于 $X_i=0$（不发生）的概率接近于 1，故不适用于最小径集的计算，则误差较大。

当事故树中最小割集较多时会发生组合爆炸问题，计算量也是相当大的。在许多工程问题中，这种精确计算不必要，因为统计得到的基本数据往往不很精确，因此，用基本事件的数据计算顶事件发生概率值时精确计算没有实际意义，故实际计算中多采用近似算法。

(5) 基本事件的概率重要度分析

基本事件结构重要度分析只是按事故树的结构分析各基本事件对顶事件的影响程度，所以还应该考虑各基本事件发生概率对顶事件发生概率的影响，即对事故树进行概率重要度分析。

计算公式：

$$I_g(i)=\frac{\partial P(T)}{\partial q_i}(i=1,2,\cdots,n) \tag{3-22}$$

式中　$P(T)$——顶事件发生概率；

　　$q_i$——第 $i$ 个基本事件发生概率。

概率重要度的一个重要性质：若所有事件概率重要度系数都等于 1/2，则基本事件的概率重要度等于基本事件的结构重要度。

(6) 基本事件的临界重要度分析

当各基本事件发生概率不等时，一般情况下，改变概率大的基本事件比改变概率小的基本事件容易，但是基本事件的概率重要度系数并没有反映这一事实，因而它不能从本质上反映基本事件在事故树中的重要程度。临界重要度分析表示第 $i$ 个基本事件发生概率的变化率引起顶事件发生概率的变化率，因此它比概率重要度更合理，更具有实际意义，其计算公式：

$$I_g^c(i)=\lim_{\Delta q_i\to 0}\frac{\Delta P(T)/P(T)}{\Delta q_i/q_i}=\frac{q_i}{P(T)}\lim_{\Delta q_i\to 0}\frac{\Delta P(T)}{\Delta q_i}=\frac{q_i}{P(T)}I_g(i) \tag{3-23}$$

（7）应用实例

**【例 3-12】** 某事故树如图 3-33 所示，已知 $q_1=0.01$，$q_2=0.02$，$q_3=0.03$，$q_4=0.04$，$q_5=0.05$，试求事故树的最小割集，最小径集，顶事件发生的概率，结构重要度，概率重要度和临界重要度，并对结果进行分析（顶事件概率可以求近似值）。

计算结果如下：

$T=X_1X_2X_3+X_3X_5+X_4X_5=(X_1+X_5)(X_2+X_5)(X_3+X_5)(X_3+X_4)$

此事故树的最小割集是：

$$E_1=\{X_3,X_5\};E_2=\{X_4,X_5\};E_3=\{X_1,X_2,X_3\}$$

此事故树的最小径集是：

$$P_1=\{X_1,X_5\},P_2=\{X_2,X_5\},P_3=\{X_3,X_5\},P_4=\{X_3,X_4\}$$

基本事件结构重要度顺序为：$I_\varphi(5)>I_\varphi(3)>I_\varphi(4)>I_\varphi(1)=I_\varphi(2)$

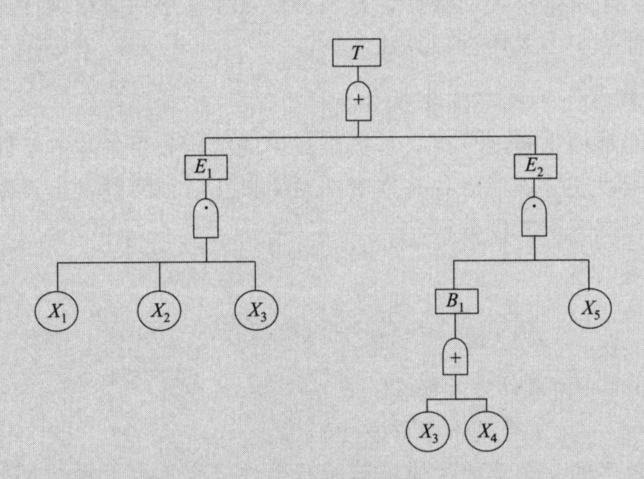


图 3-33 事故树示例图

不交集运算结果：$T=E_1+E_1'E_2+E_1'E_2'E_3$

$$=X_3X_5+X_3'X_4X_5+X_5'(X_4X_5')X_1X_2X_3$$

$$=X_3X_5+X_3'X_4X_5+X_5'(X_4'+X_4X_5')X_1X_2X_3$$

$$=X_3X_5+X_3'X_4X_5+X_1X_2X_3X_5'$$

$X_1$ 的概率重要度：$(1-q_5)q_2q_3=0.00057$

$X_2$ 的概率重要度：$(1-q_5)q_1q_3=0.000285$

$X_3$ 的概率重要度：$q_5-q_4q_5+(1-q_5)q_1q_2=0.04719$

$X_4$ 的概率重要度：$(1-q_3)q_5=0.0475$

$X_5$ 的概率重要度：$q_3+(1-q_3)q_4-q_1q_2q_3=0.0688$

概率重要度的顺序为：$I_g(5)>I_g(4)>I_g(3)>I_g(1)>I_g(2)$

顶事件发生的概率：$P(T)=q_3q_5+(1-q_3)q_4q_5+q_1q_2q_3(1-q_5)=34.457\times10^{-4}$

$X_1$ 的临界重要度是：$q_1/P(T)I_g(1)=0.00165$

$X_2$ 的临界重要度是：$q_2/P(T)I_g(2)=0.00165$

$X_3$ 的临界重要度是：$q_3/P(T)I_g(3)=0.41086$

$X_4$ 的临界重要度是：$q_4/P(T)I_g(4)=0.55$

$X_5$ 的临界重要度是：$q_5/P(T)I_g(5)=0.9983$

关键重要系数顺序为：$I_c(5)>I_c(4)>I_c(3)>I_c(1)=I_c(2)$

**【例 3-13】** 某大型醋酸生产企业采用甲醇低压羰基合成法生产工艺（主要原料：一氧化碳与甲醇），其反应釜在生产中的主要事故为火灾爆炸，其主要类型为泄漏型与反应失控型。

泄漏型火灾爆炸是指在处理、储存或输送可燃物质过程中容器、机械或设备因某种原因致使可燃物质泄漏或助燃物进入反应釜，达到爆炸极限，遇到点火源后引发的火灾爆炸。泄漏的主要原因：反应釜设计缺陷、人为操作失误与反应釜疲劳损伤等。

反应失控型火灾爆炸是由于醋酸生产过程中化学反应放热速度超过散热速度，导致反应体系热量积累、温度升高、反应速度加快，导致反应产物急速积聚，致使反应过程失控而引发的火灾爆炸事故。原料多投、投料速度过快、物料不存是引发剧烈反应的主要原因；制冷设备失效、送冷不足、搅拌器故障、搅拌不充分是引发散热过慢的主要原因。

（1）试绘制醋酸生产过程中反应釜单元的火灾爆炸事故树；

（2）求事故树的最小割集，并对其基本事件进行结构重要度排序；

（3）根据事故树分析结果，提出防止发生火灾爆炸事故的针对性安全措施与建议。

根据题意分析，绘制醋酸生产过程中反应釜单元的火灾爆炸事故树，如图 3-34 所示。

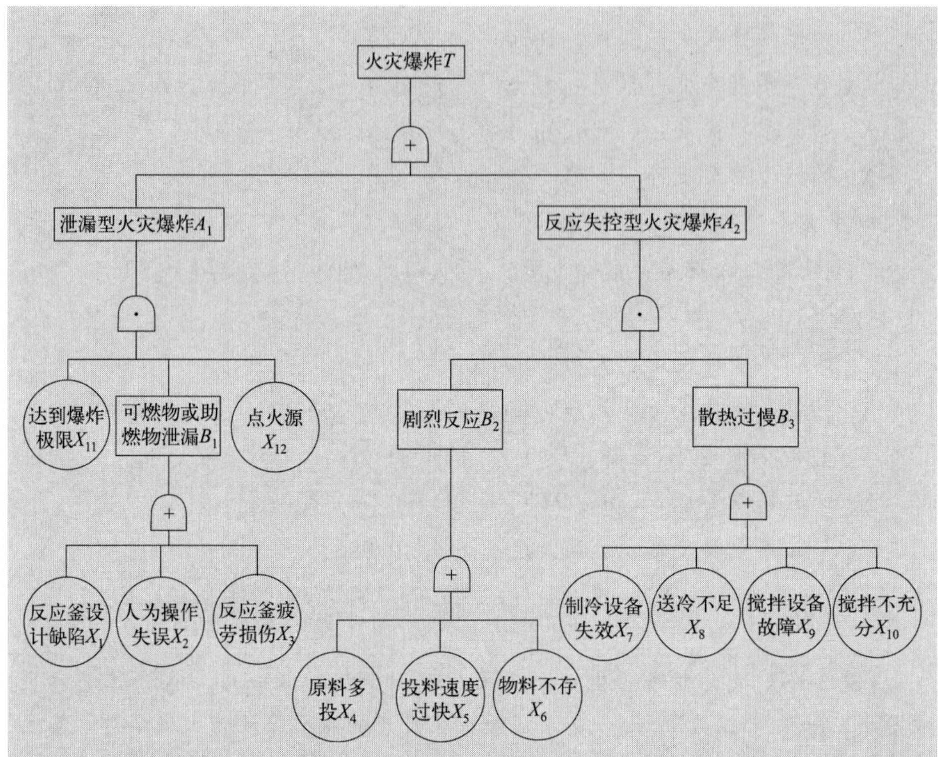


图 3-34　醋酸生产过程中反应釜单元的火灾爆炸事故树

求事故树的最小割集，计算结果如下：

$$T=A_1+A_2$$

$$=X_{11}\cdot B_1\cdot X_{12}+B_2\cdot B_3$$

$$=X_{11}(X_1+X_2+X_3)X_{12}+(X_4+X_5+X_6)(X_7+X_8+X_9+X_{10})$$

$$=X_1X_{11}X_{12}+X_2X_{11}X_{12}+X_3X_{11}X_{12}+X_4X_7+X_4X_8+X_4X_9+X_4X_{10}+$$

$$X_5X_7+X_5X_8+X_5X_9+X_5X_{10}+X_6X_7+X_6X_8+X_6X_9+X_6X_{10}$$

可知基本事件的结构重要度排序为：

$I\varphi(4)=I\varphi(5)=I\varphi(6)>I\varphi(7)=I\varphi(8)=I\varphi(9)=I\varphi(10)>I\varphi(11)=I\varphi(12)>I\varphi(1)=I\varphi(2)=I\varphi(3)$

从结构重要度分析来看，基本事件 $X_4$、$X_5$、$X_6$ 对顶上事件发生影响最大，其次是 $X_7$、$X_8$、$X_9$、$X_{10}$，$X_1$、$X_2$、$X_3$ 对顶上事件影响最小。因此，应重点针对 $X_4$～$X_{10}$ 提出相应对策措施。如：避免原料多投、控制投料速度等，或者按时检查制冷设备和搅拌设备，避免其失效，搅拌要充分等。

### 3.3.3　蝴蝶结模型*

蝴蝶结分析法（Bow-Tie analysis，BTA）是指用绘制蝴蝶结图的方式来表示事故（顶事件）、事故发生的原因、导致事故的途径、事故的后果以及预防事故发生的措施之间的关系来进行风险分析的方法。

一般认为 Bow-Tie 最初被称为蝴蝶图（butterfly diagrams），来源于 20 世纪 70 年代的因果图（cause consequence diagrams）。在 20 世纪 70 年代末，由 ICI（英国化学工业公司）的 David Gill 完善了这种方法，并将其改称为 Bow-Tie。是一种风险分析和管理的方法，采用一种形象简明的结构化方法对风险进行分析，把安全风险分析的重点集中在风险控制和管理系统之间的联系上，如图 3-35 所示。因此，它不仅可以帮助安全管理者系统地、全面地对风险进行分析，而且能够真正实现对安全风险进行管理。

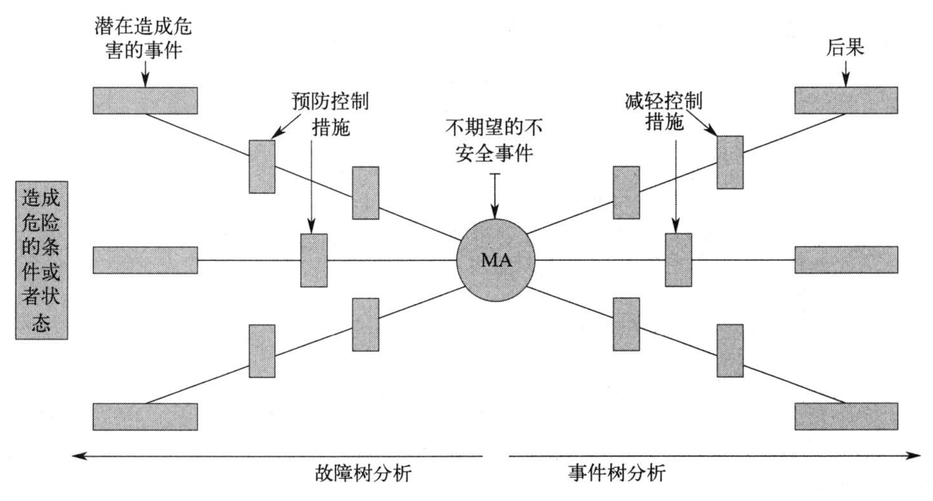


图 3-35　蝴蝶结模型

这种方法将原因（蝴蝶结的左侧）和后果（蝴蝶结的右侧）的分析相结合，对具有安全风险的事件（称为顶事件，蝴蝶结的中心）进行详细分析。用绘制蝴蝶结图的方式来表示事故（顶事件）、事故发生的原因、导致事故的途径、事故的后果以及预防事故发生的措施之间的关系。由于其图形与蝴蝶结相似，故叫蝴蝶结分析法，这种分析方法又称作关联图分析法。蝴蝶结分析法是一种很容易使用和操作的风险评估方法，它具有高度可视化、允许在管理过程中进行处理的特点。它能够使人们非常详细地识别事故发生的起因和后果，能用图形直观表示出整个事故发生的全过程和相关的定性分析，并能帮助人们在事故发生前后分别建立有效的措施来预防及控制事故的发生。

它能形象地表示引起事故发生的原因；它直观地显示了危害因素→事故→事故后果的全过程，即可以清楚地展现引起事故的各种途径；分析人员利用屏障设置可获得预防事故发生的措施，以加强控制措施或采取改进措施来降低风险或杜绝事故。

该方法涉及的是按逻辑顺序询问一组结构化的问题。完整的蝴蝶图可以用图示说明危险（源）、顶层事件、风险事件及其潜在结果以及为尽量减少风险而建立的风险控制机构。风险管理就是管控风险，可以通过设置防止一定量的不安全事件发生的屏障方式进行。风险控制可以是为保持理想状态而对不良影响力或意图所采取的措施。在该方法中，含有防止顶层风险事件发生的保护性或前瞻性屏障，其在顶层事件的左边；同时，纠正或体现控制机构，其在顶层事件的右边。这些机构用于防止顶层事件导致产生不必要的结果或减轻该结果的严重影响程度。

欧洲空中航行安全组织将危险定义为诱发事故的任何状态、事件或环境。危险源识别是对故障条件或导致顶层不安全事件发生的征兆进行认定的行为，并能按照潜在的安全结果及其影响界定这些顶层不安全事件的性质，相关的定义如下：

危险（源）（H）：具有伤及员工、损坏设备或结构、导致原料损耗或降低执行规定功能能力的状态、对象、活动或事件。

风险事件（MA）：单独或与其他风险事件共同导致不良事件发生的故障情况、主要原因、征兆或先导事件。

后果（C）：由于结果导致的伤害员工、损坏设备或结构、损耗原料或降低执行规定功能能力的程度，后果具有一定的级别。

风险控制（P&M）：为降低与危险相关的风险而设置的系统、活动、行动或程序，风险减轻的内容包括危险的排除（首选）、危险频率的减小（屏障）、危险结果产生可能性的减少、危险结果严重性的降低。

风险（R）：包括危险导致的所有潜在影响的频率和严重程度。

安全风险管理（SRM）：包括组织机构日常运营或组织机构运营内容改变相关的危险的确认、危险相关的风险评估以及将这些风险降低到适当水平所采取的管理措施，其中包括移除危险、应用屏障保护、减缓程序等。

## 3.3.4 保护层分析*

（1）LOPA 分析介绍

保护层分析（layers of protection analysis，LOPA）是一种半定量的风险分析和评估工具，通过对现有保护措施的可靠性进行量化的评估，确定其消除或降低风险的能力。它首先分析未采取安全保护措施之前的风险水平，然后分析各种安全保护措施将风险水平降低的程度，是 HAZOP 的继续，是对 HAZOP 分析结果的丰富和补充。

LOPA 分析是一种特殊的事件树分析形式，如图 3-36 所示。初始事件位于事件链的开始，并且导致不期望发生的后果。为了降低不期望事件的发生频率，通过一个或者更多的保护层来防止事故发生，即通过各种安全保护措施及其失效概率（probability of failure on demand，PFD）将事故发生概率降低到可接受范围内。通过将风险水平和可接受风险比较，最终可以确定附加系统的安全完整性等级（safety integrity level，SIL）。

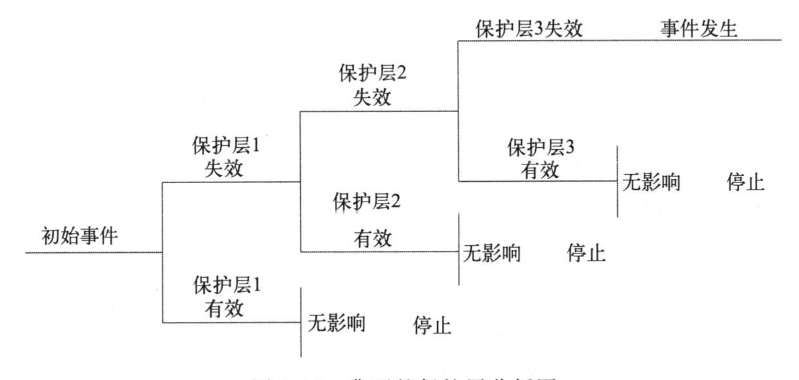


图 3-36　典型的保护层分析图

LOPA 一般是在定性危害评估之后应用，用定性危害分析小组识别的情形进行。当定性危害分析的结果表明需要降低风险，而定性危害分析小组又碰到了如下问题时，就需要进行 LOPA：①事故场景过于复杂，以至于定性方法不能描述；②事故场景后果严重，无法确定事故后果的发生频率；③无法判断防护措施是否为真正的独立保护层；④需要确定事故场景的风险等级，以及各保护层降低的风险水平；⑤其他情形等。

同很多分析方法一样，LOPA 也有规则，图 3-37 给出了 LOPA 的步骤：

① 识别后果并筛选事故场景。在 LOPA 中，首先要确定事故场景，即找出导致不良后果的意外事件或一系列事件。每个场景至少包括两个要素：引起一连串事件的初始事件及其对应的单一后果。一般情况下，以后果严重的事件作为事故场景进行分析。

② 事故场景描述。LOPA 中要首先对事故发生的原因、事故导致的后果进行详细描述，同时也要对事故导致后果的严重程度和风险允许值进行量化，量化的标准要根据公司实际情况采用本公司的风险矩阵。

③ 确定场景的初始事件和触发事件，并修正后果。初始事件，即引发原

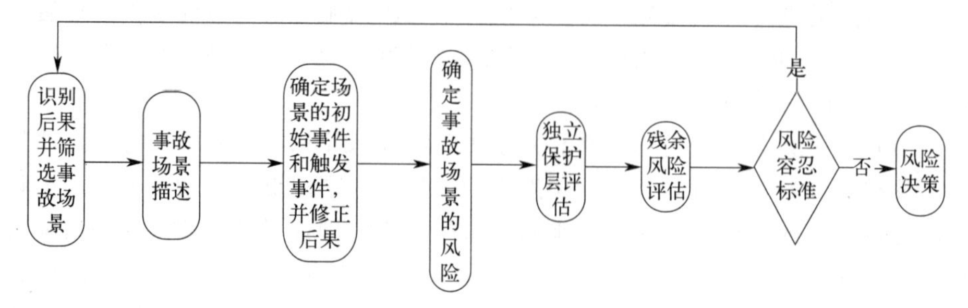


图 3-37　LOPA 步骤

因，在 LOPA 中成为始发事件；触发事件，即条件事件，也就是说可能在初始事件导致后果发生之前有这些触发事件或条件存在，后果才能发生。而相应的发生频率，需要根据各公司的实际情况选定。若后果中存在人员死亡、商业或环境损害的情况，则要利用结果修正因子进行修正。

④ 确定事故场景的风险。事故场景是指初始事件发生且所有的保护层都失效的情况下，后果事件发生。其发生频率等于初始事件、触发事件和后果事件发生频率的乘积，依据公司自有的风险矩阵确定事故场景的频率等级、后果严重度和风险等级。

⑤ 独立保护层评估。前面已经提到保护层分为事件阻止层和后果减弱层。在这一步就要分析确定独立保护层及其平均需求故障概率。

⑥ 残余风险评估。在识别了所有的保护层，并确定其失效概率后，就要计算在独立保护层正常起作用的情况下，减轻事件的残余风险和等级。确定了减轻事件的发生频率后，根据企业的风险矩阵确定频率等级和残余风险等级。

⑦ 风险决策。若减轻事件的残余风险达到公司可接受的水平，则不需进一步采取安全措施和建议措施。否则，要提出切实可行的附加保护层，直至将残余风险降低到风险允许值以下。

(2) LOPA 的优点与局限性

LOPA 在风险分析方面有许多优点，包括：①可以比定量风险分析节省更多的时间；②相比定性风险分析，其结果更加直观，提供了更具可靠性的风险判断；③能更精确地确定原因/后果，有助于更好地进行场景识别；④可以帮助企业确定风险是否可接受，是否符合最低合理可行原则；⑤为最终的风险决策提供了定量参考依据。

LOPA 虽给出了有价值的风险评估结果，但相比其他定量分析方法要简单得多。LOPA 中所采用的数值多为经验值，不能准确得出场景风险。LOPA 要比定性分析方法耗时，且并不适用于所有的场景分析，所以也存在一定的局限性。

## 思考题

① 某事故树结构式为：$T=(X_1+X_2)(X_1+X_3)(X_3+X_4)$。a. 求出最小割集和最小径集，求出各基本事件的结构重要度和排序；b. 设各基本事件的发生概率均为0.01，计算顶上事件的发生概率，求出各基本事件的概率重要度和临界重要度及其排序。

② 石棉瓦是一种大量应用于简易房屋、临时工棚的屋面结构轻型建筑材料。它的优点是页面大、重量轻、使用方便、价格便宜、施工速度快、经济效益好，缺点是强度差、质地脆、受压易破碎，故在搭建或检修施工中踏在石棉瓦上极易发生坠落伤亡事故。

当踏破石棉瓦坠落且高空作业、地面状况不好时，则导致踏破石棉瓦坠落伤亡事故。踏破石棉瓦坠落是由于安全带不起作用和脚踏石棉瓦所造成的。而未用安全带、安全带损坏、因移动而取下、支撑物损坏等是造成安全带不起作用的原因。脚踏石棉瓦发生坠落是由以下几个因素引起：脚下滑动踏空、身体不适或突然生病、身体失去平衡、椽条强度不够、桥板倾翻、未铺桥板、桥板铺得不合理。

a. 绘制事故树，求最小割集，并画出事故树等效图；

b. 绘制成功树，求最小径集，并画出成功树等效图；

c. 对基本事件的结构重要度排序；

d. 求顶上事件发生的概率（基本事件的发生概率见表3-23）。

**表3-23 基本事件的发生概率**

| 代号 | 名称 | $q_i$ | 代号 | 名称 | $q_i$ |
|---|---|---|---|---|---|
| $X_1$ | 未用安全带 | 0.15 | $X_7$ | 身体失去平衡 | 0.005 |
| $X_2$ | 安全带损坏 | 0.0001 | $X_8$ | 椽条强度不够 | $5\times10^{-5}$ |
| $X_3$ | 因移动而取下 | 0.25 | $X_9$ | 桥板倾翻 | $1\times10^{-4}$ |
| $X_4$ | 支撑物损坏 | 0.001 | $X_{10}$ | 未铺桥板 | 0.001 |
| $X_5$ | 脚下滑动踏空 | 0.005 | $X_{11}$ | 桥板铺得不合理 | 0.001 |
| $X_6$ | 身体不适或突然发病 | $1\times10^{-5}$ | $X_{12}$ | 高度、地面状况 | 0.3 |

# 第4章

# 系统安全评价

系统安全评价是在系统安全分析的基础上对系统的安全性进行正确客观的评价。系统受多种因素影响，系统安全评价融合多指标信息为综合指标，定量表征系统的安全性。本章从定义、目的、程序、适用范围、应用实例等方面详述了几种应用广泛的系统安全评价方法。

## 4.1 概　述

系统安全评价以系统安全分析为基础，通过分析、了解和掌握系统存在的危险因素，但并不一定对所有危险因素均采取措施；而是通过评价掌握系统的事故风险大小，以此与预定的系统安全指标相比较，如果超出指标，则应对系统的主要危险因素采取控制措施，使其降至该标准以下。

系统安全评价方法也有多种，评价方法的选择应考虑评价对象的特点、规模，评价的要求和目的，采用不同的方法。同时，在使用过程中也应和系统安全分析的使用要求一样，坚持实用和创新的原则。过去30多年，我国在许多领域都进行了系统安全评价的实际应用和理论研究，开发了许多实用性很强的评价方法，特别是企业安全评价技术和重大危险源的评估、控制技术。

常用的系统安全评价方法有：作业条件危险性评价法、风险矩阵法、陶氏火灾爆炸危险指数评价法、蒙德评价法和危险度评价法等。

# 4.2　作业条件危险性评价法

## 4.2.1　定义

作业条件危险性评价法是作业人员在具有潜在危险性环境中进行作业的一种危险性半定量评价方法。它是由美国的格雷厄姆（K. J. Graham）和金尼（G. F. Kinney）提出的，故亦称格雷厄姆—金尼法。他们认为影响作业条件的危险因素是 $L$（事故发生的可能性），$E$（人体暴露于危险环境的频繁程度）和 $C$（发生事故可能造成的后果），用危险性分值 $D$ 来评价作业条件的危险性。

$$D = LEC \tag{4-1}$$

式(4-1) 中 $D$ 值越大，作业条件的危险性越大。作业条件的危险性评价法以类比作业条件为基础，由熟悉类比作业条件的专家按规定标准对 $L$、$E$、$C$ 分别赋值，计算出危险性分值（$D$）来评价作业条件的危险性等级。

## 4.2.2　分析步骤

$L$、$E$、$C$ 的分值分别见表 4-1～表 4-3。针对被评价的具体作业条件，评价小组根据客观环境、工作经验，经充分讨论后，科学确定 $L$、$E$、$C$ 值，然后计算三者的乘积，得出 $D$ 值，并按表 4-4 确定风险等级。

**表 4-1　事故发生的可能性 $L$**

| 分数值 | 事故发生的可能性 |
| --- | --- |
| 10 | 完全可以预料 |
| 6 | 相当可能 |
| 3 | 可能，但不经常 |
| 1 | 可能性小，完全意外 |
| 0.5 | 很不可能，可以设想 |
| 0.2 | 极不可能 |
| 0.1 | 实际不可能 |

表 4-2　人体暴露于危险环境的频繁程度 $E$

| 分数值 | 暴露于危险环境中的频繁程度 |
| --- | --- |
| 10 | 连续暴露 |
| 6 | 每天工作时间内暴露 |
| 3 | 每周一次或偶然暴露 |
| 2 | 每月一次 |
| 1 | 每年几次 |
| 0.5 | 非常罕见的暴露 |

表 4-3　发生事故可能造成的后果 $C$

| 分数值 | 发生事故可能造成的后果 |
| --- | --- |
| 100 | 大灾难,许多人死亡 |
| 40 | 灾难,数人死亡 |
| 15 | 非常严重,1 人死亡 |
| 7 | 严重,重伤 |
| 3 | 重大,需住院治疗 |
| 1 | 引人注目,需要救护 |

表 4-4　危险性分值 $D$

| $D$ | 危险程度 | 风险等级 |
| --- | --- | --- |
| >320 | 极其危险 | 5 |
| 160～320 | 高度危险,需立即整改 | 4 |
| 70～160 | 显著危险,需整改 | 3 |
| 20～70 | 一般危险,需注意 | 2 |
| <20 | 稍有危险 | 1 |

### 4.2.3　应用实例

**【例 4-1】** 某矿属低瓦斯矿井，矿井通风系统为中央并列抽出式，主、副井进风，风井回风。风井装备 FBDCZNO15/2×55 型轴流式通风机 2 台，配 YBFh280M-6 防爆电机 2 台，SSKW×2，一台工作，一台备用。全矿井一个生产采区、一个采煤工作面和一个掘进工作面，有稳定、可靠的通风系统采用分区式通风，更有利于瓦斯排放和矿井通风的管理。矿井通风通过各种通风设施可保证井下各用风点有足够的风量和合理的风速，井下电气设备均按规程要求选型。

根据《企业职工伤亡事故分类》（GB 6441）的事故类别及评价项目的实际情况，瓦斯爆炸危害是项目中可能存在的主要危险有害因素之一，需要进行定性定量评价。

（1）危险因素（自变量）的取值

根据安全专篇的相关设计和该矿以前的实际管理水平给出三个自变量的各种不同情况的分数值，在危险程度等级上按分值查出其危险程度。

① 事故发生的可能性（$L$）。该矿属低瓦斯矿井，配备有各种瓦斯监测设备和安全监测仪表，但由于煤层瓦斯积聚具有不确定性，引燃瓦斯的火源产生的偶然性较大，所以从表 4-1 中取 $L$ 值为 1。

② 暴露于潜在危险环境的频率（$E$）。工作面实行三班八小时循环作业制，定点交接班，从表 4-2 中取 $E$ 值为 6。

③ 发生瓦斯爆炸事故的可能结果（$C$）。根据同类煤层矿井事故统计分析，工作面发生瓦斯爆炸人员死亡的概率很大，因此发生瓦斯爆炸事故造成的后果严重，可能造成数十人死亡，从表 4-3 中取 $C$ 值为 100。

（2）危险性分析

$$D=LEC$$

式中　$D$——发生瓦斯爆炸的危险程度；

$L$——事故发生的可能性，取值为 1；

$E$——暴露于危险环境频率，取值为 1；

$C$——事故危害结果，取值为 100。

则：$D=1\times6\times100=600$，根据危险性分值 $D$（表 4-4），判断该矿井发生瓦斯爆炸的危险性为“极其危险”。

## 4.3　风险矩阵法

在进行风险评价时，将风险事件的后果严重程度相对地定性分为若干级，将风险事件发生的可能性也相对地定性分为若干级，然后以严重性为表列，以可能性为表行，制成表格，在行列的交点上给出定性的风险等级，见表 4-5～表 4-8。所有的加权指数构成一个矩阵，而每一个指数代表了一个风险等级。该方法的优点是简洁明了，易于掌握，适用范围广；缺点是确定风险可能性、后果严重度过于依赖经验，主观性较大。

**表 4-5 风险矩阵表示例**

| 严重性 | 风险后果 | | | 可能性 | | | | |
|---|---|---|---|---|---|---|---|---|
| | 人员 | 财产 | 环境 | A | B | C | D | E |
| | P | A | R | 从没有发生过 | 本行业发生过 | 本组织发生过 | 本组织容易发生 | 本组织经常发生 |
| 0 | 无伤害 | 无损伤 | 无影响 | （Ⅰ区） | （Ⅰ区） | （Ⅰ区） | （Ⅰ区） | （Ⅰ区） |
| 1 | 轻微伤害 | 轻微损害 | 轻微影响 | （Ⅰ区） | （Ⅰ区） | （Ⅰ区） | （Ⅰ区） | （Ⅱ区） |
| 2 | 小伤害 | 小损伤 | 小影响 | （Ⅰ区） | （Ⅰ区） | （Ⅰ区） | （Ⅱ区） | （Ⅱ区） |
| 3 | 重大伤害 | 局部损坏 | 局部影响 | （Ⅰ区） | （Ⅰ区） | （Ⅱ区） | （Ⅱ区） | （Ⅲ区） |
| 4 | 一人死亡 | 重大影响 | 重大影响 | （Ⅱ区） | （Ⅱ区） | （Ⅱ区） | （Ⅲ区） | （Ⅲ区） |
| 5 | 多人死亡 | 特大影响 | 巨大影响 | （Ⅱ区） | （Ⅲ区） | （Ⅲ区） | （Ⅲ区） | （Ⅲ区） |

注：1. Ⅰ区——一般风险，需加强管理不断改进；Ⅱ区——中度风险，需制定安全措施；Ⅲ区——重大风险，不可忍受的风险，纳入目标管理或制定管理方案。

2. 评价为一般风险和中度风险的危害因素应列入危害因素清单，评价为重大风险的危害因素应列入重要危害因素清单。

3. 矩阵风险评估表中对人员、财产、环境的损害和影响的判别准则分别见表 4-6～表 4-8。

**表 4-6 对人的影响**

| 潜在影响 | | 定义 |
|---|---|---|
| 0 | 无伤害 | 对健康没有伤害 |
| 1 | 轻微伤害 | 对个人受雇和完成目前劳动没有伤害 |
| 2 | 小伤害 | 对完成目前工作有影响，如某些行动不便或需要一周以内的休息才能恢复 |
| 3 | 重大伤害 | 导致对某些工作能力的永久丧失或需要经过长期恢复才能工作 |
| 4 | 一人死亡 | 一人死亡或永久丧失全部工作能力 |
| 5 | 多人死亡 | 多人死亡 |

**表 4-7 对财产的影响**

| 潜在影响 | | 定义 |
|---|---|---|
| 0 | 无损失 | 对设备没有损坏 |
| 1 | 轻微损失 | 对使用没有妨碍，只需要少量的修理费用 |
| 2 | 小损失 | 给操作带来轻度不便，需要停工修理 |

续表

| 潜在影响 | | 定义 |
|---|---|---|
| 3 | 局部损失 | 装置倾倒，修理可以重新开始 |
| 4 | 严重损失 | 装置部分丧失，停工 |
| 5 | 特大损失 | 装置全部丧失，大范围损失 |

**表 4-8　对环境的影响**

| 潜在影响 | | 定义 |
|---|---|---|
| 0 | 无影响 | 没有环境影响 |
| 1 | 轻微影响 | 可以忽略的环境影响，当地环境破坏在小范围内 |
| 2 | 小影响 | 破坏大到足以影响环境，单项超过基本或预定的标准 |
| 3 | 局部影响 | 环境影响多项超过基本的或预设的标准，并超出了一定范围 |
| 4 | 严重影响 | 严重的环境破坏，承包商或业主被责令把污染的环境恢复到污染前水平 |
| 5 | 巨大影响 | 对环境（商业、娱乐和自然生态）的持续严重破坏或扩散到很大的区域，对承包商或业主造成严重经济损失，持续破坏预先规定的环境界限 |

## 4.4　陶氏火灾爆炸危险指数评价法

### 4.4.1　概述

危险指数方法通过评价人员对几种工艺现状及运行的固有属性（以作业现场危险度、事故概率和事故严重度为基础，对不同作业现场的危险性进行鉴别）进行比较计算，确定工艺危险特性重要性大小，并根据评价结果，确定进一步评价的对象。危险指数评价可以运用在工程项目的各个阶段（可行性研究、设计、运行等），在详细的设计方案完成之前，或在现有装置危险分析计划制订之前。当然，它也可用于在役装置，作为确定工艺及操作危险性的依据。

美国陶氏化学公司自 1964 年开发“火灾爆炸危险指数评价法”（即：DOW 火灾、爆炸指数法）第一版以来，历经 29 年，不断修改完善；在 1993 年推出了第七版，以已往的事故统计资料及物质的潜在能量和现行安全措施为依据，定量地对工艺装置及所含物料的实际潜在火灾、爆炸和反应危险性进行分析评价，可以说更加完善、更趋成熟。该评价方法在国际上得到广泛应用，被化学工业界公认为最主要的危险指数评价方法。其目的是：

① 量化潜在火灾、爆炸和爆炸性事故的预期损失；

② 确定可能引起事故发生或使事故扩大的装置；

③ 向有关部门通报潜在的火灾、爆炸危险性；

④ 使有关人员及工程技术人员了解到各工艺可能造成的损失，以此确定严重性和总损失的有效、经济的途径。

## 4.4.2 评价计算程序

陶氏化学公司的火灾爆炸指数评价法运用了大量的实验数据和实践结果，以被评价单元中的重要物质系数为基础，用一般工艺危险系数确定影响事故损害大小的主要因素，特殊工艺危险系数表示影响事故发生概率的主要因素，三个系数的乘积为火灾爆炸危险指数（F&EI），用来确定事故的可能影响区域，估计所评价生产过程中发生事故可能造成的破坏，从而计算评价单元基本最大可能财产损失，应用安全措施补偿系数确定发生事故时实际最大可能财产损失和停产损失。该方法的最大特点是能用经济的大小来反映生产过程中火灾爆炸性的大小和所采取安全措施的有效性。陶氏化学公司的火灾爆炸危险指数评价法计算程序如图 4-1 所示。具体的计算过程如下：

（1）选取工艺单元

工艺单元是火灾爆炸危险指数评价法的基本单位，是借以评估特定工艺过程最大潜在损失范围的一种工具。为了计算火灾爆炸指数，首先要用一个有效而又合乎逻辑的程序来确定装置中的哪些单元需要研究。

① 工艺单元——工艺装置的任一主要单元。

② 生产单元——包括化学工艺、机械加工、仓库、包装线等整个生产设施。

③ 恰当工艺单元——在计算火灾爆炸危险指数时，只评价从预防损失角度考虑对工艺有影响的工艺单元，简称工艺单元。

选择恰当工艺单元的重要参数包括：

① 潜在化学能（物质系数）；

② 工艺单元中危险物质的数量；

③ 资金密度（美元/$m^2$）；

④ 操作压力和操作温度；

⑤ 导致火灾、爆炸事故的历史资料；

⑥ 对装置起关键作用的单元，因关键设备或单机设备一旦遭到破坏，就可能导致停产数日，即使是极小的火灾、爆炸，也可能因停产而造成重大

损失。

一般情况下，上述参数的数值越大，则该工艺单元就越需要评价。

选择恰当工艺单元时，还应注意以下几个要点：

① 由于火灾爆炸危险指数体系是假定工艺单元中所处理的易燃、可燃或化学活性物质的最低量为2268kg 或 2.27$m^3$，因此，若单元内物料量较少，则评价结果可能被夸大。一般，所处理的易燃、可燃或化学活性物质的量至少为454kg 或 0.454$m^3$，评价结果才有意义。

② 当设备串联布置且相互间未有效隔离时，需要仔细考虑如何划分工艺单元。

③ 需要考虑操作状态（如开车、正常生产、停车、装料、卸料、添加催化剂等）及操作时间，对火灾、爆炸指数（F&EI）有影响的异常状况，判别选择一个操作阶段还是几个阶段来确定重大危险。

④ 在决定哪些设备具有最大潜在火灾、爆炸危险时，邀请设备、工艺、安全等方面有经验的工程技术人员或专家参与评价过程。

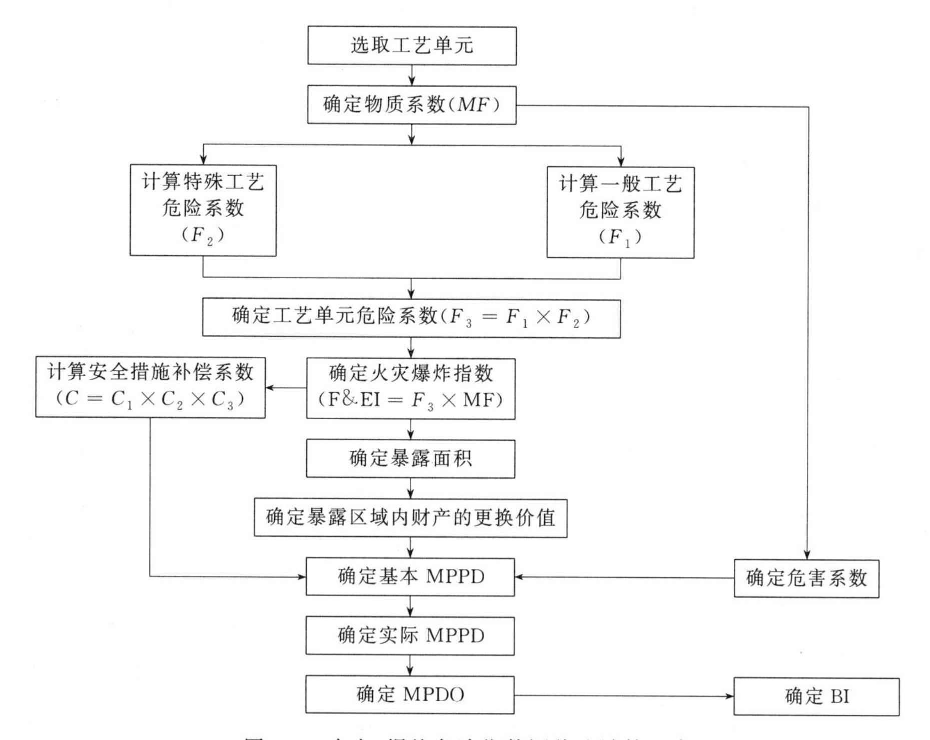


图 4-1　火灾、爆炸危险指数评价法计算程序

（2）确定物质系数（MF）

物质系数是表述物质在燃烧或其他化学反应引起的火灾、爆炸时释放能量

大小的内在特性，是进行火灾爆炸危险指数的计算和其他危险性评价的一个最基础的数值。研究工艺单元中所有操作环节，以确定最危险状况（在开车、操作、停车过程中最危险物质的泄漏及运行中的工艺设备）最危险的物质。物质系数是由美国消防协会规定的代表物质的燃烧性（$N_F$）和化学活性（$N_R$）决定的。物质系数数值可查表4-9求取。

**表4-9　物质系数取值**

| 挥发性固体、液体、气体的易燃性或可燃性 | NFPA325M[①]或NFPA49[②] | 反应性或不稳定性 | | | | | 备注 |
|---|---|---|---|---|---|---|---|
| | | $N_R=0$ | $N_R=1$ | $N_R=2$ | $N_R=3$ | $N_R=4$ | |
| 不燃物 | $N_F=0$ | 1 | 14 | 24 | 29 | 40 | 暴露在816℃的热空气中5min不燃烧 |
| F. P. >93.3℃ | $N_F=1$ | 4 | 14 | 24 | 29 | 40 | F. P. 为闭杯闪点 |
| 37.8℃<F. P. ≤93.3℃ | $N_F=2$ | 10 | 14 | 24 | 29 | 40 | |
| 22.8℃≤F. P. <37.8℃或F. P. <22.8℃且B. P. ≥37.8℃ | $N_F=3$ | 16 | 16 | 24 | 29 | 40 | B. P. 为标准温度和压力下的沸点 |
| F. P. <22.8℃且B. P<37.8℃ | $N_F=4$ | 21 | 21 | 24 | 29 | 40 | |
| 可燃性粉尘或烟雾 | | | | | | | $K_{st}$是用带强点火源的16L或更大的密闭试验容器测定的，见Standard on Explosion Protection by Deflagration Veuting(NFPA68[③]) |
| $S_t$-1($K_{st}$≤200bar·m/s) | | 16 | 16 | 24 | 29 | 40 | |
| $S_t$-2($K_{st}$=201～300bar·m/s) | | 21 | 21 | 24 | 29 | 40 | |
| $S_t$-3($K_{st}$>300bar·m/s) | | 24 | 24 | 24 | 29 | 40 | |
| 可燃性固体 | | | | | | | |
| 厚度>40mm，紧密的 | $N_F=1$ | 4 | 14 | 24 | 29 | 40 | 包括50.8mm厚的木板、镁锭、紧密的固体堆积物、紧密的纸张或废料薄膜卷 |
| 厚度<40mm，疏松的 | $N_F=2$ | 10 | 14 | 24 | 29 | 40 | 包括塑料颗粒、支架、木材平板架之类粗粒状材料，以及聚苯乙烯类不起尘的粉尘物料等 |
| 泡沫材料、纤维、粉状物等 | $N_F=3$ | 16 | 16 | 24 | 29 | 40 | 包括轮胎、胶靴类橡胶制品等 |

① NFPA325M为易燃-液体-气体和挥发固体的火灾危害特性

② NFPA49为危险化学品

③ NFPA68

此外，还有一些物质的物质系数求取方法如下：

① 表外物质的物质系数。对于物质系数未列出的物质、混合物或化合物，必须确定其可燃性等级（$N_F$）或可燃性粉尘等级（$S_t$）。

物质、混合物或化合物的反应性等级 $N_R$ 根据其在环境温度条件下的不稳定性（或与水反应的剧烈程度），按 NFPA 704（美国消防协会制定的危险品紧急处理系统鉴别标准）来确定。确定原则是：

$N_R=0$：在燃烧条件下仍保持稳定的物质；

$N_R=1$：稳定，但在加温加压条件下成为不稳定的物质；

$N_R=2$：在加温加压条件下发生剧烈化学变化的物质；

$N_R=3$：本身能发生爆炸分解或爆炸反应，但需要强引发源或引发前必须在密闭状态下加热的物质；

$N_R=4$：在常温常压下易于引爆分解或发生爆炸反应的物质。

若为氧化剂，则 $N_R$ 再加 1（但不超过 4）；对冲击敏感性物质 $N_R=3$ 或 4；如得出的 $N_R$ 值与物质的特性不相符，则应补做化学品反应性试验。

② 混合物。工艺单元内混合物应按“在实际操作过程中所存在的最危险物质”原则来确定。发生剧烈反应的物质，如氢气和氯气在人工条件下混合、反应，反应持续而快速，生成物为非燃烧性、稳定的产物，则其物质系数应根据初始混合状态来确定。

混合溶剂或含有反应性物质溶剂的物质系数，可通过反应性化学试验数据求得；若无法取得时，则应取组分中最大的 MF 作为混合物 MF 的近似值（最大组分浓度≥5%）。

可燃粉尘和易燃气体在空气中能形成爆炸性的混合物，其物质系数必须用反应性化学品试验数据来确定。

③ 烟雾。易燃或可燃液体的微粒悬浮于空气中能形成易燃的混合物，它具有易燃气体-空气混合物的一些特性。易燃或可燃液体的雾滴在远远低于其闪点的温度下，能像易燃蒸气-空气混合物那样具有爆炸性。因此，防止烟雾爆炸的最佳有效防护措施是避免烟雾的形成，特别是不要在封闭的工艺单元内使可燃液体形成烟雾。如果会形成烟雾，则需将物质系数提高 1 级，并咨询有关专家。

(3) 物质系数的温度修正

若工艺单元温度超过 60℃，则对 MF 应做修正，见表 4-10。

**表 4-10　物质系数温度修正表**

<table>
<tr><th>MF 温度修正</th><th>$N_F$</th><th>$S_t$</th><th>$N_R$</th><th>备注</th></tr>
<tr><td>①填入 $N_F$(粉尘为 $S_t$)、$N_R$</td><td></td><td></td><td></td><td rowspan="5">1. 储藏物由于层叠放置和阳光照射,温度可达到 60℃;<br>2. 若工艺单元是反应器,则不必考虑温度修正</td></tr>
<tr><td>②若温度<60℃,则转至⑤项</td><td></td><td></td><td></td></tr>
<tr><td>③若温度高于闪点,或>60℃,则在 $N_F$ 栏内填"1"</td><td></td><td></td><td></td></tr>
<tr><td>④若温度大于放热起始温度或自燃点,则在 $N_R$ 栏内填"1"</td><td></td><td></td><td></td></tr>
<tr><td>⑤各竖行数字相加,当总数≥5 时,填"4"</td><td></td><td></td><td></td></tr>
<tr><td>⑥用⑤栏数和表 4-11 确定 MF</td><td></td><td></td><td></td><td></td></tr>
</table>

（4）确定工艺单元危险系数（$F_3$）

工艺单元危险系数（$F_3$）包括一般工艺危险系数（$F_1$）和特殊工艺危险系数（$F_2$），对每项系数都要恰当地进行评估。

① 一般工艺危险系数（$F_1$）。一般工艺危险性是确定事故损害大小的主要因素。表 4-11 列出的 6 项内容适用于大多数作业场合，根据实际情况取值，注意并不是每一项系数都采用。

**表 4-11　一般工艺危险系数（$F_1$）取值**

<table>
<tr><th>序号</th><th colspan="3">项目内容</th><th>系数</th><th>备注</th></tr>
<tr><td rowspan="4">1</td><td rowspan="4">放热化学反应</td><td colspan="2">(1)轻微放热反应<br>包括加氢、水合、异构化、磺化、中和</td><td>0.30</td><td></td></tr>
<tr><td colspan="2">(2)中等放热反应<br>包括烷基化、酯化、加成、氧化、聚合、缩合</td><td>0.50</td><td>对于燃烧过程及使用氯酸盐、硝酸、次氯酸盐类强氧化剂时,系数为 1.00;<br>加成反应使用强酸(无机酸)时,系数为 0.75</td></tr>
<tr><td colspan="2">(3)剧烈放热反应</td><td>1.00</td><td>指一旦反应失控有严重火灾、爆炸危险的反应,如卤化反应</td></tr>
<tr><td colspan="2">(4)特别强烈的放热反应</td><td>1.25</td><td>指相当危险的放热反应,如硝化反应</td></tr>
<tr><td rowspan="5">2</td><td rowspan="5">吸热反应</td><td colspan="2">(1)反应器中发生吸热反应</td><td>0.20</td><td rowspan="5">当吸热反应的能量由固体、液体或气体燃料提供时,系数为 0.40</td></tr>
<tr><td colspan="2">(2)煅烧</td><td>0.40</td></tr>
<tr><td colspan="2">(3)电解</td><td>0.20</td></tr>
<tr><td rowspan="2">(4)热解或裂化</td><td>用电加热或高温气体间接加热</td><td>0.20</td></tr>
<tr><td>直接火加热</td><td>0.40</td></tr>
<tr><td rowspan="2">3</td><td rowspan="2">物料处理与输送</td><td colspan="2">(1)Ⅰ类易燃或液化石油气类物料在管线上装卸</td><td>0.50</td><td></td></tr>
<tr><td colspan="2">(2)人工加料</td><td>0.50</td><td>空气可随加料过程进入离心机、间歇式反应器、混料器等设备内,有引起燃烧或发生反应的危险</td></tr>
</table>

续表

| 序号 | 项目内容 | | 系数 | 备注 |
|---|---|---|---|---|
| 3 | 物料处理与输送 | (3)可燃性物质存放于库房或露天 | $N_F$＝3 或 4 的易燃液体或气体(包括桶装、罐装等) | 0.85 | 若可燃性物质存放于货架上，且未设洒水装置，系数增加 0.20；此不适合一般贮存容器 |
| | | | 表 4-9 中 $N_F$＝3 的可燃性固体 | 0.65 | |
| | | | 表 4-9 中 $N_F$＝2 的可燃性固体 | 0.40 | |
| | | | F. P. ＞37.8℃，＜60℃ 的可燃性液体 | 0.25 | |
| 4 | 封闭或室内单元 | (1)粉尘过滤器或捕集器安置在封闭区域内 | | 0.50 | 封闭区域定义为有顶，且三面或多面有墙壁的区域，或无顶但四周有墙封闭的区域；<br>粉尘过滤器或捕集器安置在封闭区域内时，系数取 0.50；<br>闪点以上处理易燃液体量＞4540g，系数取 0.45；<br>沸点以上处理易燃液体量＞4540kg，系数取 0.90；<br>若已安装了合理的通风装置时，(1)、(3)两项系数减 50％ |
| | | (2)封闭区域内在闪点以上处理易燃液体 | | 0.30 | |
| | | (3)封闭区域内在沸点以上处理液化石油气或任何易燃液体时 | | 0.60 | |
| 5 | 通道 | (1)操作区面积＞925$m^2$，且通道不符合要求 | | 0.35 | 生产装置周围必须有紧急救援车辆通道，设有监控喷水枪并处于待用状态；<br>面积小于左述数值时，若通道不符合，影响消防活动时，系数取 0.20 |
| | | (2)库区面积＞2312$m^2$，且通道不符合要求 | | 0.35 | |
| 6 | 排放和泄漏控制 | (1)设有堤坝，防止泄漏液流到其他区域，坝内所有设备露天放置 | | 0.50 | 此项系数适用于工艺单元内物料闪点小于 60℃或操作温度大于其闪点的场合；<br>评价排放和泄漏控制是否合理，必须估算易燃、可燃物总量及消防水能否在事故时得到及时排放；<br>排放量的确定原则；<br>a. 工艺储存设备：取单元中最大储罐储量加第二大储罐 10％的储量；<br>b. 用 30min 的消防水量。<br>只有在具有良好的排放设施时，才可不取危险系数 |
| | | (2)单元周围为可排放泄漏液的平坦地，一旦失火，会引起火灾 | | 0.50 | |
| | | (3)单元三面有堤坎，能将泄漏液引至蓄液池或封闭地沟，并满足：<br>①地面有一定坡度：土质为 2％，硬质为 1％；<br>②蓄液池、地沟最外缘与设备间距至少为 15m，如设有防火墙，间距可减少；<br>③贮液能力应大于等于右述 a 与 b 之和 | | 0 | |
| | | (4)蓄液池或地沟处设有公用工程管线或管线距离不合要求 | | 0.50 | |

注：一般工艺危险系数($F_1$)＝基本系数(1.0)＋表中所有选取系数。

② 特殊工艺危险系数（$F_2$）。特殊工艺危险是影响事故发生概率的另一主要因素，特定的工艺条件是导致火灾、爆炸事故的主要原因。特殊工艺危险共有 12 项，各项系数的具体取值见表 4-12。

**表 4-12 特殊工艺危险系数（$F_2$）取值**

<table>
<tr><th>序号</th><th colspan="3">项目内容</th><th>系数</th><th>备注</th></tr>
<tr><td rowspan="5">1</td><td rowspan="5">毒性物质</td><td colspan="2">$N_H$=0(火灾时除一般可燃物的危险外,短期接触无其他危险)</td><td>0</td><td rowspan="5">$N_H$ 是美国消防协会 NFPA704 中定义的物质毒性系数,其危险系数为 $N_H×0.2$,对于混合物,取其中最高 $N_H$ 的值;<br>$N_H$ 值仅用来表示人体受害的程度</td></tr>
<tr><td colspan="2">$N_H$=1(短期接触引起刺激,致人轻微伤害)</td><td>0.20</td></tr>
<tr><td colspan="2">$N_H$=2(高浓度或短期接触可致人暂时失去能力或残留伤害)</td><td>0.40</td></tr>
<tr><td colspan="2">$N_H$=3(短期接触可致人严重的、暂时或残留伤害)</td><td>0.60</td></tr>
<tr><td colspan="2">$N_H$=4(短暂接触也能致人死亡或严重伤害)</td><td>0.80</td></tr>
<tr><td>2</td><td>负压操作</td><td colspan="2">绝对压力<500mmHg(1mmHg=133.322Pa)</td><td>0.50</td><td>适用于空气泄入系统会引起危险的场合,大多数气体操作、一些压缩过程和少许蒸馏操作均属本项范围;采用本项系数,不再采用“燃烧范围内或其附近的操作”及“释放压力”中的系数</td></tr>
<tr><td rowspan="7">3</td><td rowspan="7">燃烧范围或其附近的操作</td><td rowspan="4">(1) $N_F=3$ 或 $N_F=4$ 的易燃液体储罐</td><td>使用了惰性化密闭蒸气回收系统,且能保证其气密性</td><td>0</td><td rowspan="7">某些操作导致空气进入系统会形成易燃混合物,从而导致危险;<br>第(3)项,也适用于装载可燃物的船舶和槽车,若已按“负压操作”选取系数,则不再取</td></tr>
<tr><td>在泵出物料或突然冷却时可能吸入空气</td><td>0.50</td></tr>
<tr><td>打开放气阀或在负压操作中未采用惰性气体保护时</td><td>0.50</td></tr>
<tr><td>其温度在 F.P. 以上,且无惰性气体保护</td><td>0.50</td></tr>
<tr><td colspan="2">(2)仅当仪表或装置失灵时,工艺设备或储罐才处于燃烧范围内或其附近</td><td>0.30</td></tr>
<tr><td colspan="2">(3)靠惰性气体吹扫,使其处于燃烧范围外的操作</td><td>0.30</td></tr>
<tr><td colspan="2">(4)惰性气体吹扫系统不实用,或未采取惰性气体吹扫,使操作总处于燃烧范围内或其附近</td><td>0.30</td></tr>
</table>

续表

<table>
<tr><th>序号</th><th colspan="3">项目内容</th><th>系数</th><th>备注</th></tr>
<tr><td rowspan="5">4</td><td rowspan="5">粉尘爆炸</td><td rowspan="5">粉尘粒径/μm</td><td>＞175(60～80 目，泰勒筛)</td><td>0.25</td><td rowspan="5">本项系数用于含粉尘处理的单元，如粉体输送、混合、粉碎和包装等，粉尘越细，危险性越大；<br>左述表中粒径表示在这个粒径处有 90% 粗粒子，10% 细粒子；<br>在惰性气体气氛中操作，系数减半</td></tr>
<tr><td>150～175(80～100 目，泰勒筛)</td><td>0.50</td></tr>
<tr><td>100～150(100～150 目，泰勒筛)</td><td>0.75</td></tr>
<tr><td>75～100(150～200 目，泰勒筛)</td><td>1.25</td></tr>
<tr><td>＜75(＞200 目，泰勒筛)</td><td>2.00</td></tr>
<tr><td rowspan="7">5</td><td rowspan="7">释放压力</td><td colspan="2">(1)压力为 0～6895kPa(表压)</td><td>查图 4-2</td><td>或用公式计算：<br>$y=0.16109+1.61503\times(x/1000)-1.42879\times(x/1000)^2+0.5172\times(x/1000)^3$<br>单位为：$lb/in^2$</td></tr>
<tr><td rowspan="6">(2)＞6895kPa(表压)</td><td>6895kPa</td><td>0.86</td><td rowspan="6">由图 4-4 可直接确定闪点＜60℃的易燃、可燃液体的系数；对其他物质，可先由曲线查出初始系数值，再行修正，修正方法：<br>a. 高黏性物质(如焦油、沥青、重润滑油、柏油等)：<br>危险系数＝初始系数×0.7<br>b. 单独使用压缩气体或利用气体使易燃液体压力增至 103kPa(表压)以上时：<br>危险系数＝初始系数×1.2<br>c. 液化的易燃气体(包括所有在其沸点以上储存的易燃物料)：<br>危险系数＝初始系数×1.3<br>实际压力系数确定：<br>实际压力系数＝操作压力系数×实际压力调整系数<br>$=操作压力系数\times\dfrac{操作压力系数}{释放装置设定压力系统}$</td></tr>
<tr><td>10343kPa</td><td>0.92</td></tr>
<tr><td>13790kPa</td><td>0.96</td></tr>
<tr><td>17238kPa</td><td>0.98</td></tr>
<tr><td>20685～68950kPa</td><td>1.00</td></tr>
<tr><td>＞68950kPa</td><td>1.50</td></tr>
<tr><td rowspan="2">6</td><td rowspan="2">低温</td><td colspan="2">(1)采用碳钢结构工艺装置，操作温度小于等于转变温度(如无转变温度数据可测定，可假定为 10℃)</td><td>0.30</td><td rowspan="2">低温系数主要考虑碳钢或其他金属在其延展或脆化转变温度以下时，可能存在的脆性问题；如确认在正常操作和异常情况下均不低于转变温度，则不用此系数</td></tr>
<tr><td colspan="2">(2)装置为碳钢以外的其他材料，操作温度小于等于转变温度</td><td>0.20</td></tr>
</table>

续表

<table>
<tr><th>序号</th><th colspan="3">项目内容</th><th>系数</th><th>备注</th></tr>
<tr><td rowspan="5">7</td><td rowspan="5">易燃和不稳定的数量</td><td>(1)工艺过程中的液体或气体</td><td>这类物质有：<br>a. 易燃液体和闪点低于 60℃ 的可燃液体；<br>b. 易燃气体；<br>c. 液化易燃气；<br>d. 闭杯闪点>60℃的可燃液体，操作温度高于其闪点；<br>e. 不论可燃性大小的化学活性物质（$N_R$=2,3 或 4）</td><td>查图 4-3</td><td>此系数主要考虑可能泄漏并引起火灾危险的物质数量或因暴露在火中可能导致化学反应事故的物质数量，应用于任何工艺操作（包括用泵向储罐送料）。<br>查图 4-3，用总能量查出：<br>工艺过程中总能量=工艺过程中可燃或不稳定物料总量（kg）×燃烧热 $H_c$（kJ/kg）；<br>工艺过程中物质数量指 10min 内从单元或相连的管道中可能泄漏出来的可燃物量。经验表明取下列二者中较大值作为可能泄漏量较合理：<br>a. 工艺过程中的物料量；<br>b. 相连单元中的最大物料量。<br>紧急情况时，由遥控阀门使相连单元与之隔离情况不在考虑之列。<br>若泄漏物具有不稳定性（化学反应性）时，泄漏量一般以工艺单元内物料量为准。<br>对 $N_R \geqslant 2$ 的不稳定物质，$H_c$ 取分解热或燃烧热中较大者的 6 倍。<br>计算公式：$\lg Y = 0.17179 + 0.42988 \times \lg X - 0.37244 \times (\lg X)^2 + 0.17712 \times (\lg X)^3 - 0.029984 \times (\lg X)^4$<br>式中，$X$ 为总能量，英热单位×$10^9$；$Y$ 为危险系数</td></tr>
<tr><td rowspan="4">(2)储存中的液体或气体</td><td>a. 单个储存器使用总能量</td><td rowspan="4">查图 4-4</td><td rowspan="4">总能量=储存物料量×燃烧值；<br>不稳定物质，查曲线 $A$，公式为：<br>$\lg Y = -0.289069 + 0.472171 \times \lg X - 0.074585 \times (\lg X)^2 - 0.018641 \times (\lg X)^3$<br>Ⅰ类易燃液体，查曲线 $B$，公式为：<br>$\lg Y = -0.403115 + 0.378703 \times \lg X - 0.046402 \times (\lg X)^2 - 0.015379 \times (\lg X)^3$<br>Ⅱ类可燃液体，查曲线 $C$，公式为：<br>$\lg Y = -0.558394 + 0.363321 \times \lg X - 0.057296 \times (\lg X)^2 - 0.010759 \times (\lg X)^3$；<br>式中，$X$ 为总能量；$Y$ 为危险系数</td></tr>
<tr><td>b. 使用所有移动容器的总能量</td></tr>
<tr><td>c. 两个或更多容器安置在一个共同堤坝内，不能将泄漏液排至适当大的蓄液池内，用堤坝内所有储罐内物料总能量</td></tr>
<tr><td>d. 不稳定物质，取最大分解热或燃烧热的 6 倍为 $H_c$</td></tr>
</table>

续表

<table>
<tr><th>序号</th><th colspan="3">项目内容</th><th>系数</th><th>备注</th></tr>
<tr><td rowspan="3">7</td><td rowspan="3">易燃和不稳定的数量</td><td rowspan="3">(3)储存中的可燃固体、工艺中的粉尘</td><td>物质松密度<160.2kg/m³</td><td rowspan="3">分别查图4-5曲线$A$～$B$</td><td rowspan="3">此为物质的量系数，根据物质密度、点火难易程度及维持燃烧的能力来确定；$A$、$B$曲线对应公式分别为：<br>$\lg Y=0.280423+0.464559\times\lg X-0.28291\times(\lg X)^2+0.06218\times(\lg X)^3$；<br>$\lg Y=-0.358311+0.459926\times\lg X-0.141022\times(\lg X)^2+0.02276\times(\lg X)^3$<br>式中，$X$为物质总量，lb；$Y$为危险系数</td></tr>
<tr><td>物质松密度>160.2kg/m³</td></tr>
<tr><td>$N_R\geqslant 2$的不稳定物质(用单元中物质实际质量的6倍)</td></tr>
<tr><td rowspan="5">8</td><td rowspan="5">腐蚀</td><td colspan="2">腐蚀速率(包括点腐蚀和局部腐蚀)<0.127mm/a</td><td>0.10</td><td rowspan="5">腐蚀速率指内、外部腐蚀速率之和；工艺物流中少量杂质有可能比正常内部腐蚀和油漆破坏造成的外部腐蚀强，砖的多孔性和塑料衬里缺陷可能会加速腐蚀；衬里仅是为防止产品污染，不取系数</td></tr>
<tr><td colspan="2">0.254mm/a>腐蚀速率>0.127mm/a</td><td>0.20</td></tr>
<tr><td colspan="2">腐蚀速率>0.254mm/a</td><td>0.50</td></tr>
<tr><td colspan="2">应力腐蚀裂纹有扩大危险(如氯气长期作用)</td><td>0.20</td></tr>
<tr><td colspan="2">要求用防腐蚀衬里</td><td>0.20</td></tr>
<tr><td rowspan="5">9</td><td rowspan="5">泄漏——连接头和填料处</td><td colspan="2">泵、压盖密封处可能产生轻微泄漏时</td><td>0.10</td><td rowspan="5">垫片、接头或轴的密封处及填料处可能是易燃、可燃物质的泄漏源，尤其是在热和压力周期变化的场所，应该按工艺设计情况和采用的物质送取系数</td></tr>
<tr><td colspan="2">泵、压缩机和法兰连接处产生一般的正常泄漏时</td><td>0.30</td></tr>
<tr><td colspan="2">承受热和压力周期性变化场合</td><td>0.30</td></tr>
<tr><td colspan="2">工艺物料是有渗透性或磨蚀性浆液，可能引起密封失效，或工艺单元使用转动轴封或填料函时</td><td>0.40</td></tr>
<tr><td colspan="2">单元中有玻璃视镜、波纹管或膨胀节时</td><td>1.50</td></tr>
<tr><td rowspan="2">10</td><td rowspan="2">明火设备的使用</td><td colspan="2">明火设备本身就是评价工艺单元(到潜在泄漏距离为0)及明火设备加热易燃、可燃物质(即使物质温度不高于其闪点)</td><td>1.00</td><td rowspan="2">本项系数不适用于明火炉，所涉及的其他任何情况(包括所处理的物质低于其闪点)均不取系数；图4-6中距离指从评价单元可能发生泄漏点到明火设备的空气进口的距离(英尺)。<br>a. 曲线$A$-1用于：<br>确定物质系数的物质可能在其闪点以上泄漏的工艺单元；确定物质系数的物质是可燃性粉尘的工艺单元。</td></tr>
<tr><td colspan="2">明火设备在工艺单元内，且选作物质系数的物质泄漏温度高于闪点，不管距离多少</td><td>≥0.10</td></tr>
</table>

续表

<table>
<tr><th>序号</th><th colspan="3">项目内容</th><th>系数</th><th>备注</th></tr>
<tr><td rowspan="2">10</td><td rowspan="2">明火设备的使用</td><td colspan="2">带有“压力燃烧器”的明火设备，进气孔≥3m，不靠近潜在泄漏源(如排放口)</td><td>标准燃料器系数的一半</td><td rowspan="2">公式为：<br>$\lg Y=-3.3243\times(\lg\frac{X}{210})+3.75127\times(\lg\frac{X}{210})^2-1.42523(\lg\frac{X}{210})^3$<br>b. 曲线 $A$-2 用于：<br>确定物质系数的物质可能在其沸点以上泄漏的工艺单元。<br>公式为：<br>$\lg Y=-0.3745\times(\lg\frac{X}{210})-2.70212\times(\lg\frac{X}{210})^2+2.09171\times(\lg\frac{X}{210})^3$<br>式中，$X$ 为可能的泄漏源距离；$Y$ 为危险系数</td></tr>
<tr><td colspan="2">明火设备附近有各种工艺单元</td><td>查图4-6</td></tr>
<tr><td rowspan="8">11</td><td rowspan="8">热油交换系统</td><td rowspan="8">油量/$m^3$</td><td rowspan="2"><18.9</td><td>>闪点 0.15</td><td rowspan="8">热交换器介质为不可燃物或虽为可燃物但使用温度总是低于闪点，则不考虑此系数，但应对生成油雾可能性考虑。<br>热油循环系统作为评价单元时，不采用本系数。<br>油量按下列二者较小者计：<br>a. 油管破裂后 15min 的泄漏量；<br>b. 热油循环系统中总油量。<br>建议：计算热油循环系统的 $F\&EI$，应包括含运行状态下的油罐(不是油储罐)、泵、输油管及回流油管</td></tr>
<tr><td>≥沸点 0.25</td></tr>
<tr><td rowspan="2">18.9～37.9</td><td>>闪点 0.30</td></tr>
<tr><td>≥沸点 0.45</td></tr>
<tr><td rowspan="2">37.9～94.6</td><td>>闪点 0.50</td></tr>
<tr><td>≥沸点 0.75</td></tr>
<tr><td rowspan="2">>94.6</td><td>>闪点 0.75</td></tr>
<tr><td>≥沸点 1.15</td></tr>
<tr><td rowspan="4">12</td><td rowspan="4">转动设备</td><td colspan="2">(1)>600Hp(马力)的压缩机</td><td rowspan="4">0.50</td><td rowspan="4">此系数为评价单元中使用或评价单元本身是此表内的转动设备</td></tr>
<tr><td colspan="2">(2)>75Hp 的泵</td></tr>
<tr><td colspan="2">(3)发生故障后因混合不均匀、冷却不足或终止等原因引起反应温度升高的搅拌器或循环泵</td></tr>
<tr><td colspan="2">(4)曾发生过事故的如离心机等大型转动设备</td></tr>
</table>

注：特殊工艺危险系数($F_2$)＝基本系数(1.0)＋表中所有选取的特殊工艺危险系数。

③ 计算工艺单元危险系数（$F_3$）。工艺单元危险系数（$F_3$）是一般工艺危险系数（$F_1$）和特殊工艺危险系数（$F_2$）的乘积。之所以采用乘积，是因为一般工艺危险系数（$F_1$）和特殊工艺危险系数（$F_2$）中的有关危险因素有相互合成的效应。例如 $F_1$ 中的“排放不良”和 $F_2$ 中的“连接头和填料处的泄漏因素”相互合成。$F_3$ 的正常取值范围为 1～8，若 $F_3>8$ 则按 8 计。根据实际情况表压大小，可查图 4-2 求得危险系数。

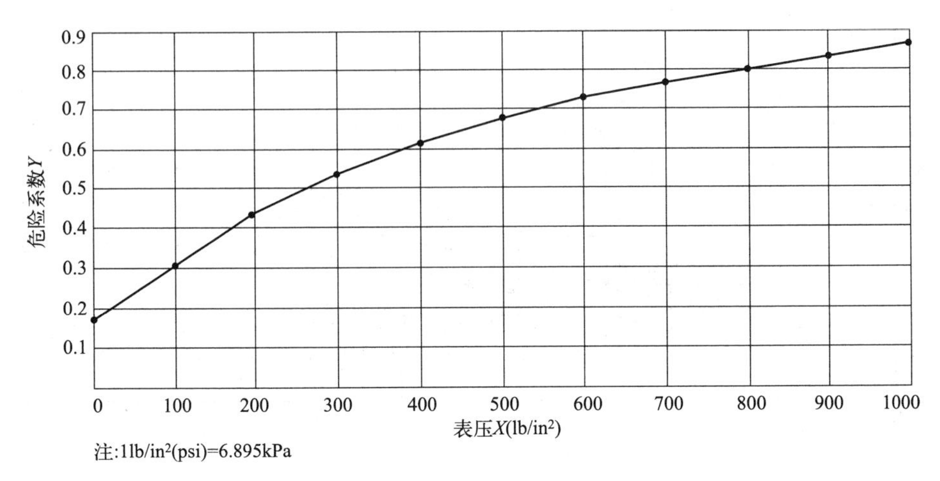


图 4-2　易燃、可燃液体的压力危险系数图

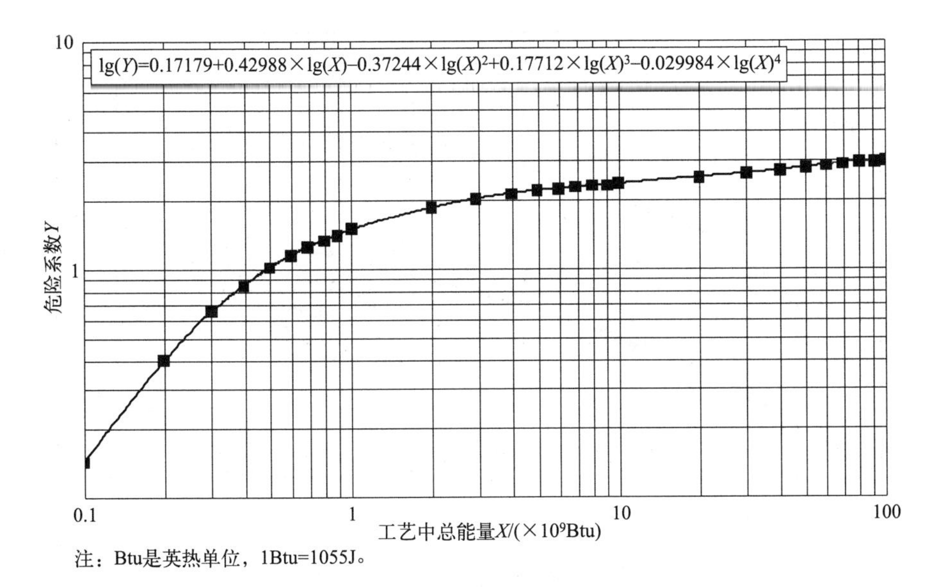


图 4-3　工艺中的液体和气体的危险系数

(5) 计算火灾爆炸危险指数 (*F&EI*)

火灾爆炸危险指数用来估计生产过程中的事故可能造成的破坏。按直接原因，易燃物泄漏并点燃后引起的火灾或燃料混合物爆炸的破坏类型有：

① 冲击波或燃爆；

② 初始泄漏引起的火灾；

③ 容器爆炸引起对管道与设备的撞击；

④ 引起二次事故——其他可燃物的能量释放。

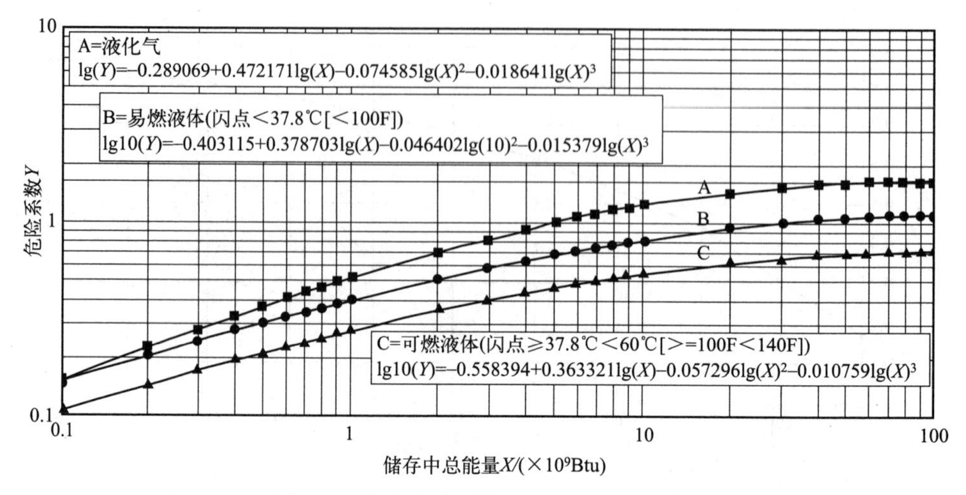


图 4-4　储存中的液体和气体的危险系数

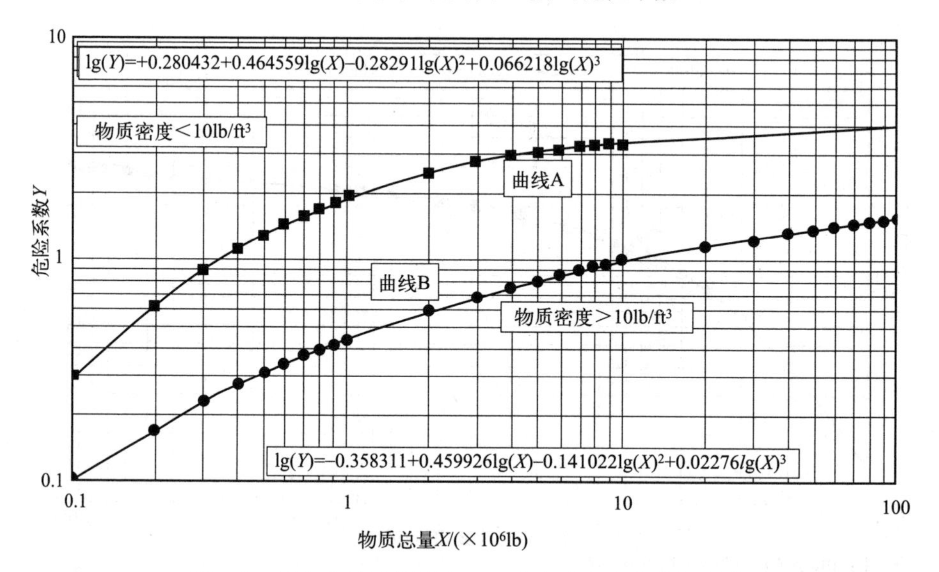


图 4-5　储存中的可燃固体、工艺中的粉尘的危险系数

单元危险系数和物质系数越大则二次事故越严重。

火灾爆炸危险指数（F&EI）＝单元危险系数（$F_3$）×物质系数（MF）

计算 F&EI 时，一次只分析、评价一种危险，使分析结果与特定的最危险状况（如开车、正常操作、停车等）相对应。F&EI 值与危险程度的关系，见表 4-13。

**表 4-13　F&EI 及危险等级**

| F&EI | 1～60 | 61～96 | 97～127 | 128～158 | >159 |
|---|---|---|---|---|---|
| 危险等级 | 最轻 | 较轻 | 中等 | 很大 | 非常大 |

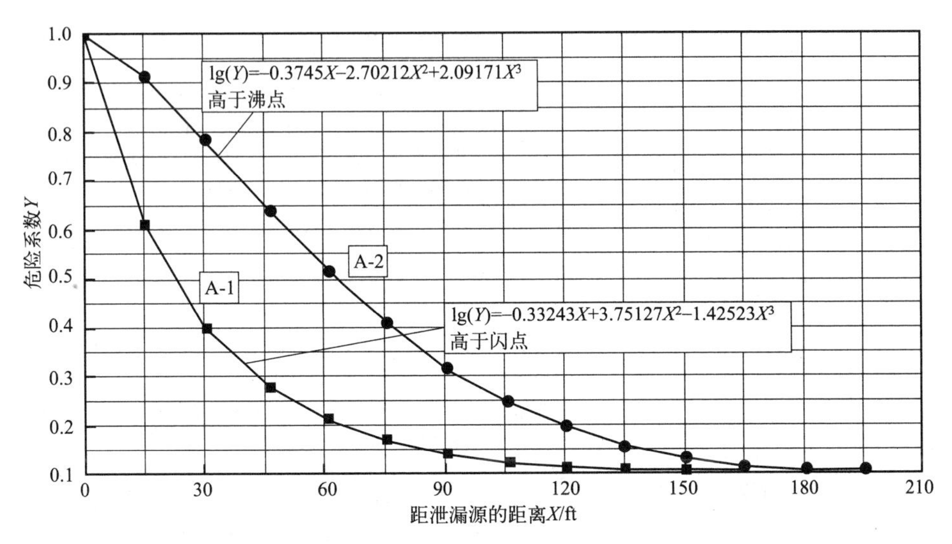


图 4-6　明火设备的危险系数

（6）安全措施补偿系数（$C$）

根据经验提出的安全措施不仅能预防严重事故的发生，也能降低事故的发生概率和危害。选择的安全措施补偿系数应能切实地减少或控制评价单元的危险，提高安全可靠性，最终结果是确定损失减少的金额或使最大可能财产损失降到更加接近实际。安全措施分为三类：工艺控制（$C_1$）；物质隔离（$C_2$）；防火措施（$C_3$）。具体取值如表 4-14。$C_1$、$C_2$、$C_3$ 的乘积即为单元的安全措施补偿系数。

**表 4-14　安全措施补偿系数**

| 序号 | 安全措施 | | 补偿系数值 | 备注 |
|---|---|---|---|---|
| 1 | 工艺控制 | (1)应急电源 | 0.98 | 本系数适应于基本设施(仪表电源、控制仪表、搅拌和泵等)具有应急电源能从正常状态自动切换到应急状态;在与评价单元中控制事故有关时才考虑此系数 |
| | | (2)冷却 | 0.97 | 有备用冷却系统,冷却能力为 1.5 倍正常需要量,且能维持 10min 以上采用 |
| | | | 0.99 | 冷却系统能保证在发生故障时,维持 10min 以上的正常冷却采用 |
| | | (3)抑爆 | 0.84 | 安有抑爆装置(如粉体或蒸汽处理设备)或设备本身有抑爆作用采用 |
| | | | 0.98 | 采用防爆膜或泄爆口防止设备发生意外时取值 |
| | | (4)紧急停车装置 | 0.98 | 情况出现异常时能紧急停车并转换到备用系统采用 |
| | | | 0.99 | 重要转动设备(压缩机、透平、鼓风机等)装有振动测定仪,仅能报警采用 |
| | | | 0.96 | 重要转动设备装有振动测定仪,能使设备自动停用采用 |

续表

| 序号 | 安全措施 | | 补偿系数值 | 备注 |
|---|---|---|---|---|
| 1 | 工艺控制 | (5)计算机控制 | 0.99 | 在线计算机不直接控制关键设备或经常不使用它操作时采用 |
| | | | 0.97 | 直接控制工艺操作且具有失效保护功能时采用 |
| | | | 0.93 | 有以下措施之一者采用：a. 备用的控制系统；b. 关键输入的异常中止功能；c. 关键现场数据输入的冗余技术 |
| | | (6)惰性气体保护 | 0.96 | 盛装易燃气体的设备有连续的惰性气体保护时采用 |
| | | | 0.94 | 惰性气体系统有足够容量并自动吹扫整个单元时采用；若吹扫系统必须由人工启动或控制时，不取系数 |
| | | (7)操作指南或操作规程 | 0.91～0.99 (1.0－$x$/1.50) | 此系数的计算方法为：将已具有的下列12种条款所规定的分值相加作为$x$。<br>①开车0.5；②正常停车0.5；③正常操作条件0.5；④低负荷操作条件0.5；⑤备用装置启动条件(单元全循环或全回流)0.5；⑥超负荷操作条件1.0；⑦短时间停车后再开车规程1.0；⑧检修后的重新开车1.0；⑨检修程序(批准手续、清除污物、隔离、系统清扫等)1.5；⑩紧急停车1.5；⑪设备、管线的更换和增加2.0；⑫发生故障时的紧急方案3.0。<br>则此补偿系数为：1.0－$x$/150 |
| | | (8)活性化学物质检查 | 0.91 | 用活性化学物质大纲检查现行工艺和新工艺(包括工艺条件的改变、化学物质的储存和处理等)是整个操作的一部分采用 |
| | | | 0.98 | 只在需要时才进行检查采用 |
| | | | | 如至少每年不能向操作人员提供应用于本职工作的活性化学物质指南，则不选取此项补偿系数 |
| | | (9)其他工艺过程危险分析 | 0.91～0.98 | 其他几种工艺过程危险分析用来评价火灾、爆炸，其补偿系数如下：<br>定量风险评价(QRA)0.91；详尽的后果分析0.93；故障树分析(FTA)0.93；危险和可操作性研究(HAZOP)0.94；故障类型及影响分析(FMEA)0.94；环境、健康、安全和损失预防审查0.96；故障假设分析0.96；检查表评估0.98；工艺、物质等变更的审查管理0.98 |
| | 工艺控制安全补偿系数$C_1$＝上述各项选取的补偿系数之积 | | | |
| 2 | 物质隔离 | (1)远距离控制阀 | 0.98 | 单元备有遥控切断阀(在紧急情况下迅速将储罐、容器及主要输送线隔离)采用 |
| | | | 0.96 | 至少每年更换一次阀门时采用 |
| | | (2)备用泄料装置 | 0.98 | 备用储槽能安全地(有适当的冷却和通风)直接接收单元内的物料时采用 |
| | | | 0.96 | 备用储槽安置在单元外采用 |
| | | | 0.96 | 应急通风管能将气体、蒸气排放至火炬系统或密闭受槽用系数 |
| | | | 0.98 | 与火炬系统或受槽连接的正常排气系统用系数 |
| | | (3)排放系统 | 0.91 | 地面斜度2%(硬质地面1%)能使生产和储存单元的泄漏物流至尺寸合适的排放沟(沟能容纳最大储罐全部物料和第二大储罐10%物料以及喷洒1h消防水量)用系数 |

续表

| 序号 | 安全措施 | | 补偿系数值 | 备注 |
|---|---|---|---|---|
| 2 | 物质隔离 | (3)排放系统 | 0.91 | 排放设施完善，能把储罐、设备下及附近的泄漏物排净采用 |
| | | | 0.97 | 排放装置能收集大量泄漏物，但只能处理最大储罐容量 50%所用系数 |
| | | | 0.95 | 为许多排放装置能处理中等数量的物料时用 |
| | | | 0.95 | 能将泄漏物引至距离＞15m 的蓄液池（其容量为最大储罐全部物料和第二大储罐 10%物料及喷洒 1h 消防水量）采用；若储罐四周有堤坝以容纳泄漏物或地面斜度不理想或泄漏物距蓄液池＜15m 时，不予补偿 |
| | | (4)联锁装置 | 0.98 | 为装有联锁系统防止发生错误物料流向及由此而引起的不需要的反应或符合标准的燃烧器采用 |
| | 物质隔离安全补偿系数 $C_2$＝上述各项选取的补偿系数之积 | | | |
| 3 | 防火措施 | (1)泄漏检测装置 | 0.98 | 装有可燃气体检测器，只能报警和确定危险范围所采用 |
| | | | 0.94 | 为装有既能报警又能在达到燃烧下限之前使保护系统动作的可燃气体检测采用 |
| | | (2)钢质结构 | 0.98 | 所有承重钢结构都涂覆高度≥5m 的防火涂层用系数 |
| | | | 0.97 | 所有承重钢结构都涂覆高度＞5m，≤10m 的防火涂层用系数 |
| | | | 0.95 | 所有承重钢结构都涂覆高度＞10m 的防火涂层用系数 |
| | | | 0.98 | 安装大容量水喷洒系统冷却钢结构用系数 |
| | | | | 钢筋混凝土采用和防火涂层一样的系数；若防火涂层不及时维护，则不取系数 |
| | | (3)消防水供应 | 0.94 | 消防水压力≥690kPa（表压）用系数 |
| | | | 0.94 | 消防水压力＜690kPa（表压）用系数 |
| | | | 0.97 | 为保证按计算的最大需水量连续 4h 供应（危险性不大的装置，可少于 4h）用系数 |
| | | | | 要保证消防水供应有独立于正常电源之外的其他动力源且能提供最大水量，否则不取补偿系数 |
| | | (4)特殊系统 | 0.91 | 特殊系统（包括二氧化碳、卤代烷灭火及烟火探测器、防爆墙或防爆小屋等）的安全措施适合于评价单元具体情况及地上储罐设计成夹层壁结构（当内壁发生泄漏时，外壁能承受所有负荷）采用系数 |
| | | (5)喷洒系统 | 0.97 | 洒水灭火系统用系数 |
| | | | | 室内生产区和仓库使用的干、湿管喷洒灭火系统的补偿系数按如下选择后再乘上面积修正系数 $K$：<br>补偿系数：低危险 6.11～8.15L/dm$^2$，湿管 0.87，干管 0.87；中等危险 8.65～13.6L/dm$^2$，湿管 0.81，干管 0.84；非常危险≥14.3L/dm$^2$；湿管 0.74，干管 0.81。<br>面积修正系数（按防火墙内的面积计算）：面积＞930m$^2$，$K_1$＝1.06；面积＞1860m$^2$，$K_2$＝1.09；面积＞2800m$^2$，$K_3$＝1.12 |
| | | (6)水幕 | 0.98 | 在点火源和可能泄漏的气体间距≥23m，设置最大高度 5m 单排喷嘴的自动喷水幕用系数 |
| | | | 0.97 | 若在第一层喷嘴之上 2m 内设置第二层喷嘴的双排喷嘴，则用此系数 |

续表

| 序号 | 安全措施 | | 补偿系数值 | 备注 |
|---|---|---|---|---|
| 3 | 防火措施 | (7)泡沫装置 | 0.94 | 设置远距离手动控制泡沫喷射系统 |
| | | | 0.92 | 全自动泡沫喷射系统 |
| | | | 0.97 | 保护浮顶罐的密封圈设置的手动泡沫灭火系统 |
| | | | 0.97 | 保护浮顶罐的密封圈设置的火焰探测器控制泡沫灭火系统 |
| | | | 0.95 | 锥形顶罐配备有地下泡沫系统和泡沫室 |
| | | | 0.97 | 可燃液体储罐外壁配有手动泡沫灭火系统 |
| | | | 0.94 | 上项为配有自动控制用系数 |
| | | (8)手提式灭火器/水枪 | 0.98 | 配备有与火灾危险相适应(能有效控制)的手提式或移动式灭火器用系数 |
| | | | 0.97 | 安装有水枪采用 |
| | | | 0.95 | 能在安全地点远距离控制水枪用系数 |
| | | | 0.93 | 带有泡沫喷射能力的水枪所用系数 |
| | | (9)电缆保护 | 0.94 | 电缆管理在地下的电缆沟内采用 |
| | | | 0.98 | 采用喷水装置,电缆有 $14^{\#}$、$16^{\#}$ 钢板金属罩加以保护或金属罩上涂耐火涂料代喷水装置时所用系数 |
| | 防火措施安全补偿系数 $C_3$=上述各项选取的补偿系数之积 | | | |
| 单元的安全措施补偿系数= $C_1C_2C_3$ | | | | |

(7) 计算暴露半径和暴露区域

① 暴露半径。暴露半径表明了生产单元危险区域的平面分布，它是一个以工艺设备的关键部位为中心，以暴露半径为半径的圆。若评价工艺是一个小设备，则以该设备的中心为圆心，以暴露半径为半径画圆；若设备较大，则应从设备表面向外量取暴露半径。事实上，暴露区域的中心常常是泄漏点，经常发生泄漏的点是排气口、膨胀节和连接处等部位，它们均可作为暴露区域的圆心。

对已计算出来的 F&EI，可以用它乘以 0.84 得到暴露半径，或按图 4-7 转换成暴露半径。暴露半径 $R$=F&EI×0.84，单位是英尺（ft）；或暴露半径为 $R$=F&EI×0.256，单位是米（m）。

② 暴露区域。暴露区域意味着其内的设备将会暴露在本单元发生的火灾或爆炸环境中。为了评价这些设备在火灾、爆炸中遭受的损坏，要考虑实际影响的体积。暴露区域面积 $S=\pi R^2$($R$ 为暴露半径)，实际暴露区域面积=暴露区域面积+评价单元面积，考虑评价单元内设备在火灾、爆炸中遭受的损坏的实际影响，往往用一个围绕着工艺单元的圆柱体体积来表征发生火灾、爆炸事故时生产单元所承受风险的大小，其面积是暴露区域，高度相当于暴露半径，有时也用球体的体积表示。图 4-8 中的单元为立式储罐，显示了暴露半径、暴露区域及影响体积。

值得注意的是，火灾、爆炸的蔓延并不是一个理想的圆或球，在不同方向

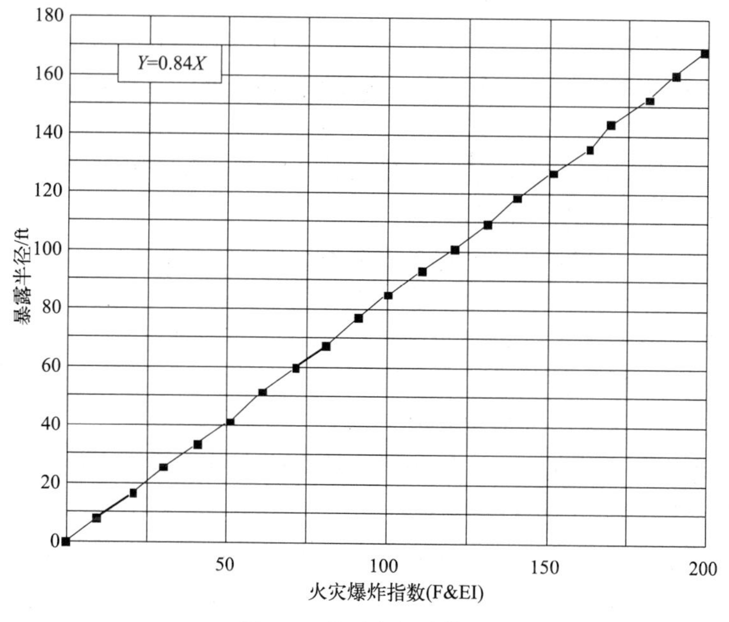


图 4-7　暴露半径计算图

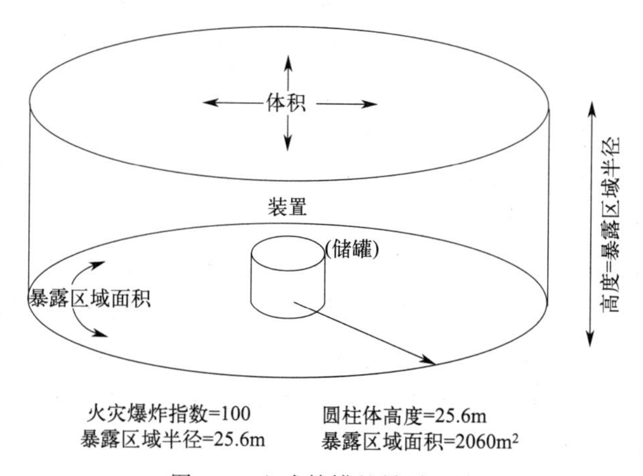


图 4-8　立式储罐的暴露区域

造成的破坏往往并不等同，实际破坏情况受设备位置、风向及排放装置情况影响。

此外，若暴露区域内有建筑物，建筑物的墙耐火、防爆或二者兼而有之，则建筑物不计入暴露区域内；若暴露区域内设有防火墙或防爆墙，则墙后的面积也不算作暴露面积；包含评价单元的单层建筑物，其全部面积可看作是暴露区域（除非用耐火墙分隔成几个独立部分）。若有爆炸危险，即使各部分用防火墙隔开，整个建筑面积均看成暴露区域；多层建筑具有耐火楼板时，其暴露区域按楼层划分；若火源在建筑物外部，防火墙具有良好的防止建筑物暴露于火灾危害中的作用。若有爆炸危险，则丧失隔离功能；防爆墙可以看作暴露区域的界限。

③ 暴露区域财产价值。暴露区域内财产价值可由区域内含有的财产（包括在存物料）的更换价值来确定：

$$更换价值=原来成本\times 0.82\times 增长系数$$

式中，0.82 为考虑了场地平整、道路、地下管线、地基等在事故发生时不会遭到损失或不需更换的系数；增长系数由工程预算专家确定。

更换价值可按以下几种方法计算：

a. 采用暴露区域内设备的更换价值；

b. 用现行的工程成本来估算暴露区域内所有财产的更换价值（地基和其他一些不会遭受损失的项目除外）；

c. 从整个装置的更换价值推算每平方米的设备费，再乘上暴露区域的面积，即为更换价值。

在计算暴露区域内财产的更换价值时，需计算在存物料及设备的价值。储罐的物料量可按其容量的 80%计算；塔器、泵、反应器等计算在存量或与之相连的物料储罐物料量，亦可用 15min 物流量或其有效容积计。

物料的价值要根据制造成本、可销售产品的销售价及废料的损失等来确定，要将暴露区内的所有物料包括在内。

在计算时，当一个暴露区域包含另一个暴露区域的一部分时，不能重复计算。

④ 危害系数的确定。危害系数由单元危险系数（$F_3$）和物质系数 MF 按图 4-9 确定。它表示单元中的物料或反应能量释放所引起的火灾、爆炸事故综合效应。确定危害系数时，如果 $F_3$ 数值超过 8.0，也不能外推，按 $F_3=8.0$ 来确定危害系数。随着物质系数（MF）和单元危险系数（$F_3$）的增加，破坏系数从 0.01 增至 1.00。

实际上，物质系数只有 9 个值（1、4、10、14、16、21、24、29、40），没有中间值，故有 9 个不同的对应方程，据此亦可计算出破坏系数（$Y$）。

与不同单元危险系数（1～8）对应的危害系数方程为：

当 MF=1 时，$Y=0.003907+0.002957X+0.004031X^2-0.00029X^3$；

当 MF=4 时，$Y=0.025817+0.019017X-0.00081X^2+0.000108X^3$；

当 MF=10 时，$Y=0.098582+0.017596X+0.000809X^2-0.000013X^3$；

当 MF=14 时，$Y=0.20592+0.018938X+0.007638X^2-0.00057X^3$；

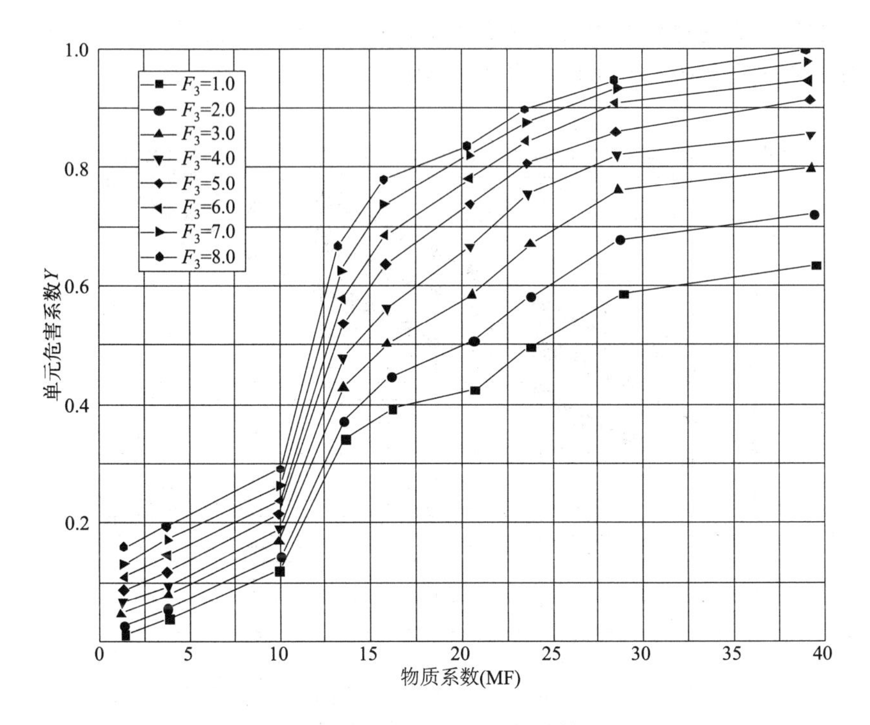


图 4-9　单元危害系数计算

当 MF=16 时，$Y=0.25674+0.019886X+0.011055X^2-0.00088X^3$；

当 MF=21 时，$Y=0.340314+0.076531X+0.003912X^2-0.00073X^3$；

当 MF=24 时，$Y=0.395755+0.096443X-0.00135X^2-0.00038X^3$；

当 MF=29 时，$Y=0.484766+0.094288X-0.00216X^2-0.00031X^3$；

当 MF=40 时，$Y=0.554175+0.080772X+0.000332X^2-0.00044X^3$。

式中，$X$ 为单元危险系数（$F_3$）。

⑤ 计算基本最大可能财产损失（基本 MPPD）。假定没有任何一种安全措施来降低损失的情况下，各单元基本最大可能财产损失为暴露区域财产价值与该单元危害系数（$Y$）的乘积，即基本 MPPD=暴露区域财产价值×$Y$。

⑥ 实际最大可能财产损失（实际 MPPD）。基本最大可能财产损失与安全措施补偿系数（$C$）的乘积就是实际最大可能财产损失，用公式表示为：

实际 MPPD=基本 MPPD×$C$。

它表示在采取适当的防护措施后，事故造成的财产损失。如果某些预防系统出了故障，损失可能接近基本最大可能财产损失。

⑦ 最大可能工作日损失（MPDO）。估算最大可能工作日损失（MPDO）是评价停产损失（BI）的必需步骤，根据物料储量和产品需求的不同状况停产

损失往往等于或超过财产损失，这取决于物料储藏和产品的需求状况。最大可能工作日损失（MPDO）可以根据实际 MPPD 按图 4-10 查取。

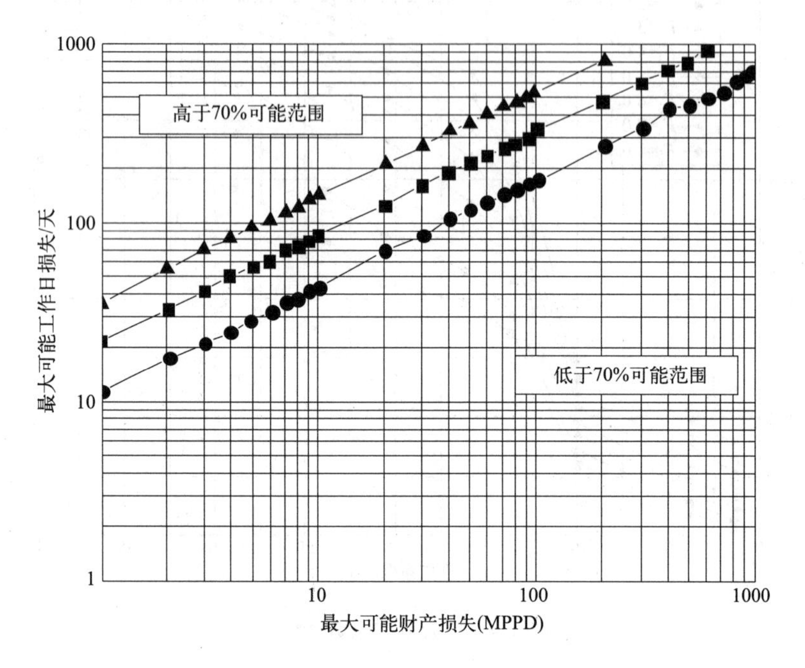


图 4-10　最大可能工作日损失（MPDO）计算图

在确定 MPDO 时，要进行恰当的判断。在许多情况下，可直接从中间那条线查出 MPDO；若不能做出精确判断，MPDO 之值可能在 70%上下范围内波动；如有正确性依据，MPDO 也可偏离 70%；若根据供应时间和工程精度能较精确地确定停产日期，则不用图 4-10 来确定。

在有些情况下，MPDO 值可能会与通常情况不太相符，如压缩机、泵、整流器等有备件，则可按图 4-10 最下面的线来查取；反之，若部件采购困难或是单机系统时，则用图 4-10 上面的线来确定 MPDO。

图 4-10 中列出的实际 MPPD 是以 1986 年的美元购买力为基准给出的。因涨价因素将其转换为现今的价格。

此外，图 4-10 中实际 MPPD($X$）与最大可能停产工日（$Y$）之间的方程式为：

上限 70%的斜线为：$\lg Y=1.550233+0.598416\lg X$；

正常值的斜线为：$\lg Y=1.325132+0.592471\lg X$；

下限 70%的斜线为：$\lg Y=1.045515+0.610426\lg X$。

### 4.4.3 典型实例

**【例 4-2】** ①评价单元危险物质的物质系数确定。以丙烯酸储存单元为例，评价单元危险物质的物质系数及危险特性见表 4-15。

**表 4-15　评价单元危险物质系数及危险特性**

| 评价单元 | 危险物质系数 | MF | 燃烧热值 $H_i$/(×$10^3$Btu/lb) | NFPA 分级 | | | 闪点/℃ | 沸点/℃ |
|---|---|---|---|---|---|---|---|---|
| | | | | $N_H$ | $N_F$ | $N_R$ | | |
| 丙烯酸储存单元 | 丙烯酸 | 24 | 7.6 | 3 | 2 | 2 | 50 | 141 |

注：1. 1Btu=1055J

2. 1lb=0.4536kg

3. 1Btu/lb=2326J/kg

② 单元工艺危险系数的求取及火灾爆炸指数计算。按陶氏化学公司火灾爆炸危险指数评价法对评价单元求取一般工艺危险系数（$F_1$）和特殊工艺危险系数（$F_2$），并按 $F_3=F_1F_2$ 计算出工艺危险系数（$F_3$），然后按火灾爆炸指数 F&EI=$F_3$·MF 计算单元的火灾爆炸指数，详见表 4-16。

**表 4-16　单元火灾爆炸危险指数（F&EI）计算表**

| 评价单元 | | 丙烯酸储存单元 |
|---|---|---|
| 1. 物质系数 MF | | 24 |
| 2. 一般工艺危险 | 危险系数范围 | 采用危险系数 |
| 基本系数 | 1.00 | 1.00 |
| A. 放热化学反应 | 0.3～1.25 | |
| B. 吸热反应 | 0.20～040 | |
| C. 物料处理与输送 | 0.25～1.05 | 0.85 |
| D. 密闭式或室内工艺单元 | 0.25～0.90 | |
| E. 通道 | 0.20～0.35 | |
| F. 排放和泄漏控制 | 025～0.50 | 0.50 |
| 一般工艺危险系数($F_1$) | | 2.35 |
| 3. 特殊工艺危险 | 危险系数范围 | 采用危险系数 |
| 基本系数 | 1.00 | 1.00 |
| A. 毒性物质 | 0.20～0.80 | 0.60 |
| B. 负压(<6.661Pa) | 0.5 | |
| C. 接近易燃范围的操作：惰性化、未惰性化 | | |
| a. 灌装易燃液体 | 0.50 | 0.50 |
| b. 过程失常或吹扫故障 | 0.30 | |
| c. 一直在燃烧范围内 | 0.80 | |
| D. 粉尘爆炸 | 0.25～2.00 | |

续表

| 评价单元 | | 丙烯酸储存单元 |
|---|---|---|
| 3. 特殊工艺危险 | 危险系数范围 | 采用危险系数 |
| E. 压力　操作压力(绝对)/kPa | | 1.03 |
| 　　　　释放压力(绝对)/kPa | | 0.16 |
| F. 低温 | 0.20～0.30 | |
| G. 易燃及不稳定物质量/kg | | 600 |
| 物质燃烧热 $H_c$/(J/kg) | | 3.26 |
| a. 工艺中的液体及气体 | | |
| b. 储存中的液体及气体 | | |
| c. 储存中的可燃固体及工艺中的粉尘 | | |
| H. 腐蚀与磨损 | 0.10～0.75 | 0.10 |
| I. 泄漏-接头和填料 | 0.10～1.50 | 0.10 |
| J. 使用明火设备 | | |
| K. 热油、热交换系统 | 0.15～1.15 | |
| L. 传统设备 | 0.50 | |
| 特殊工艺危险系数($F_2$) | | 2.56 |
| 工艺单元危险系数($F_3=F_1\times F_2$) | | 6.016 |
| 火灾爆炸指数(F&EI$=F_3\times$MF) | | 144.384 |

根据表4-16计算出的F&EI值，危险等级划分结果见表4-17。

**表 4-17　单元 F&EI 值及危险等级**

| 评价单元 | F&EI | 危险等级 |
|---|---|---|
| 丙烯酸储存 | 144.384 | 很大 |

③ 单元安全措施补偿系数的计算。假设该项目在设计时已根据有关标准和规范以及现有生产经验，采取了相应的安全措施，使得这些措施可以在一定程度上预防重大事故的发生，降低事故发生频率，减少事故损失。因此，在此采用一些安全措施对单元给予一定的补偿，进一步进行补偿评价。安全措施可分为以下三类：$C_1$——工艺控制补偿系数；$C_2$——物质隔离补偿系数；$C_3$——防火措施补偿系数。

根据陶氏化学公司火灾爆炸危险指数评价法，对单元采取的安全措施补偿系数$C_1$、$C_2$、$C_3$，并按式$C=C_1\times C_2\times C_3$求出单元的补偿系数，详见表4-18。

④ 评价单元危险性分析汇总。

a. 单元火灾爆炸危险指数（F&EI）。丙烯酸储存单元F&EI＝144.384，危险等级“很大”。

b. 火灾、爆炸时影响区域半径（暴露半径）。暴露半径$R$＝F&EI×0.256（m），则丙烯酸储存单元暴露半径：

**表 4-18 单元安全措施补偿系数**

| 单元 | | 丙烯酸储存 |
|---|---|---|
| 项目 | 补偿系数范围 | 采用补偿系数 |
| 1. 工艺控制补偿系数($C_1$) | | |
| a. 应急电源 | 0.98 | |
| b. 冷却装置 | 0.97～0.99 | |
| c. 抑爆装置 | 0.84～0.98 | |
| d. 紧急切断装置 | 0.96～0.99 | |
| e. 计算机控制 | 0.93～0.99 | |
| f. 非活泼性气体保护 | 0.94～0.96 | |
| g. 操作规程、程序 | 0.91～0.99 | 0.91 |
| h. 化学活泼性物质检查 | 0.91～0.98 | 0.98 |
| i. 其他工艺危险分析 | 0.91～0.98 | |
| $C_1$ | | 0.89 |
| 2. 物质隔离补偿系数($C_2$) | | |
| a. 遥控阀 | 0.96～0.98 | |
| b. 卸料/排空装置 | 0.96～0.98 | |
| c. 排放系统 | 0.91～0.97 | |
| d. 联锁装置 | 0.98 | |
| $C_2$ | | 1.00 |
| 3. 防火措施补偿系数($C_3$) | | |
| a. 泄漏检验装置 | 0.94～0.98 | |
| b. 结构钢 | 0.95～0.98 | |
| c. 消防水供应系统 | 0.94～0.97 | 0.97 |
| d. 特殊灭火系统 | 0.91 | |
| e. 防水灭火系统 | 0.74～0.97 | |
| f. 水幕 | 0.97～0.98 | |
| g. 泡沫灭火装置 | 0.92～0.97 | |
| h. 手握式灭火器和喷水枪 | 0.93～0.98 | 0.98 |
| i. 电器防护 | 0.94～0.98 | 0.98 |
| $C_3$ | | 0.931 |
| 安全措施补偿系数 $C=C_1\times C_2\times C_3$ | | 0.828 |

$$R=144.384\times 0.256=36.97(\text{m})$$

c. 火灾、爆炸时影响区域及影响面积：

$$暴露区域面积\ S=3.1416R^2$$

式中，$R$ 为暴露半径。

暴露区域表示区域内的设备会暴露在本单元发生的火灾、爆炸环境中。丙烯酸存储单元火灾、爆炸时影响区域及影响面积：

$$S=3.1416R^2=3.1416\times(36.97)^2=4293.88(m^2)$$

火灾、爆炸时影响体积为一个围绕工艺单元的圆柱形体积，其面积暴露区域面积 $S$，相当于暴露半径 $R$（有时也可以用球体体积表示）。暴露区域如图 4-11 所示。

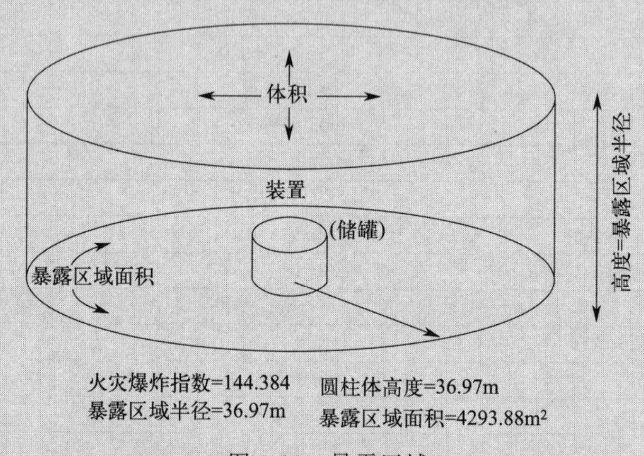


图 4-11　暴露区域

d. 火灾、爆炸时影响区域内财产价值。为了建设单位今后进一步计算的方便和了解采用安全措施后的财产损失的变化，每个单元暴露区域的财产价值取 $A$（包含容器内物料价值），据此可以进一步计算。

$$A=\text{暴露区域内财产总值}\times0.82\times\text{折旧(增值)系数}$$

式中，0.82 为扣除了未被破坏的道路、地下管道、基础的损失系数，如能精确计算，可以不采用 0.82。

e. 危害系数的确定。危害系数是由图或方程根据单元危险系数（$F_3$）和物质系数（MF）来确定的，它代表了单元中物料泄漏或反应能量释放所引起的火灾、爆炸事故的综合效应。

丙烯酸储存单元 $F_3=6.01$，MF＝24，由图 4-9 得危害系数 $Y=0.84$。

f. 基本最大可能财产损失（基本 MPPD）。丙烯酸储存单元基本 MPPD：$0.84A$。

g. 实际最大可能财产损失（实际 MPPD）。实际最大可能财产损失是表示在采取适当的（但不完全理想）防护措施以后，发生的事故所造成的财产损失，但是如果这些防护装置出现故障、失效，则其损失值不同程度地接近于基本最大可能财产损失。

实际最大可能财产损失是由基本最大可能财产损失与安全措施补偿系数 $C$ 乘积而得到，丙烯酸储存单元实际 MPPD：$0.84A\times0.828=0.695A$。

h. 最大可能工作日损失 MPDO 和停产损失（BI）。影响停工天数的因素很多，如损坏的设备厂内是否有备件，采购备件的远近、难度等。它和实际 MPDO 有一定关系，但不完全是 MPPD 的函数，在很多情况下，停工造成的损失比实际 MPPD 还要大。经研究分析发现，在一般情况下，MPDO 与实际 MPPD 有着一种比例关系，计算出 MPPD 后，可查图求出 MPDO。但是，如果能精确地确定停产天数，则完全不必按图来查阅确定。

停产损失 BI 按下式进行计算：

$$BI=\frac{MPDO}{30}VPM\times 0.70$$

式中　VPM——平均月产值；

0.70——固定成本和利润占产值的比例。

由于实际 MPPD 目前还无法计算出准确数值，故 MPDO 和 BI 无法算出具体数值。

i. 各单元补偿后火灾爆炸危险指数（F&EI）及其补偿后危险等级计算。丙烯酸储存单元实际 F&EI = 144.384 × 0.828 = 119.55，危险等级为“中等”。

⑤ 火灾、爆炸危险指数评价方法分析计算结果汇总。分析结果汇总见表 4-19。

**表 4-19　分析结果汇总表**

| 项目＼单元 | 丙烯酸储存单元 |
| --- | --- |
| 火灾爆炸危险指数(F&EI) | 144.384 |
| 危险等级 | 很大 |
| 暴露半径/m | 36.97 |
| 暴露区域面积/$m^2$ | 4293.88 |
| 暴露区域内财产价值 | $A$ |
| 危害系数 | 0.84 |
| 基本 MPPD | 0.84A |
| 安全措施补偿系数 C | 0.828 |
| 实际 MPPD | 0.695A |
| 补偿后火灾爆炸危险指数(F&EI) | 119.55 |
| 补偿后危险等级 | 中等 |

⑥ 小结。由评价结果可知：经计算丙烯酸储存单元的火灾爆炸指数为 144.384，危险等级为“很大”，经补偿后火灾爆炸指数降至 119.55，危险等级为“中等”。所以采取必要安全技术措施及各类管理措施后，丙烯酸储存单元的危险性已显著降低，达到可以接受的。

## 4.5 蒙德评价法

### 4.5.1 概述

陶氏化学火灾爆炸危险指数评价法是以物质系数为基础，并对特殊物质、一般工艺及特殊工艺的危险性进行修正，求出火灾爆炸危险指数，再根据指数大小分成5个等级，按等级要求采取相应的措施的一种评价法。1974年英国帝国化学公司（ICI）蒙德分部在对装置危险性的研究中，肯定了陶氏化学公司的火灾爆炸危险指数评价法，同时在其定量评价基础上对陶氏化学第三版做了重要的改进和扩充，增加了毒性的概念和计算，并发展了一些补偿系数，提出了“蒙德火灾、爆炸、毒性指标评价法”。

ICI蒙德分部在对现有装置及计划建设装置的危险性研究中，认为陶氏化学公司的评价方法在工程设计的初期阶段作为总体研究的一部分，对装置潜在危险性的评价是相当有意义的，同时，通过试验验证了用该方法评价新设计项目的潜在危险性时，有必要在以下几方面做重要的改进和补充。

（1）改进的内容

① 增加了毒性的概念和计算，将陶氏化学公司的“火灾爆炸指数”扩展到包括物质毒性在内的“火灾、爆炸、毒性指标”的初期评价，使表示装置潜在危险性的初期评价更切合实际。

② 发展某些补偿系数（补偿系数小于1），进行装置现实危险性水平再评价，即采取安全对策措施加以补偿后进行最终评价，从而使评价较为恰当，也使预测定量化更具有实用意义。

（2）扩充的内容

① 可对较广范围的工程及设备进行研究。

② 包括了对具有爆炸性的化学物质的使用管理。

③ 通过对事故案例的研究，分析对危险度有相当影响的几种特殊工艺类型的危险性。

④ 采用了毒性的观点。

⑤ 为设计良好的装置管理系统、安全仪表控制系统发展了某些补偿系数，对各种处于安全水平之下的装置，可进行单元设备现实的危险度评价。

## 4.5.2　分析步骤

改进和扩充后的蒙德法（Mond）评价的基本程序，如图 4-12 所示，其评价步骤如下。

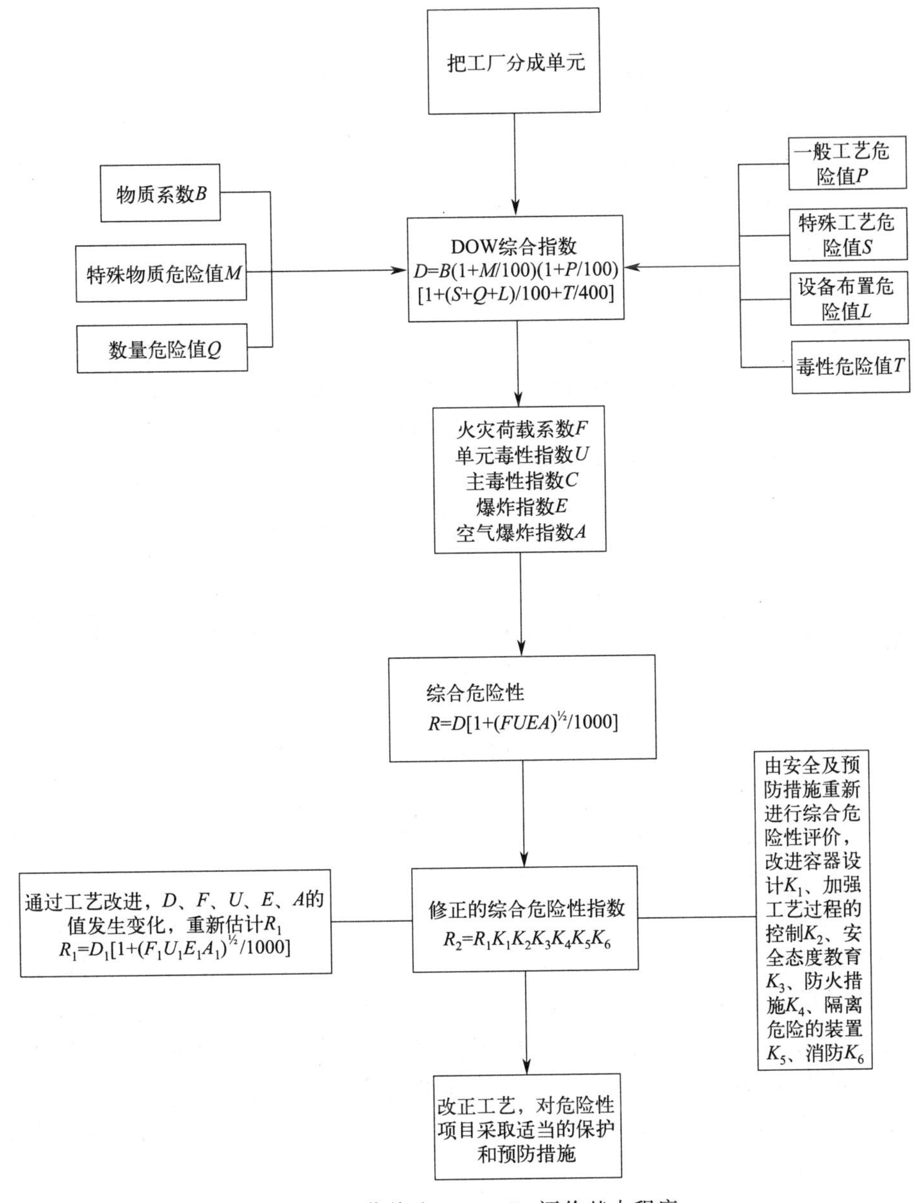


图 4-12　蒙德法（Mond）评价基本程序

(1) 确定需要评价的单元

根据工厂的实际情况，选择危险性比较大的工艺生产线、车间或工段确定为需要评价的单元或子系统。对于不和装置在一起的其余部分，如有一定间距、防火墙、防堤壁等隔开的装置的一部分设施，也可称为单元。选择装置的部分作为单元时，要注意近邻其他单元存在的特征，存在哪些不同的特别工艺和物质危险性的区域。

装置中有代表性的单元类型有：原料储存区、供应区、反应区、产品蒸馏区、吸收或洗涤区、半成品储存区、产品储存区、运输装卸区、催化剂处理区、副产品处理区、废液处理区、通入装置区的主要配管桥区。除此之外，还有干燥、过滤、固体处理、气体压缩等，在必要时也可划分为单元。

(2) 计算 DOW 综合指数 ($D$)

ICI Mond 法认为陶氏（DOW）综合指数 $D$ 受七方面因素的影响，即物质系数（$B$）、特殊物质危险值（$M$）、一般工艺危险值（$P$）、特殊工艺危险值（$S$）、数量危险值（$Q$）、设备布置危险值（$L$）、毒性危险值（$T$）。根据这七个影响因素可以得到 $D$ 的计算公式为：

$$D=B\left(1+\frac{M}{100}\right)\left(1+\frac{P}{100}\right)\left(1+\frac{S+Q+L}{100}+\frac{T}{400}\right) \tag{4-2}$$

式中 $D$——DOW 综合指数；

$B$——物质系数，也写作 MF，一般是由物质的燃烧热值计算得来的；

$M$——特殊物质危险值，即 SMH；

$P$——一般工艺危险值，即 GPH；

$S$——特殊工艺危险值，即 SPH；

$Q$——数量危险值；

$L$——设备布置危险值；

$T$——毒性危险值。

物质系数的确定方法和陶氏化学公司的方法类似，但也有不同。二者对单元内的重要物质的危险性潜能的评价基础，都是根据单位质量的物质的燃烧或分解能，即由燃烧/分解/反应/爆炸压来决定系数。但 ICI Mond 法将物质系数分为了两部分，即物质系数 $B$ 和特殊物质危险值 $M$。后者主要考虑到评价出的危险性系数是所研究的特定单元内重要物质的作用环境的一个函数，不能用孤立的重要物质的性质来定义，表 4-20 是对一些物质系数 $B$ 和特殊物质危险值 $M$ 做的规定。

**表 4-20　物质系数 $B$ 和特殊物质危险值 $M$**

| 序号 | 物质系数 $B$ | 建议危险值 |
|---|---|---|
| 1 | 燃烧热 $\Delta H_c$（kJ/kg）<br>物质系数 $B$（$B=\Delta H_c \times 1.8/1000$） | |
| 序号 | 特殊物质危险值 $M$ | 建议危险值 |
| 1 | 氧化性物质 | 0～20 |
| 2 | 与水反应生成可燃性气体 | 0～30 |
| 3 | 混合及扩散特性 | −60～60 |
| 4 | 自然发热性 | 30～250 |
| 5 | 自然聚合性 | 25～75 |
| 6 | 着火敏感度 | −75～150 |
| 7 | 爆炸的分解性 | 125 |
| 8 | 气体的爆炸性 | 150 |
| 9 | 凝缩层爆炸性 | 200～1500 |
| 10 | 其他性质 | 0～150 |

一般工艺危险值 $P$ 的确定与单元内进行的工艺及其操作有关，表 4-21 为常见工艺下的危险值情况。

**表 4-21　一般工艺危险值 $P$**

| 序号 | 项目 | 建议危险值 |
|---|---|---|
| 1 | 使用与仅物理变化 | 10～50 |
| 2 | 单一连续反应 | 0～50 |
| 3 | 单一间断反应 | 10～60 |
| 4 | 同一装置内的重复反应 | 0～75 |
| 5 | 物质输送 | 0～75 |
| 6 | 可输送的容器 | 10～100 |

特殊工艺危险值 $S$ 是在基本工艺和操作条件的基础上提出的，它是通过使整体危险性增加的操作条件、储存、运输等特性而决定出来的系数，见表 4-22。

**表 4-22　特殊工艺危险值 $S$**

| 序号 | 特殊工艺危险性 $S$ | | 建议危险值 |
|---|---|---|---|
| 1 | 低压[小于 103kPa(绝对压力)] | | 0～100 |
| 2 | 高压 | | 0～150 |
| 3 | 低温 | a.（碳钢：−10～10℃） | 15 |
| | | b.（碳钢：−10℃以下） | 30～100 |
| 4 | 高温 | a. 引火性 | 0～40 |
| | | b. 构造物质 | 0～25 |
| 5 | 腐蚀与侵蚀 | | 0～150 |

续表

| 序号 | 特殊工艺危险性 $S$ | 建议危险值 |
|---|---|---|
| 6 | 接头和垫圈泄漏 | 0～60 |
| 7 | 振动及循环负荷等 | 0～50 |
| 8 | 难控制的工程或反应 | 20～300 |
| 9 | 在燃烧范围或其附近条件下操作 | 0～150 |
| 10 | 平均爆炸危险以上 | 40～100 |
| 11 | 粉尘或烟雾的危险性 | 30～70 |
| 12 | 强氧化剂 | 0～300 |
| 13 | 工艺着火敏感度 | 0～75 |
| 14 | 静电危险性 | 0～200 |

数量危险值 $Q$ 就是指随着数量的增加，其危险性随之增大的系数值，一般具有可燃性、着火性和分解性的物质都具有该特性。当数量在 $0.1\sim10^3$t 时，其系数为 1～150；数量在 $(2\times10^3)\sim10^5$t 时，其系数为 180～1000。

设备布置危险值 $L$ 与设备（设施）的位置及构造相关。如设备具有可燃性，那么其位置越高，危险性越大。其具体内容及系数范围见表 4-23。

**表 4-23　设备布置危险值 *L***

| 序号 | 项目 | 建议危险值 |
|---|---|---|
| 1 | 构造设计 | 0～200 |
| 2 | 多米诺效应 | 0～250 |
| 3 | 地下设施 | 0～150 |
| 4 | 地面排水沟 | 0～100 |
| 5 | 其他 | 0～250 |

毒性危险值 $T$ 是相对于陶氏化学公司方法所特有的指标。其依据是时间负荷条件和毒性允许浓度（阈值：TLV），其具体内容与系数范围见表 4-24。

**表 4-24　毒性危险值 *T***

| 序号 | 项目 | 建议危险值 |
|---|---|---|
| 1 | TLV | 0～300 |
| 2 | 物质类型 | 25～200 |
| 3 | 短期暴露危险性 | −100～150 |
| 4 | 皮肤吸收 | 0～300 |
| 5 | 物理性因素 | 0～50 |

计算 DOW 综合指数（$D$）后按表 4-25 判断危险程度。

表 4-25　$D$ 值与危险程度判断表

| $D$ 值范围 | 危险程度 | $D$ 值范围 | 危险程度 |
|---|---|---|---|
| 0～20 | 缓和 | 90～115 | 极端 |
| 20～40 | 轻微 | 115～150 | 非常严重 |
| 40～60 | 中等 | 150～200 | 可能是灾难性的 |
| 60～75 | 中等偏大 | 200 以上 | 高度灾难性的 |
| 75～90 | 大 | | |

(3) 计算综合危险性指数 ($R$)

ICI Mond 法认为综合危险性指数 $R$ 是以 DOW 综合指数 $D$ 为主，并考虑火灾荷载、单元毒性指数、爆炸指数和空气爆炸指数的影响得出的，其计算公式如下：

$$R=D\left(1+\frac{\sqrt{FUEA}}{10^3}\right) \tag{4-3}$$

式中　$R$——综合危险性指数；

$D$——DOW 综合指数；

$F$——火灾荷载系数；

$U$——单元毒性指数；

$E$——爆炸指数；

$A$——空气爆炸指数（易爆物从设备内泄漏到本车间内与空气混合引起爆炸）。

根据火灾荷载系数 $F$ 判断火灾危险性类别，$F$ 是单位面积内的燃烧热值。根据其值的大小可以预测发生火灾时火灾的持续时间。发生火灾时，单元内全部可燃物料燃烧是罕见的，实际上，大约只有 10%的物料燃烧。火灾荷载系数表达式如下：

$$F=\frac{BK}{N}\times 20500 \tag{4-4}$$

式中　$F$——火灾荷载系数；

$B$——物质系数；

$K$——单元中可燃物料总量；

$N$——单元作业区域。

根据计算结果，可将火灾荷载系数 $F$ 分为 8 个等级，见表 4-26。

**表 4-26　火灾荷载系数与火灾类别判别**

| 火灾荷载系数 $F/(0.1\times10^2 kJ/m^2)$ | 范　畴 | 预计火灾持续时间/h |
| --- | --- | --- |
| $0\sim5\times10^4$ | 轻 | 1/4～1/2 |
| $(5\times10^4)\sim(1\times10^5)$ | 低 | 1/2～1 |
| $(1\times10^5)\sim(2\times10^5)$ | 中等 | 1～2 |
| $(2\times10^5)\sim(4\times10^5)$ | 高 | 2～4 |
| $(4\times10^5)\sim(1\times10^6)$ | 非常高 | 4～10 |
| $(1\times10^6)\sim(2\times10^6)$ | 强的 | 10～20 |
| $(2\times10^6)\sim(5\times10^6)$ | 极端的 | 20～50 |
| $(5\times10^6)\sim(1\times10^7)$ | 非常极端的 | 50～100 |

爆炸危险性由爆炸指数 $E$ 和空气爆炸指数 $A$ 来判断。

爆炸指数 $E$ 表示装置内部爆炸的危险性，主要受 3 个因素的影响，即特殊物质危险值 $M$、一般工艺危险值 $P$ 和特殊工艺危险值 $S$，由此得到爆炸指数 $E$ 的计算公式为：

$$E=1+\frac{M+P+S}{100} \tag{4-5}$$

式中　$E$——爆炸指数；

$M$——特殊物质危险值，即 SMH；

$P$——一般工艺危险值，即 GPH；

$S$——特殊工艺危险值，即 SPH。

空气爆炸指数 $A$ 是指易爆物从设备内泄漏到本车间内与空气混合引起爆炸的危险值，其计算式为：

$$A=B\left(1+\frac{m}{100}\right)QHE\ \frac{t}{100}\left(1+\frac{P}{1000}\right) \tag{4-6}$$

式中　$A$——空气爆炸指数；

$B$——物质系数；

$m$——物质的混合与扩散特性系数；

$Q$——数量危险值；

$H$——单元高度；

$E$——爆炸指数；

$t$——工程温度（热力学温度），K；

$P$——一般工艺危险值，即 GPH。

根据计算结果，可将爆炸危险性分为 5 个等级，见表 4-27。

**表 4-27　爆炸指数与危险性分类**

| 设备内爆炸指数 $E$ | 空气爆炸指数 $A$ | 范畴 |
|---|---|---|
| 0～1 | 0～10 | 轻微 |
| 1～2.5 | 10～30 | 低 |
| 2.5～4 | 30～100 | 中等 |
| 4～6 | 100～500 | 高 |
| 6～ | 500～ | 非常高 |

毒性指数分为单元毒性指数 $U$ 和主毒性指数 $C$。$U$ 表示对毒性的影响和有关设备控制监督需要考虑的问题，其计算公式如下：

$$U=\frac{TE}{100} \tag{4-7}$$

式中，$U$——单元毒性指数；

$T$——毒性危险值；

$E$——爆炸指数。

$C$ 由单元毒性指数 $U$ 乘数量危险值 $Q$ 得到。$Q$ 是毒物的量，$U$ 是单元中毒物得出的指数。其表达式如下：

$$C=QU \tag{4-8}$$

式中　$C$——主毒性指数；

$Q$——数量危险值；

$U$——单元毒性指数。

毒性指数与危险性分类见表 4-28。

**表 4-28　毒性指数与危险性分类**

| 主毒性指数 $C$ | 单元毒性指数 $U$ | 范畴 |
|---|---|---|
| 0～20 | 0～1 | 轻 |
| 20～50 | 1～3 | 低 |
| 50～200 | 3～6 | 中等 |
| 200～500 | 6～10 | 高 |
| 500～ | 10～ | 非常高 |

综合危险性指数 $R$ 和危险性分类见表 4-29。在 $R$ 值的计算中，所有影响因素的最小值按 1 计算。

**表 4-29　综合危险性指数与危险性分类**

| 综合危险性指数 $R$ | 总危险性范畴 | 综合危险性指数 $R$ | 总危险性范畴 |
|---|---|---|---|
| 0～20 | 缓和 | 1100～2500 | 高(2 类) |
| 20～100 | 低 | 2500～12500 | 非常高 |
| 100～500 | 中等 | 12500～65000 | 极端 |
| 500～1100 | 高(1 类) | 65000～ | 非常极端 |

以上为初期评价结果所得 $R$ 值，在有危险但所有补偿措施都不起作用时，也就是 $R$ 在极端或更坏情况下，需要改变 $D$、$F$、$U$ 和 $A$ 的值，对 $R$ 值做进一步修正（重新计算），得 $R_1$：

$$R_1=D_1\left(1+\frac{\sqrt{F_1U_1E_1A_1}}{10^3}\right) \tag{4-9}$$

式中　$R_1$——通过工艺改进，$D$、$F$、$U$、$E$、$A$ 之值发生变化后重新计算的综合危险性指数；

$D_1$——修正后的 DOW 综合指数；

$F_1$——修正后的火灾荷载系数；

$U_1$——修正后的单元毒性指数；

$E_1$——修正后的爆炸指数；

$A_1$——修正后的空气爆炸指数。

（4）采取安全措施后对综合危险性重新进行评价

在设计中采取的安全措施分为降低事故率和降低严重度两种。后者是指一旦发生事故，可以减轻造成的后果和损失，因此对应于各项安全措施分别给出了抵消系数，使综合危险性指数下降。

采取的措施主要有改进容器设计、加强工艺过程的控制、安全态度教育、防火措施、隔离危险的装置、消防等。每项都包括数项安全措施，根据其降低危险所起的作用给予小于 1 的补偿系数。各类安全措施补偿系数等于该类各项取值之积。安全措施补偿系数见表 4-30。

**表 4-30　安全措施补偿系数**

<table>
<tr><td colspan="2">① 容器危险性</td><td>补偿系数</td><td></td><td>补偿系数</td></tr>
<tr><td colspan="2">a. 压力容器</td><td></td><td>b. 安全训练</td><td></td></tr>
<tr><td colspan="2">b. 非压力立式贮罐</td><td></td><td>c. 维修及安全程序</td><td></td></tr>
<tr><td rowspan="2">c. 输送配管：</td><td rowspan="2">a)设计应变<br>b)接头与垫圈</td><td></td><td colspan="2">上述安全态度积的合计即为安全态度抵消系数 $K_3$＝</td></tr>
<tr><td></td><td>④ 防火</td><td></td></tr>
</table>

续表

| ① 容器危险性 | 补偿系数 |  | 补偿系数 |
| --- | --- | --- | --- |
| d. 附加的容器及防护堤 |  | a. 检测结构的防火 |  |
| e. 泄漏检测与响应 |  | b. 防火墙、障壁等 |  |
| f. 排放物质的废弃 |  | c. 装置火灾的预防 |  |
| 上述容器系数积的合计即为容器抵消系数 $K_1=$ |  | 上述防火系数积的合计即为防火措施抵消系数 $K_4=$ |  |
| ② 工艺管理 |  | ⑤ 物质隔离 |  |
| a. 警报系统 |  | a. 阀门系统 |  |
| b. 紧急用力供给 |  | b. 通风 |  |
| c. 工程冷却系统 |  | 上述物质隔离系数积的合计即为隔离危险性抵消系数 $K_5=$ |  |
| d. 惰性气体系统 |  | ⑥ 灭火活动 |  |
| e. 危险性研究活动 |  | a. 火灾警报 |  |
| f. 安全停止系统 |  | b. 手动灭火器 |  |
| g. 计算机管理 |  | c. 防火用水 |  |
| h. 爆炸及不正常反应的预防 |  | d. 洒水器及水枪系统 |  |
| i. 操作指南 |  | e. 泡沫及惰性化设备 |  |
| j. 装置监督 |  | f. 消防队 |  |
| 上述工艺管理积的合计即为工艺控制抵消系数 $K_2=$ |  | g. 灭火启动的地域合作 |  |
| ③ 安全态度 |  | h. 排烟换气装置 |  |
| a. 管理者参加 |  | 上述灭火活动系数积的合计即为消防协作活动抵消系数 $K_6=$ |  |

计算抵消后的综合危险性系数 $R_2$ 公式为：

$$R_2=R_1K_1K_2K_3K_4K_5K_6 \tag{4-10}$$

式中　$R_2$——抵消后的综合危险性系数；

$R_1$——通过工艺改进，$D$、$F$、$U$、$E$、$A$ 之值发生变化后重新计算的综合危险性指数；

$K_1$——容器抵消系数；

$K_2$——工艺控制抵消系数；

$K_3$——安全态度抵消系数；

$K_4$——防火措施抵消系数；

$K_5$——隔离危险性抵消系数；

$K_6$——消防协作活动抵消系数。

其中，容器抵消系数包括设备设计、解决泄漏、检测系统、废料处理等因素造成的影响；工艺过程控制措施包括采用报警系统、备用施工电源、紧急冷却系统、情报系统、水蒸气灭火系统、抑爆装置、计算机控制等；安全态度包括企业领导人的态度、维修和安全规程、事故报告制度等；防火措施包括建筑防火、设备防火等；隔离措施包括隔离阀、安全水池、单向阀等；消防活动包括与友邻单位协作，以及消防器材、灭火系统、排烟装置等。

以上每项具体的抵消系数在ICI Mond工厂的火灾爆炸毒性指数技术手册中都被逐一列出。通过反复评价，确定经补偿后的危险性降到了可接受的水平，则可以建设或运转装置，否则必须更改设计或增加安全措施，然后重新进行评价，直至达到安全的水平。

### 4.5.3 典型实例

**【例4-3】** 应用蒙德法对某煤气发生系统进行安全评价。

(1) 单元主要已知参数

评价单元：造气车间的煤气发生系统（包括煤气炉、集气罐等）；

单元内主要物质：一氧化碳（CO）；

煤气炉发生量：492kg；

煤气炉内压力、温度：700～800Pa，800℃；

评价单元高度：15m；

单元作业区域：1200m$^2$。

(2) 评价计算结果

根据表4-3～表4-23和式(4-1)～式(4-7)，可得煤气发生系统评价计算结果，见表4-31。

**表4-31　煤气发生系统蒙德法评价结果一览表**

单元：煤气发生系统　　　　装置：煤气发生炉、集气罐

主要物质：CO　　　　反应：$C+H_2O \longrightarrow CO+H_2$

| 项目内容 | 指标内容 | 使用系数 | 危险性合计 |
|---|---|---|---|
| 物质系数 $B$ | | 2.12 | $B=2.12$ |
| 特殊物质危险值 $M$ | ①混合及扩散特性 | −5 | $M=220$ |
| | ②着火敏感性 | 75 | |
| | ③气体的爆炸性 | 150 | |
| 一般工艺危险值 $P$ | ①单一连续反应 | 50 | $P=100$ |
| | ②物质输送 | 50 | |
| 特殊工艺危险值 $S$ | ①高温 | 75 | $S=210$ |
| | ②高温、引火性 | 35 | |
| | ③接头与垫圈泄漏 | 20 | |
| | ④烟雾危险性 | 60 | |
| | ⑤工艺着火敏感度 | 20 | |

续表

| 项目内容 | 指标内容 | 使用系数 | 危险性合计 |
|---|---|---|---|
| 数量危险值 $Q$ | | | $Q=3.0$ |
| 设备布置危险值 $L$ | ①高度 $H=15\text{m}$ | | $L=85$ |
| | ②通常作业区 $N=1200\text{m}^2$ | | |
| | ③构造设计 | 10 | |
| | ④多米诺效应 | 25 | |
| | ⑤其他 | 50 | |
| 毒性危险值 $T$ | ①TLV | 100 | $T=225$ |
| | ②物质类型 | 75 | |
| | ③短期暴露危险 | 50 | |
| 评价结果： | DOW 综合指数 $D$ | 61.63 | 稍重 |
| | 火灾荷载系数 $F$ | 17.8 | 轻 |
| | 单元毒性指数 $U$ | 14.18 | 非常高 |
| | 主毒性指数 $C$ | 42.54 | 低 |
| | 爆炸指数 $E$ | 6.30 | 非常高 |
| | 空气爆炸指数 $A$ | 206.25 | 高 |
| | 综合危险性指数 $R$ | 96.72 | 低 |

## 4.6 危险度评价法

危险度评价法是指对建设工程或装置各单元和设备的危险度进行分级的安全评价方法，该方法主要是通过评价、分析装置或单元的“介质”“容量”“温度”“压力”“操作”5 个参数而对装置或单元进行危险度分级的，进而根据装置或单元危险程度而采取相应的安全对策措施。危险度评价分级法借鉴了日本劳动省“六个段法”的定量评价表，结合我国《石油化工企业设计防火标准（2018 年版）》（GB 50160—2008）、《压力容器中化学介质毒性危害和爆炸危险程度分类标准》（HG/T 20660—2017）等有关标准，根据作业对象的特点，编制“危险度评价值”表。

### 4.6.1 评价模型

根据“物质”的危险、有害程度，“容量”中气体和液体的体积大小，“温度”中燃点的高低，“压力”值大小，“操作”的反应变化强弱以及反应上下限的范围等将评价指标分为 A（10 分）、B（5 分）、C（2 分）、D（0 分）四个评分标准，详见表 4-32。

**表 4-32　危险度评价取值**

| 项目＼内容＼分值 | A(10分) | B(5分) | C(2分) | D(0分) |
|---|---|---|---|---|
| 物质（单元中危险有害程度最大的物质） | 1. 甲类可燃气体①<br>2. 甲A类物质及液态烃类<br>3. 甲类固体<br>4. 极度危害介质② | 1. 易燃、可燃气体<br>2. 甲B、乙A类可燃液体<br>3. 乙类固体<br>4. 高度危害介质 | 1. 乙B、丙A、丙B类可燃液体<br>2. 丙类固体<br>3. 中、轻度危害介质 | 不属于A、B、C项的物质 |
| 容量③ | 气体：$1000m^3$ 以上<br>液体：$100m^3$ 以上 | 气体：$500\sim1000m^3$<br>液体：$50\sim100m^3$ | 气体：$100\sim500m^3$<br>液体：$10\sim50m^3$ | 气体：$<100m^3$<br>液体：$<10m^3$ |
| 温度 | 1000℃以上使用，其操作温度在燃点以上 | 1. 1000℃以上使用，但操作温度在燃点以下<br>2. 250～1000℃使用，其操作温度在燃点以上 | 1. 在250～1000℃使用，但操作温度在燃点以下<br>2. 在低于250℃使用，其操作温度在燃点以上 | 在低于250℃使用，操作温度在燃点以下 |
| 压力 | 100MPa | 20～100MPa | 1～20MPa | 1MPa以上 |
| 操作 | 1. 临界放热和特别剧烈的放热反应操作<br>2. 在爆炸极限范围内或其附近的操作 | 1. 中等放热反应（如烷基化、酯化、加成、氧化、聚合、缩合等反应）操作<br>2. 系统进入空气或不纯物质，可能发生危险的操作<br>3. 使用粉状或雾状物质，有可能发生粉尘爆炸的操作<br>4. 单批式操作 | 1. 轻微放热反应（如加氢、水合、异构化、烷基化、磺化、中和等反应）操作<br>2. 在精制的过程中有化学反应<br>3. 单批式操作，但开始使用机械等手段进行程序操作<br>4. 有一定危险的操作 | 无危险的操作 |

① 见《石油化工企业设计防火标准（2018年版）》中可燃物质火灾危险性分类。

② 见《压力容器中化学介质毒性危害和爆炸危险程度分类标准》。

③ 有催化剂的反应，应去掉催化剂层所占空间；气液混合的反应，应按其反应形态选择上述规定。

由累计分值确定单元危险度。评价计算方法：

$$累计分值=物质+容量+温度+压力+操作 \tag{4-11}$$

式中，物质为物质本身固有的点火性、可燃性、爆炸性的程度；容量为反应装置的空间体积；温度为运行温度和点火温度的关系；压力为运行压力（超高压、高压、中压、低压）；操作为运行条件引起爆炸或异常反应的可能性。

由表4-33可知：分值16分及以上属于高度危险（Ⅰ级）；分值11～15分

属于中度危险（Ⅱ级），分值1～10分属于低度危险（Ⅲ级）。

**表4-33　危险度分级**

| 总分值 | ≥16分 | 11～15分 | ≤10分 |
| --- | --- | --- | --- |
| 等级 | Ⅰ | Ⅱ | Ⅲ |
| 危险程度 | 高度危险 | 中度危险 | 低度危险 |

## 4.6.2　危险度的安全对策

按评价等级采取的措施见表4-34。

**表4-34　对设备采用的措施（由重要度分类所采取的安全对策）**

| 序号 | 设备 | Ⅰ级 | Ⅱ级 | Ⅲ级 |
| --- | --- | --- | --- | --- |
| 1 | 灭火设备和洒水设备 | 室外灭火用供水设施须能持续120min。洒水和喷水设备能力也须维持上述要求。喷水量应能满足有关规定要求。停电时也能使用 | 室外灭火用供水设施须能持续120min。适当设置喷水设备，其喷水量应能满足有关规定要求。停电时也能使用 | 室外灭火用供水设施须能持续120min。适当设置喷水设备，其喷水量应能满足有关规定要求。但5点以下的不适用 |
| 2 | 建筑物的耐火构造 | 使用或制造可燃物时，设备的支撑部位的受热应能支持2h。储有可燃物$7\times10^3$L以上的建筑应耐热2h以上。但装有喷水设备，支柱为耐火结构者除外 | 使用或制造可燃物时，设备的支撑部位的受热应能支持1h。储有可燃物$7\times10^3$L以上的建筑物应耐热30min以上。但装有喷水设备，支柱为耐火结构者除外 | |
| 3 | 特别的仪表和设备 | 发生火灾时应采取防止可燃物逸出或逸出最少的方法，应采取防止反应器、塔槽等设备因异常反应而发生危险或使危险减到最小的方法。这些仪表设备应采取双份或加强方式，仪表用空气、电源能维持30min，紧急停车回路为独立电源 | 发生火灾时应采取防止可燃物逸出或逸出最少的方法，应采取防止反应器、塔槽类设备因异常反应而发生危险或发生危险最少的方法 | |
| 4 | 备用电源 | 以下设备应有备用电源：消防设备、冷却水泵、备用照明、紧急停车装置、气体泄漏报警器、排毒设备、通信设备 | 消防设备、备用照明、紧急停车装置、气体泄漏报警器、通信设备应有备用电源 | |

续表

| 序号 | 设备 | Ⅰ级 | Ⅱ级 | Ⅲ级 |
| --- | --- | --- | --- | --- |
| 5 | 三废设备、泄放设备、急冷设备 | 设置排放槽、火炬烟囱、排泄烟道、急冷设备等，放空阀采用远距离操作方式 | 在使用可燃物的室内，要设置火灾时能从建筑物排除可燃物或者保持安全状态的特殊设备 | |
| 6 | 防止容器爆炸的设备 | 装设特别仪表控制设备(调节阀设置自动防止故障或安全断路送入惰性气体阀等)或向容器内部 | 装设特别仪表控制设备或用惰性气体送入容器 | 设置消除火焰装置及防止静电措施 |
| 7 | 远距离操作 | 装置远距离操作和监视装置 | 必要时装设远距离操作及监视装置 | |
| 8 | 报警装置 | 设置报警器和扩音器等，特别必要时可采用自动和联动方式 | 设置紧急状态报警装置 | |
| 9 | 气体检测装置 | 可燃性物质有泄漏可能时，设置可燃性气体检测器，必要时使其与紧急停车、消防装置联动 | 可燃物质有泄漏可能时，设置可燃性气体检测器，设置紧急状态报警装置 | |
| 10 | 冲击波防护措施 | 为防止冲击波破坏，消防用水主管和操作阀应隔离，埋设或设防爆墙，离波源应有30m远 | 消防主管和操作阀应隔离，埋设或设防爆墙，离波源应有15m远 | |
| 11 | 排气设施 | 设置烟、热、可燃性气体、粉尘等有害物质的排气设施 | 设置烟、热、可燃性气体、粉尘等有害物质的排气设施 | 设置烟、热、可燃性气体、粉尘等有害物质的排气设施 |

## 4.6.3 实例计算

**【例 4-4】**储罐装置有5个类型，分别为液氨储罐、二硫化碳储罐、储气罐、吸附罐、缓冲罐。液氨储罐容量为5m$^3$，常温，压力为1.5MPa，系统进入空气或不纯物质，可能发生危险的操作；二硫化碳储罐容量为20m$^3$，常温，压力为0.5MPa，系统进入空气或不纯物质，可能发生危险的操作；储气罐存放空气、氧气、氮气，容量小于100m$^3$，温度为−19℃，压力0.9MPa，有一定危险的操作；吸附罐存放空气、氧气、氮气，容量小于100m$^3$，温度50℃，压力0.9MPa，有一定危险的操作；缓冲罐存放有空气、氧气、氮气，容量小于100m$^3$，温度为50℃，压力为0.9MPa，有一定危险的操作。

① 液氨储罐：液氨属于乙A类物质。

物质(5)＋容量(0)＋温度(0)＋压力(2)＋操作(5)＝12 分

其总分为 12 分，危险程度为Ⅱ级，属于中度危险。

② 二硫化碳储罐：液氨属于极度危害物质。

物质(10)＋容量(2)＋温度(0)＋压力(0)＋操作(5)＝17 分

其总分为 17 分，危险程度为Ⅰ级，属于高度危险。

③ 储气罐：液氨不属于表 4.33 的 A、B、C 项的物质。

物质(0)＋容量(0)＋温度(0)＋压力(0)＋操作(2)＝2 分

其总分为 2 分，危险程度为Ⅲ级，属于低度危险。

④ 吸附罐：液氨不属于 A、B、C 项的物质。

物质(0)＋容量(0)＋温度(0)＋压力(0)＋操作(2)＝2 分

其总分为 2 分，危险程度为Ⅲ级，属于低度危险。

⑤ 缓冲罐：液氨不属于 A、B、C 项的物质。

物质(0)＋容量(0)＋温度(0)＋压力(0)＋操作(2)＝2 分

其总分为 2 分，危险程度为Ⅲ级，属于低度危险。

结论：通过对主要装置、设施危险度评价可知，该项目二硫化碳储罐危险程度最高，为高度危险；液氨储罐为中度风险，其他储气罐、吸附罐、缓冲罐为低度危险。综合分析该项目具有较多的低度危险设备，可确定该项目固有危险程度为高度危险。

## 思考题

① 如何计算火灾爆炸危险指数？试述火灾爆炸危险评价过程。

② 简述陶氏化学火灾爆炸危险指数法的评价过程中工艺单元选择的主要依据参数及评价要点。

③ 简要论述蒙德评价法的评价程序。

④ 与陶氏火灾爆炸危险指数法相比，蒙德法有哪些改进和优点？其使用范围是什么？

⑤ 危险度评价法的使用范围有哪些？属于定量分析还是定性分析？

# 第 5 章

# 系统安全预测

系统安全预测的本质，就是在分析、研究系统已有资料或系统安全分析与评价的基础上，利用各种知识和科学方法，掌握其内在的规律性，对系统未知范围的安全状况进行预测，预测系统中存在哪些危险及其危险程度及范围，可以掌握一个企业或部门伤亡事故或风险的态势，帮助人们认识事故的客观规律，制定政策、编制发展规划和技术方案，系统安全预测是系统安全分析与评价的有效补充，是系统安全决策的基础。本章分为系统安全预测概述、回归分析预测、灰色系统预测和马尔可夫链预测内容。

## 5.1 概述

### 5.1.1 系统安全预测组成

系统安全预测由四部分组成，即预测信息、预测分析、预测技术和预测结果。

① 预测信息，即在调查研究的基础上所掌握的反映过去、揭示未来的有关情报、数据和资料。

② 预测分析，将各方面的信息资料经过比较核对、筛选和综合，进行科学的分析和计算。

③ 预测技术，预测分析所用的科学方法和手段。

④ 预测结果，在预测分析的基础上所获得的事物发展的趋势、程度、特点以及各种可能性结论。

### 5.1.2 系统安全预测种类

(1) 按预测对象范围分类

① 宏观预测，预测整个行业或部门未来一个时期的安全状况，如预测明年某矿百万吨死亡率的变化。

② 微观预测，具体研究一个企业的某种危险能否导致事故、事故发生概率及其危险程度，如对某厂（矿）的生产系统或对其子系统的安全状况的预测。

(2) 按预测时间长短分类

① 长（远）期预测。对 5 年以上的安全状况的预测，为安全管理方面的重大决策提供科学依据。

② 中期预测，对 1 年以上 5 年以下的安全生产发展前景进行的预测，是制订 5 年计划和任务的依据。

③ 短期预测，对 1 年以内的安全状况的预测，是制订年度计划、季度计划以及制定短期发展任务的依据。

④ 临近预测，对未来 72 小时内的安全状况的预测，常用于紧急情况预测，具有时效性强、准确性高的特点。

(3) 按所应用的原理分类

① 白色理论预测，用于预测的问题与所受影响因素已十分清楚的情况。

② 灰色理论预测，也称为灰色系统预测，灰色系统既包含有已知信息又含有未知信息的系统。安全生产活动本身就是个灰色系统。

③ 黑色理论预测，也称为黑箱系统或者黑色系统预测。这种系统中所含的信息多为非确定的。

### 5.1.3 系统安全预测程序

① 确定事故预测目标。确定事故预测目标是做好预测的前提，是制订预测分析计划、确定信息资料来源、选择预测方法及组织预测人员的依据。

② 收集、整理和分析资料。事故预测目标确定后，应着手搜集有关事故资料，这是开展事故预测的前提条件。在收集事故资料的过程中要尽量保证资料的完整全面，在占有大量资料的基础上，对资料进行加工、整理、归集、鉴别、去伪存真，找出各因素之间的相互依存、相互制约的关系，从中发现事物发展的规律，作为事故预测的依据。

③ 选择预测方法。不同的事故预测方法能达到不同的目的。对于那些资料齐全、可以建立数学模型的预测对象，应在定量预测方法中选择合适的方

法；对于那些缺乏定量资料的预测对象，应当结合以往的经验选择最佳的定性预测方法。

④ 开展预测。根据预测模型及掌握的未来信息，进行定性、定量的事故预测分析和判断，揭示事物的变化趋势，提出符合实际的事故预测结果，为企业的决策者提供安全决策。

⑤ 分析评价预测结果。将预测数与实际数进行比较，检查事故预测的结果是否准确，并找出误差原因，以便及时对原选择的预测方法加以修正。这是一个反复进行信息数据处理和选择判断的过程，需要多次反馈，其目的是保证预测的准确性。

⑥ 写出预测报告。事故预测报告应该概括预测研究的主要活动过程，包括预测目标、预测对象及有关因素的分析结论、主要资料和数据，预测方法的选择和模型的建立，以及对预测结论的评估、分析和修正等。系统安全预测步骤如图 5-1 所示。

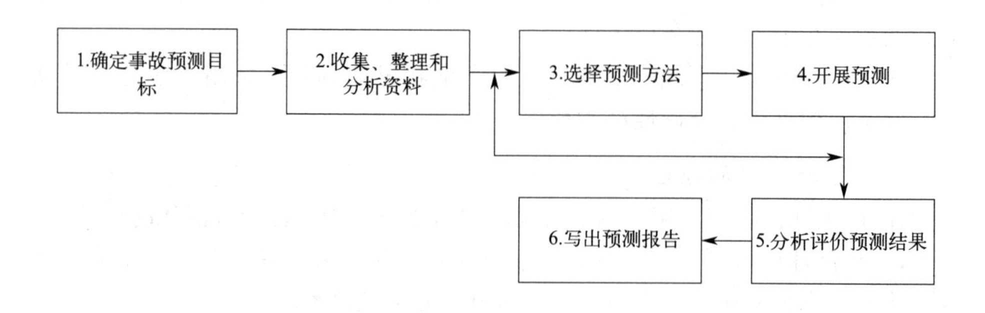


图 5-1　系统安全预测的步骤

### 5.1.4　系统安全预测方法

系统安全预测方法有上百种，常见的也有二十多种，包括经验推断预测法、时间序列预测法和模型预测法。

经验推测法就是利用直观材料，依靠人的经验知识和综合分析能力，对客观事物的未来做出估计和设想，常见的经验推断法主要有：头脑风暴法、德尔菲法、主观概率法、试验预测法、相关树法、形态分析法、未来脚本法等。

时间序列预测法是指利用观察或记录到的一组按时间顺序排列起来的数字序列，分析变化方向和程度，从而对下一时期或以后若干时期可能达到的水平进行推测。时间序列预测法包括滑动平均法、指数滑动平均法、周期变动分析法、线性趋势分析法、非线性趋势分析法等。

模型预测法就是利用由描述预测对象与其主要影响因素构成的一个有关的方程式或方程组，经过对方程的计算，根据主要影响因素的变化趋势对预测对象的未来状况进行推测，常见的回归分析法、灰色预测法、马尔柯夫链预测法、事故后果预测方法都是模型预测法。

由于篇幅限制，本章将介绍经验推测法和模型预测法。

## 5.2 经验推测法

(1) 头脑风暴法

头脑风暴法（brain storming）主要由价值工程工作小组人员在正常融洽和不受任何限制的气氛中以会议形式进行讨论、座谈，打破常规，积极思考，畅所欲言，充分发表看法。头脑风暴法又称智力激励法、思维共振法，是现代创造学奠基人、美国的奥斯本提出的。它通过有关专家之间的信息交流，引起思维共振，产生组合效应，从而导致创造性思维或方案的产生。

(2) 德尔菲法

在 20 世纪 50 年代，美国兰德公司与道格拉斯公司合作研究出有效、可靠地收集专家意见的方法，以 Delphi 命名，即德尔菲法，也称专家调查法，其本质上是一种反馈匿名函询法，其大致流程是在对所要预测的问题征得专家的意见之后，进行整理、归纳、统计，再匿名反馈给各专家，再次征求意见，再集中，再反馈，直至得到一致的意见。

德尔菲法在对专家意见进行调查时，采用“背靠背”即匿名的方式，以促使各专家充分发表意见，避免专家之间的相互影响和权威人物个人意见左右其他人的意见等情况。通常要通过几轮函询来征求专家的意见，组织者对每一轮的意见进行汇总整理后作为参考再发给各位专家，供他们分析判断，以提出新的论证。几轮反复后，专家意见趋于一致，最后供决策者进行决策。

运用德尔菲法进行预测时具有明显的优点：

① 各专家能够在不受心理干扰的情况下，独立、充分地表明自己的意见；

② 预测值是根据各位专家的意见综合而成的，能够发挥集体智慧；

③ 应用面比较广，费用比较节省。

这种方法可能存在的问题是：仅仅根据各专家的主观判断，缺乏客观标准，而且往往显得强求一致。

# 5.3 计量模型预测法

## 5.3.1 回归分析预测

所谓回归预测，就是依据相关关系的具体形态，选择一个合适的数学模型，来近似地表达变量间的平均变化关系。

回归预测，是指在相关分析的基础上，把变量之间的具体变动关系模型化，求出关系方程式，找出一个能够反映变量间变化关系的函数关系式，并据此进行估计和推算。通过回归预测，可以将相关变量之间不确定、不规则的数量关系一般化、规范化，从而可以根据自变量的某一个给定值推断出因变量的可能值（或估计值）。本节主要介绍一元线性回归预测。

一元线性回归预测是根据自变量（$x$）与因变量（$y$）的相互关系，用自变量的变动来推测因变量变动的方向和程度，其基本方程式为：

$$y=a+bx \tag{5-1}$$

式中，$a$、$b$ 均为回归系数。

进行一元线性回归，首先应收集事故数据，并在以时间为横坐标的坐标系中画出各个相对应的点，根据图中各点的变化情况，就可以大致看出事故变化的某种趋势，然后进行计算，求出回归直线。

回归系数 $a$、$b$ 是根据统计的事故数据通过以下方程组来决定的。

$$\begin{cases} \sum_{i=1}^{n} y_i = na + b\sum_{i=1}^{n} x_i \\ \sum_{i=1}^{n} x_i y_i = a\sum_{i=1}^{n} x_i + b\sum_{i=1}^{n} x_i^2 \end{cases} \tag{5-2}$$

式中 $x$——自变量，为时间序号；

$y$——因变量，为事故数据；

$n$——事故数据总数。

解上述方程组得：

$$\begin{cases} a = \dfrac{\sum_{i=1}^{n} x_i \sum_{i=1}^{n} x_i y_i - \sum_{i=1}^{n} x_i^2 \sum_{i=1}^{n} y_i}{(\sum_{i=1}^{n} x_i)^2 - n\sum_{i=1}^{n} x_i^2} \end{cases}$$

$$
\left\{ b = \frac{\sum_{i=1}^{n} x_i \sum_{i=1}^{n} y_i - n\sum_{i=1}^{n} x_i y_i}{\left(\sum_{i=1}^{n} x_i\right)^2 - n\sum_{i=1}^{n} x_i^2} \right. \tag{5-3}
$$

式中，$a$ 和 $b$ 确定之后就可以在坐标系中画出。

为了了解回归直线对实际数据变化趋势的符合程度的大小，还应求出相关系数 $r$。其计算公式如下：

$$
r = \frac{L_{xy}}{\sqrt{L_{xx} L_{yy}}} \tag{5-4}
$$

式中：

$$
\begin{aligned}
L_{xx} &= \sum_{i=1}^{n} (x_i - \overline{x})^2 = \sum_{i=1}^{n} x_i^2 - \frac{1}{n}\left(\sum_{i=1}^{n} x_i\right)^2 \\
L_{yy} &= \sum_{i=1}^{n} (y_i - \overline{y})^2 = \sum_{i=1}^{n} y_i^2 - \frac{1}{n}\left(\sum_{i=1}^{n} y_i\right)^2 \\
L_{xy} &= \sum_{i=1}^{n} (x_i - \overline{x})(y_i - \overline{y}) = \sum_{i=1}^{n} x_i y_i - \frac{1}{n}\left(\sum_{i=1}^{n} x_i\right)\left(\sum_{i=1}^{n} y_i\right)
\end{aligned} \tag{5-5}
$$

相关系数 $r$ 取不同数值，分别表示实际数据和回归直线之间的不同符合情况：①$r=0$ 时，表示回归直线不符合实际数据的变化情况。②$0<|r|<1$ 时，表示回归直线在一定程度上符合实际数据的变化趋势；$|r|$ 越大，说明回归直线与实际数据变化趋势的符合程度越大；$|r|$ 越小，则符合程度越小。③$|r|=1$ 时，表示回归直线完全符合实际数据的变化情况。

在回归预测中，除了一元线性回归预测外，还有一元非线性回归预测、多元线性回归预测、多元非线性回归预测等。

**【例 5-1】** 表 5-1 是某企业 1～8 月排查出的安全隐患数量的统计数据，试用一元线性回归方法建立其预测方程。

**表 5-1　安全隐患数量的统计数据表**

| $x$ | $y$ | $x^2$ | $xy$ | $y^2$ |
|---|---|---|---|---|
| 1 | 21 | 1 | 21 | 441 |
| 2 | 19 | 4 | 38 | 361 |
| 3 | 23 | 9 | 69 | 529 |
| 4 | 7 | 16 | 28 | 49 |
| 5 | 11 | 25 | 55 | 121 |

续表

| $x$ | $y$ | $x^2$ | $xy$ | $y^2$ |
|---|---|---|---|---|
| 6 | 16 | 36 | 96 | 256 |
| 7 | 13 | 49 | 91 | 169 |
| 8 | 6 | 64 | 48 | 36 |
| $\sum_{i=1}^{n} x_i$ | $\sum_{i=1}^{n} y_i=116$ | $\sum_{i=1}^{n} x_i^2=204$ | $\sum_{i=1}^{n} x_i y_i=446$ | $\sum_{i=1}^{n} y_i^2=1962$ |

注：$x$ 为月份；$y$ 为排查出的隐患个数。

**解**：将表中数据代入式(5-3)中，便可求出 $a$ 和 $b$ 的值。

$$\begin{cases} a=\dfrac{\sum_{i=1}^{n} x_i \sum_{i=1}^{n} x_i y_i-\sum_{i=1}^{n} x_i{}^2 \sum_{i=1}^{n} y_i}{(\sum_{i=1}^{n} x_i)^2-n\sum_{i=1}^{n} x_i^2}=22.64 \\ b=\dfrac{\sum_{i=1}^{n} x_i \sum_{i=1}^{n} y_i-n\sum_{i=1}^{n} x_i y_i}{(\sum_{i=1}^{n} x_i)^2-n\sum_{i=1}^{n} x_i^2}=-1.81 \end{cases}$$

故回归直线的方程为：

$$y=22.64-1.81x$$

将表中的有关数据代入式(5-4)、式(5-5)可得：

$$r=\frac{L_{xy}}{\sqrt{L_{xx}L_{yy}}}=\frac{-76}{\sqrt{42\times 280}}=-0.7$$

$$L_{xx}=\sum_{i=1}^{n}(x_i-\overline{x})^2=\sum_{i=1}^{n} x_i^2-\frac{1}{n}(\sum_{i=1}^{n} x_i)^2=42$$

$$L_{yy}=\sum_{i=1}^{n}(y_i-\overline{y})^2=\sum_{i=1}^{n} y_i^2-\frac{1}{n}(\sum_{i=1}^{n} y_i)^2=388.75$$

$$L_{xy}=\sum_{i=1}^{n}(x_i-\overline{x})(y_i-\overline{y})=\sum_{i=1}^{n} x_i y_i-\frac{1}{n}(\sum_{i=1}^{n} x_i)(\sum_{i=1}^{n} y_i)=-68.75$$

故：

$$r=\frac{L_{xy}}{\sqrt{L_{xx}L_{yy}}}=\frac{-68.75}{\sqrt{42\times 388}}=-0.53$$

## 5.3.2　灰色系统预测

灰色系统理论是我国著名学者邓聚龙于 1982 年创立的。对于掌握信息的完备程度，人们常用颜色做出简单、形象的描述。例如，把内部信息已知的系统称为白色系统；把信息未知的或非确知的系统，称为黑色系统；而把信息不完全确知的系统，也就是系统中既含有已知的信息、又含有未知的或非确知的信息，称为灰色系统。灰色系统理论的任务就是挖掘、发现有用的信息，充分利用和发挥现有信息的作用，以分析和完善系统的结构，预测系统的未来，改进系统的功能。

灰色系统将一切随机变量看作是在一定范围内的灰色量，将随机过程看作是在一定范围内变化的与时间有关的灰色过程。对灰色量不是从统计规律的角度通过大样本量进行研究，而是用数据处理的方法（数据生成），将杂乱无章的原始数据整理成规律较强的生成数列，再做研究。

将灰色系统理论用于生产安全事故预测，一般选用 GM(1，1) 模型，是一阶的一个变量的微分方程模型。

(1) 灰色预测建模方法

设原始离散数列 $x^{(0)}=\{x^{(0)}(1),x^{(0)}(2),\cdots,x^{(0)}(n)\}$，其中 $n$ 为数列的长度。对其进行一次累加生成处理：

$$x^{(1)}(i)=\sum_{k=1}^{i}x^{(0)}(k)\qquad(i=1,2,\cdots,n)\tag{5-6}$$

以生成新的数列 $x^{(1)}=\{x^{(1)}(1),x^{(1)}(2),\cdots,x^{(1)}(n)\}$ 为基础建立灰色的生成模型：

$$\frac{\mathrm{d}x^{(1)}}{\mathrm{d}t}+ax^{(1)}=u\tag{5-7}$$

式(5-7) 称为一阶灰色微分方程，记为 GM(1，1)。式中，$\alpha$ 为发展灰数；$\mu$ 为内生控制灰数。构造数据矩阵 $\boldsymbol{B}$，$\boldsymbol{Y}_n$：

$$\boldsymbol{B}=\begin{bmatrix}-(x^{(1)}(1)+x^{(1)}(2))/2 & 1\\ -(x^{(1)}(2)+x^{(1)}(3))/2 & 1\\ \vdots & \vdots\\ -(x^{(1)}(n-1)+x^{(1)}(n))/2 & 1\end{bmatrix}\tag{5-8}$$

$$\boldsymbol{Y}_n=(x^{(0)}(2),x^{(0)}(3),\cdots,x^{(0)}(n))^{\mathrm{T}}\tag{5-9}$$

设 $\boldsymbol{\alpha}$ 为待估参数向量，$\boldsymbol{\alpha}=\begin{pmatrix}a\\u\end{pmatrix}$可利用最小二乘法求解，解得：

$$\boldsymbol{\alpha}=(\boldsymbol{B}^{\mathrm{T}}\boldsymbol{B})^{-1}\boldsymbol{B}^{\mathrm{T}}\boldsymbol{Y}_n \tag{5-10}$$

求解微分方程式(5-7)，即可得预测模型：

$$\overline{x}^{(1)}(k+1)=\left[x^{(0)}(1)-\frac{u}{a}\right]\mathrm{e}^{-ak}+\frac{u}{a}\quad(k=0,1,2,\cdots,n) \tag{5-11}$$

求导还原得到：

$$\overline{x}^{(1)}(k+1)=-a\left(x^{(0)}(1)-\frac{u}{a}\right)\mathrm{e}^{-at} \tag{5-12}$$

式中，$x^{(1)}(1)=x^{(0)}(1)$。

利用式(5-12) 即可进行预测。为了保证预测的准确率，通常需对模型精度进行检验。

(2) 模型精度检验

模型精度通常用“后验差检验法”进行检验：

① 相对误差。

$$q(i)=\varepsilon^{(0)}(i)/x^{(0)}(i) \tag{5-13}$$

式中，$\varepsilon^{(0)}(i)$为原始数列值与预测值的差值，即残差。

$$\varepsilon^{(0)}(i)=x^{(0)}(i)-\overline{x}^{(0)}(i) \tag{5-14}$$

② 后验差比值 $C$。后验差比值 $C$ 是残差均方差 $S_e$ 与数据均方差 $S_x$ 之比：

$$C=\frac{s_e}{s_x} \tag{5-15}$$

显然，残差的方差 $s_e^2$ 越小，预测精度越高，但其数值大小与原始数据的大小有关。因此，取它们的比值作为统一的衡量标准。

残差均值：

$$\overline{\varepsilon}=\frac{1}{n}\sum_{i=1}^{n}\varepsilon_i^{(0)} \tag{5-16}$$

残差方差：

$$s_e^2=\frac{1}{n}\sum_{i=1}^{n}\left[\varepsilon^{(0)}(i)-\overline{\varepsilon}\right]^2 \tag{5-17}$$

原始数据均值：

$$\overline{x}=\frac{1}{n}\sum_{i=1}^{n}x_i^{(0)} \tag{5-18}$$

原始数据方差：

$$s_x^2=\frac{1}{n}\sum_{i=1}^{n}\left[x^{(0)}(i)-\overline{x}^{(0)}\right]^2 \tag{5-19}$$

式中，$\overline{\varepsilon}$ 为残差均值； $\overline{x}^{(0)}$ 为原始数据的平均值；其他符号意义同上。

③ 小误差概率 $P$。

$$P=P\{\varepsilon \mid \varepsilon^{(0)}(i)-\bar{\varepsilon} \mid <0.6745 s_x\} \tag{5-20}$$

计算残差：

$$\bar{x}^{(0)}(k)=\bar{x}^{(1)}(k)-\bar{x}^{(1)}(k-1) \tag{5-21}$$

精确预测一般要求 $C$ 越小越好，一般应使 $C<0.35$，最大不超过 0.65；小误差频率 $P$ 越大越好，一般要求 $P>0.95$，不得小于 0.7。预测精度通常分为 4 个级别，各级预测精度的标准见表 5-2。

**表 5-2　预测精度等级划分表**

| 预测精度 | $P$ | $C$ | 预测精度 | $P$ | $C$ |
| --- | --- | --- | --- | --- | --- |
| 好 | >0.95 | <0.35 | 勉强 | >0.70 | <0.50 |
| 合格 | >0.80 | <0.45 | 不合格 | ≤0.70 | ≥0.65 |

一般灰色预测模型均需经过检验合格后才能使用。若按建立的 GM(1,1) 模型经检验后精度不合格，可以考虑用残差建立 GM(1,1)模型，对原模型进行修正，其具体方法可参考有关书籍。另外，距离现在时间越近的数据，对预测未来的意义和重要性越大，而越远的数据意义和重要性越小，因此可采用新陈代谢模型进行预测。其方法是：每次求出一个预测值，加入到原始数据中，并把最老的一期数据去掉，以构成新的原始数据序列，再建模、预测，直到求出所需要的预测值。

**【例 5-2】** 某公司为提升生产车间工人的操作规范性，决定每月进行一次规范性培训，并进行相应的考核，已知 1～9 月员工操作规范性考核不及格率（见表 5-3），试用 GM（1，1）模型对该公司 10 月及 11 月的员工操作规范性考核不合格率进行灰色预测，并对拟合精度进行后验差检验。

**表 5-3　某公司 1～9 月员工操作规范性考核不及格率**

| 时间 | 1 月 | 2 月 | 3 月 | 4 月 | 5 月 | 6 月 | 7 月 | 8 月 | 9 月 |
| --- | --- | --- | --- | --- | --- | --- | --- | --- | --- |
| 不及格率 | 56.165 | 55.65 | 49.524 | 34.585 | 14.405 | 9.525 | 8.970 | 6.475 | 4.110 |

**解：** 由表 5-3 可以得到

$$x^{(0)}=\{56.165,55.65,49.524,34.585,14.405,\cdots,4.110\}$$

$$x^{(1)}=\{56.165,111.815,161.34,195.925,210.33,\cdots,239.41\}$$

可建立数据矩阵 $\boldsymbol{B}$，$\boldsymbol{Y}_n$：

$$\boldsymbol{B}=\begin{bmatrix} -83.99 & 1 \\ -136.577 & 1 \\ \vdots & \vdots \\ -237.355 & 1 \end{bmatrix}$$

$$\boldsymbol{Y}_n=(55.650,49.525,34.585,14.405,9.525\cdots 4.110)^T$$

可得：

$$\hat{a}=\begin{bmatrix}a\\u\end{bmatrix}=\begin{bmatrix}0.372 & 85\\93.333 & 6\end{bmatrix}$$

则：　　$a=0.37285, u=93.3336$

将 $a$ 和 $u$ 代入式（5-11）可得：

$$\hat{x}_{k+1}^{0}=\hat{x}_{k+1}^{1}-\hat{x}_{k}^{1}=250.331-194.16^{-0.37285k}$$

计算结果见表 5-4。

**表 5-4　计算结果**

| 时间 | 序号 | $x^{(0)}$ | $x^{(1)}$ | 灰色预测 | | |
|---|---|---|---|---|---|---|
| | | | | $\hat{x}^{(1)}$ | $\hat{x}^{(0)}$ | $\hat{\varepsilon}^{(0)}$ |
| 1 月 | 1 | 56.165 | 56.165 | 56.165 | 56.165 | 0 |
| 2 月 | 2 | 55.650 | 111.815 | 116.594 | 60.429 | −4.779 |
| 3 月 | 3 | 49.525 | 161.340 | 158.215 | 41.621 | 7.904 |
| 4 月 | 4 | 34.585 | 195.925 | 186.883 | 28.668 | 5.917 |
| 5 月 | 5 | 14.405 | 210.330 | 206.628 | 19.745 | −5.340 |
| 6 月 | 6 | 9.525 | 219.855 | 220.228 | 13.600 | −4.075 |
| 7 月 | 7 | 8.970 | 228.825 | 229.595 | 9.367 | −0.397 |
| 8 月 | 8 | 6.475 | 235.300 | 260.047 | 6.452 | 0.023 |
| 9 月 | 9 | 4.110 | 239.410 | 240.491 | 4.444 | −0.334 |
| 10 月 | 10 | | | 243.551 | 3.060 | |
| 11 月 | 11 | | | 245.660 | 2.109 | |

进行后验差检验：

$$\varepsilon_{i}^{(0)}=x_{i}^{0}-\hat{x}_{i}^{0}\qquad i=1,2,\cdots,n$$

$$S_1=4.1589,$$

$$S_2=21.00$$

则：

$$C=\frac{S_1}{S_2}=0.198<0.35$$

$$P=P\{\varepsilon\,|\,\varepsilon^{(0)}(i)-\bar{\varepsilon}\,|<0.6745S_2\}=1>0.95$$

对照表 5-2 可知：灰色系统预测拟合精度为好，预测结果正确可靠。

### 5.3.3　马尔可夫链预测

马尔可夫链预测是以俄国数学家安德烈・马尔可夫（A. A. Markov）的随机过程理论提出来的，是一种关于事件发生的概率预测方法，是根据事件的目前状况来预测其将来各个时刻（或时期）变动状况的一种预测方法，是系统安全预测研究中重要的预测方法之一。

① 状态：某一事件在某个时刻（或时期）出现的某种结果。一般而言，随着所研究的事件及其预测的目标不同，状态可以有不同的划分方式。譬如，在商品销售预测中，有“畅销”“一般”“滞销”等状态；在农业收成预测中，有“丰收”“平收”“歉收”等状态。

② 状态转移过程：在事件的发展过程中，从一种状态转变为另一种状态，称为状态转移。事件的发展随着时间的变化而变化所做的状态转移，或者说状态转移与时间的关系，称为状态转移过程，简称过程。

③ 马尔可夫过程：若每次状态的转移都仅与前一时刻的状态有关，而与过去的状态无关，或者说状态转移过程是无后效性的，则这样的状态转移过程就称为马尔可夫过程。在区域开发活动中，许多事件发展过程中的状态转移都是具有无后效性的，对于这些事件的发展过程，都可以用马尔可夫过程来描述。

④ 状态转移概率：在事件的发展变化过程中，从某一种状态出发，下一时刻转移到其他状态的可能性，称为状态转移概率。根据条件概率的定义，由状态 $E_i$ 转为状态 $E_j$ 的状态转移概率 $P(E_i \rightarrow E_j)$ 就是条件概率 $P(E_j/E_i)$，即

$$P(E_i \rightarrow E_j)=P(E_j/E_i)=P_{ij} \tag{5-22}$$

⑤ 状态转移概率矩阵：假定某一种被预测的事件有 $E_1, E_2, \cdots, E_n$ 共 $n$ 个可能的状态，称 $P_{ij}$ 为从状态 $E_i$ 转为状态 $E_j$ 的状态转移概率，其矩阵为

$$P=\begin{bmatrix} P_{11} & P_{12} & \cdots & P_{1n} \\ P_{21} & P_{22} & \cdots & P_{2n} \\ \vdots & \vdots & & \vdots \\ P_{n1} & P_{n2} & \cdots & P_{nn} \end{bmatrix} \tag{5-23}$$

$\boldsymbol{P}$ 为状态转移概率矩阵。

如果被预测的某一事件目前处于状态 $E_i$，那么在下一个时刻，它可能由状态 $E_i$ 转向 $E_1, E_2, \cdots, E_i, \cdots, E_n$ 中的任一个状态。所以，$P_{ij}$ 满足条件：

$$\begin{cases} 0 \leqslant P_{ij} \leqslant 1 & (i,j=0,1,2,\cdots,n) \\ \sum_{j=1}^{n} P_{ij}=1 & (i=1,2,\cdots,n) \end{cases} \tag{5-24}$$

一般地，将满足式(5-24) 的任何矩阵都称为随机矩阵或概率矩阵。如果 $\boldsymbol{P}$ 为概率矩阵，则对任何数 $m>0$，矩阵 $P_m$ 都是概率矩阵。

如果 $\boldsymbol{P}$ 为概率矩阵，而且存在整数 $m>0$，使得概率矩阵 $P_m$ 中诸元素皆非零，则称 $\boldsymbol{P}$ 为标准概率矩阵。可以证明，如果 $\boldsymbol{P}$ 为标准概率矩阵，则存在非零向量 $\boldsymbol{\alpha}=[x_1,x_2,\cdots,x_n]$，而且 $x_i$ 满足 $0 \leqslant x_i \leqslant 1$ 及 $\sum_{i=1}^{n} x_i=1$，使得：

$$\boldsymbol{\alpha P}=\boldsymbol{\alpha} \tag{5-25}$$

这样，向量 $\boldsymbol{\alpha}$ 称为平衡向量，或终极向量。

⑥ $k$ 步转移概率：事物经过 $k$ 步由状态 $i$ 转移到状态 $j$ 的概率称为 $k$ 步转移概率，记为 $P_{ij}^{(k)}$，其概率矩阵记为

$$\boldsymbol{P}^{(k)}=\begin{bmatrix} P_{11}^{(k)} & P_{12}^{(k)} & \cdots & P_{1n}^{(k)} \\ P_{21}^{(k)} & P_{22}^{(k)} & \cdots & P_{2n}^{(k)} \\ \vdots & \vdots & & \vdots \\ P_{n1}^{(k)} & P_{n2}^{(k)} & \cdots & P_{nn}^{(k)} \end{bmatrix} \tag{5-26}$$

上式称为 $k$ 步转移概率矩阵。可以证明：

$$\boldsymbol{P}^{(k)}=\boldsymbol{P}^{k} \tag{5-27}$$

**【例 5-3】** 某单位对 1250 名接触硅尘人员进行健康检查时，发现职工的健康状况分布见表 5-5。

**表 5-5 接尘职工健康状况**

| 健康状况 | 健康 | 疑似尘肺病 | 尘肺病 |
|---|---|---|---|
| 状态 | $E_1$ | $E_2$ | $E_3$ |
| 人数/人 | 1000 | 200 | 50 |

根据统计资料，前年到去年接尘人员的健康变化规律为：原健康人员继续保持健康者占 70%。有 20% 变为疑似尘肺病，10% 的人被确定为尘肺病，即

$$P_{11}=0.7, P_{12}=0.2, P_{13}=0.1$$

原有疑似尘肺病一般不可能恢复为健康者，仍保持原状者为 80 %，有 20%被正式确定为尘肺病，即

$$P_{21}=0, P_{22}=0.8, P_{23}=0.2$$

尘肺病患者一般不可能恢复为健康或返回为疑似尘肺患者，即

$$P_{31}=0, P_{32}=0, P_{33}=1$$

状态转移矩阵为：

$$\boldsymbol{P}=\begin{bmatrix} P_{11} & P_{12} & P_{13} \\ P_{21} & P_{22} & P_{23} \\ P_{31} & P_{32} & P_{33} \end{bmatrix}$$

预测一年后接尘人员的健康状况：

$$\boldsymbol{E}=\boldsymbol{EP}=[E_1, E_2, E_3]\begin{bmatrix} P_{11} & P_{12} & P_{13} \\ P_{21} & P_{22} & P_{23} \\ P_{31} & P_{32} & P_{33} \end{bmatrix}$$

$$=[(1000\ 200\ 50)]\begin{bmatrix} 0.7 & 0.2 & 0.1 \\ 0 & 0.8 & 0.2 \\ 0 & 0 & 1 \end{bmatrix}=[700\ 360\ 190]$$

即一年后，仍然健康者为 700 人，疑似尘肺病 360 人，被认定为尘肺病 190 人。预测表明，该单位尘肺病发展速度很快，必须加强防尘工作和医疗卫生工作。

## 5.4 事故后果模型预测法*

事故后果模型分析即泄漏、火灾、爆炸、中毒评价模型。火灾、爆炸、中毒是常见的重大事故，经常造成严重的人员伤亡和巨大的财产损失，影响社会安定。

### 5.4.1 泄漏模型

泄漏物质按相态来分有气相、液相、固相、气液两相、固液两相等。泄漏的形式还与裂口面积的大小和泄漏持续时间长短有关。通常将泄漏分为两种情况：一是小孔泄漏，此种情况通常为物料经较小的孔洞长时间持续泄漏，如反应器、储罐、管道上小孔，或是阀门、法兰、机泵、转动设备等密封失效；二是大面积泄漏，是指经较大孔洞在很短时间内泄漏出大量物料，如大管径管线断裂、爆破片爆裂、反应器因超压爆炸等瞬间泄漏出大量物料。按照泄漏物质的相态和泄漏面积不同分为气体或蒸气经小孔泄漏模型、液体经管道泄漏模

型、液体经管道上小孔泄漏模型、储罐中的液体经小孔泄漏模型、两相流泄漏模型。以下通过三个例题介绍气体或蒸气经小孔泄漏模型、液体经管道泄漏模型、储罐中的液体经小孔泄漏模型。

**【例 5-4】** 气体或蒸气经小孔泄漏模型

加压的可燃气体泄漏时形成射流，如果在泄漏裂口处被点燃，将形成喷射火灾，使得周围的人员和财产受到损失。某项目设计有容积为 $2m^3$、工作压力为 25MPa 的天然气储气瓶组，假定天然气储气瓶组或管道小孔泄漏，裂口为直径 10mm 的圆口，大气压力 101.3kPa，天然气的绝热指数为 1.314，$C_d$ 取 1.00；天然气的分子量为 16；温度 $T$ 为 293K，天然气密度 $\rho$ 为 $193.5kg/m^3$。求空气泄漏的最大质量流量。

**解：** 当式(5-28) 成立时，属于声速流动；当式(5-29) 成立时，属于亚声速流动。

$$\frac{p_0}{p} \leqslant \left(\frac{2}{r+1}\right)^{\frac{r}{r-1}} \tag{5-28}$$

$$\frac{p_0}{p} > \left(\frac{2}{r+1}\right)^{\frac{r}{r-1}} \tag{5-29}$$

式中 $p_0$——环境压力，Pa；

$p$——管道中的绝对压力，Pa；

$r$——泄漏气体的绝热指数，为等压热容与等容热容的比值，$r=C_p/C_v$。

通常，空气、氢气、氧气和氮气的 $r$ 为 1.4；水蒸气和油燃气的 $r$ 为 1.33；甲烷、过热蒸汽的 $r$ 为 1.3。此外还可以通过气体的原子数近似取绝热指数，单原子分子 $r$ 为 1.67，双原子分子 $r$ 为 1.4，三原子分子 $r$ 为 1.32。

先判断气体的流动性质

$$\frac{p_0}{p}=\frac{0.1013\times10^6}{25\times10^6}=0.004\leqslant\left(\frac{2}{r+1}\right)^{\frac{r}{r-1}}=\left(\frac{2}{1.4+1}\right)^{\frac{1.4}{1.4-1}}=0.528$$

属于声速流动。

对于声速流动，气体泄漏量可以如下式表示：

$$Q_0=C_d A p\sqrt{\frac{Mr}{RT}\left(\frac{2}{r+1}\right)^{\frac{r+1}{r-1}}} \tag{5-30}$$

式中 $Q_0$——泄漏速度，kg/s；

$M$——气体分子摩尔质量，kg/mol；

$R$——普适气体常数，8.314J/(mol·K)；

$C_d$——裂口形状系数，圆形取 1.00，三角形取 0.95，长方形取 0.90；

$A$——小孔的面积，$m^2$；

$T$——气体的温度，K。

由于是声速流动，根据式(5-30) 计算得：

$$Q_0=1\times7.85\times10^{-5}\times2.5\times10^7\times\sqrt{\frac{1.4\times29\times10^{-3}}{8.314\times330}\times\left(\frac{2}{1.4+1}\right)^{\frac{1.4+1}{1.4-1}}}=4.36(kg/s)$$

$$A=\pi D^2/4=0.0000785(m^2)$$

$$Q_0=4.36kg/s$$

对于亚声速流动，气体泄漏量可以如下式表示：

$$Q_0=YC_dAp\sqrt{\frac{Mr}{RT}\left(\frac{2}{r+1}\right)^{\frac{r+1}{r-1}}} \tag{5-31}$$

$$Y=\left(\frac{p_0}{p}\right)\left[1-\left(\frac{p_0}{p}\right)^{\frac{r-1}{r}}\right]\left[\left(\frac{2}{r-1}\right)\left(\frac{r+1}{2}\right)^{\frac{r+1}{r-1}}\right]^{\frac{1}{2}} \tag{5-32}$$

**【例 5-5】**液体经管道泄漏模型

有一含苯污水储罐，气相空间表压为 0，在下部有 1 根直径为 100mm 的输送管线通过一个闸阀与储罐相连，管道与储罐液面距离为 5m。在含苯污水输送过程中闸阀全开，在距储罐 20m 处，管线突然断裂。已知水的密度为 1000 kg/$m^3$，黏度 $\mu=0.001$kg/(m·s)，计算泄漏的最大质量流量。

**解：**总的阻力损失根据计算。闸阀全开，局部阻力系数 § 取 0.17。

雷诺数 $Re=\frac{\rho ud}{\mu}=\frac{1000\times u\times0.1}{0.001}=10^5\times u$

假设取 $\lambda=\frac{0.3164}{Re^{0.25}}$，则总的阻力损失为：

$$F=\frac{0.3164}{(10^5u)^{0.25}}\times\frac{20}{0.1}\times\frac{u^2}{2}+0.17\frac{u^2}{2}=1.78u^{1.75}+0.085u^2$$

液面与管线断裂处为计算截面，忽略储罐内苯的流速，由伯努利公式有：

$$g\Delta z+F=0$$

则：

$$9.8\times(-5)+1.78u^{1.75}+0.085u^2=0$$

因此得到 $u\approx6.4$m/s。

验证雷诺数：

$$Re=\frac{\rho ud}{\mu}=\frac{1000\times u\times 0.1}{0.001}=10^{5}\times u=6.4\times 10^{5}$$

符合雷诺数的计算条件，说明流速计算正确，则泄漏的最大质量流量为：

$$Q=\rho uA=1000\times 6.4\pi\times(\frac{0.1}{2})^{2}=50.09(\text{kg/s})$$

**【例 5-6】** 储罐中的液体经小孔泄漏模型

某丙酮液体储罐，直径为 4m。上部装设有呼吸阀与大气连通。在其下部有一泄漏孔，直径为 4cm，初始泄漏时距液面高度为 10m。已知丙酮的密度为 $800\text{kg/m}^3$，泄漏系数 $C_0$ 取 1.0 。求：

(1) 最大泄漏量。

(2) 泄漏质量流量随时间的表达式。

(3) 泄漏量随时间变化的表达式。

**解：** (1) 最大泄漏量即为泄漏点液面以上所有液体量：

$$m=\rho Az_0=800\times\pi\times(\frac{4}{2})^{2}\times 10=100530(\text{kg})$$

(2) 泄漏质量流量随时间变化的表达式：

$$Q=\rho C_0A\sqrt{\frac{2\times(p-p_0)}{\rho}+2gz_0}-\frac{\rho gC_0{}^{2}A^{2}}{A_0}t \tag{5-33}$$

式中 $Q$——液体经小孔泄漏的速率，kg/s；

$\rho$——液体的密度，$\text{kg/m}^3$；

$p$——液体的绝对压力，Pa；

$p_0$——环境大气压，Pa；

$C_0$——泄漏系数，取 0.61～1.0；

$A$——小孔的面积，$\text{m}^2$；

$z_0$——小孔距液面的高度，m；

$A_0$——储罐横截面积，$\text{m}^2$；

$t$——泄漏时间，s。

$$Q=800\times 1\times\pi\times(\frac{4}{2})^{2}\sqrt{2\times 9.8\times 10}-\frac{800\times 9.8\times 1^{2}\times\pi\times(\frac{0.04}{2})^{2}}{\pi\times(\frac{4}{2})^{2}}t$$

$$=14.07-0.000985t$$

(3) 任一时间内总泄漏量为泄漏质量流量对时间的积分：

$$W=\int_0^t Q\mathrm{d}t=14.07t-0.000985t^2$$

## 5.4.2 扩散模型

根据气云密度与空气密度的相对大小，将气云分为重气云、中性气云和轻气云三类。如果气云密度显著大于空气密度，气云将受到方向向下的负浮力(即重力)作用，这样的气云称为重气云。如果气云密度显著小于空气密度，气云将受到方向向上的正浮力作用，这样的气云称为轻气云。如果气云密度与空气密度相当，气云将不受明显的浮力作用，这样的气云称为中性气云。轻气云和中性气云统称为非重气云。

利用大气扩散模式可描述泄漏物质在事故发生地的扩散过程。一般情况下，对于泄漏物质密度与空气接近或经很短时间的空气稀释后密度即与空气接近的情况，可用烟羽扩散模式描述连续泄漏源泄漏物质的扩散过程，如图 5-2 所示，连续泄漏源通常泄漏持续时间较长，如：大型储罐或管道穿孔、柔性连接器处出现小孔或缝隙、连续烟囱排放等。采用烟团扩散模式描述瞬间泄漏源泄漏物质的扩散过程，如图 5-3 所示，瞬间泄漏源的特点是泄漏在瞬间完成，如：液化气体钢瓶破裂、瞬间冲料形成的事故排放、压力容器安全阀异常启动。

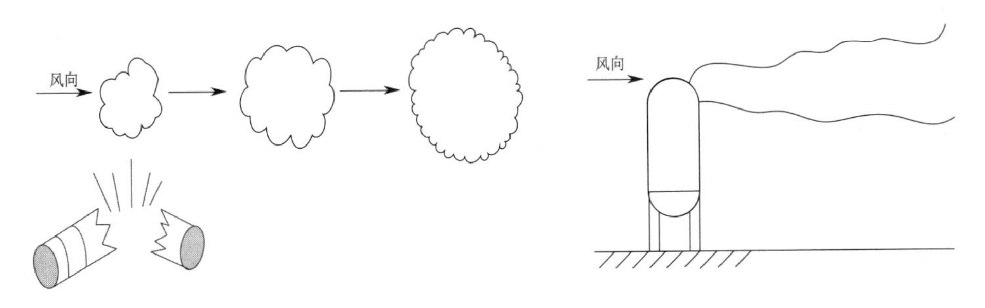


图 5-2　烟羽扩散（连续泄漏）　　图 5-3　烟团扩散模式

**【例 5-7】** 气体泄漏扩散模型

某压缩天然气（CNG，含 $CH_4$ 96.23%）高压输送管的内部绝对压力为 2.6MPa，外界大气的压力为 0.1MPa，管道内径 600mm。若管道发生开裂导致天然气泄漏，泄漏的裂口为狭窄的长方形裂口，裂口尺寸为管径的 60%，宽为 2mm。已知甲烷的爆炸下限浓度为 5%。假设泄漏时当地风速为 5m/s，大气稳定条件是中性，泄漏过程中高压CNG管道内部压力保持不变。试计算：

（1）天然气的泄漏质量流量。

（2）泄漏出的天然气到达爆炸下限的范围。

**解：**①首先根据气体经小孔泄漏的源模式计算出泄漏质量流量：

$$Q=C_{\mathrm{d}}Ap\sqrt{\frac{Mr}{RT}\left(\frac{2}{r+1}\right)^{\frac{r+1}{r-1}}}=2.96(\mathrm{kg/s})$$

② 泄漏危险源为瞬时排放时，如果排放质量为$Q$(kg)，则空间某一点在$t$时刻的浓度由下式得出：

$$C(x,y,z,t)=\frac{2Q}{(2\pi)^{\frac{3}{2}}\sigma_x\sigma_y\sigma_z}\exp\{-\frac{1}{2}[\frac{(x-ut)}{\sigma_x^2}+\frac{y^2}{\sigma_y^2}+\frac{z^2}{\sigma_z^2}]\} \tag{5-34}$$

式中　$x$——下风方向至泄漏源点的距离，m；

$y$，$z$——侧风方向、垂直向上方向的离泄漏源点的距离，m；

$u$——风速，m/s；

$\sigma_x$，$\sigma_y$，$\sigma_z$——$x$，$y$，$z$方向的扩散参数；

$t$——扩散时间，s。

③ 若泄漏源为连续排放，泄漏速率为$Q$(kg/s)时，则空间某一点在$t$时刻的浓度由下式得出：

$$C(x,y,z,t)=\frac{Q}{\pi\sigma_y\sigma_z u}\exp[-\frac{1}{2}(\frac{y^2}{\sigma_y^2}+\frac{z^2}{\sigma_z^2})] \tag{5-35}$$

式中，符号意义同上。

对于扩散参数$\sigma_y$，$\sigma_z$，这里引用TNO有关的公式：

$$\sigma_y=ax^b \qquad \sigma_z=cx^d \tag{5-36}$$

根据上述两个大气扩散公式，即可算出有毒气体泄漏后造成的毒害区域。扩散参数$a$、$b$、$c$、$d$与大气稳定条件见表5-6。

**表5-6　扩散参数与大气稳定条件**

| 大气条件 | $a$ | $b$ | $c$ | $d$ |
|---|---|---|---|---|
| 极不稳定A | 0.527 | 0.865 | 0.28 | 0.9 |
| 不稳定B | 0.371 | 0.866 | 0.23 | 0.85 |
| 弱不稳定C | 0.209 | 0.897 | 0.22 | 0.8 |
| 中性D | 0.128 | 0.905 | 0.2 | 0.76 |
| 弱稳定E | 0.098 | 0.902 | 0.15 | 0.73 |
| 稳定F | 0.065 | 0.902 | 0.12 | 0.67 |

天然气从管道中泄漏时，可以当作零高度连续地面点源气体扩散。根据高斯扩散模型设泄漏点为坐标原点，取平均风速的顺风方向为 $x$ 轴正方向，$y$ 轴为侧风方向，垂直向上方向为 $z$ 轴正方向。

以甲烷的爆炸下限浓度 5% 为扩散的边界浓度。令 $y=0$，$z=0$，可以得到 $x$ 方向的最大扩散距离为：

$$x_{\max}=32.65\text{m}$$

**【例 5-8】** 泄漏物质在水中的扩散模型

1997 年一辆装载 200 桶共 10t 氰化钠的大卡车在广西梧州市翻车沉入桂江，有关部门采取紧急措施打捞上来 199 桶，仍有一桶未打捞上来。当时河流处于涸水期，但流速仍有 0.278m/s 。河流的平均宽约为 1000m，平均水深 2m，坡降均值为 0.00043 。已知氰化物在水中的允许浓度为 0.05mg/L，有一桶 50 kg 氰化钠泄漏到河流中。试评估该次事故造成下游多少范围内水质被污染？

**解：**（1）理论介绍

① 如果泄漏源是一维瞬时面源，即毒物在较短的时间内在垂直水流的断面上完成混合，则扩散方程为：

$$c(x,t)=\frac{m_{\text{p}}}{\sqrt{2\pi}\sigma_x}\text{e}^{-\frac{(x-ut)^2}{2\sigma_x^2}} \tag{5-37}$$

式中　$m_{\text{p}}$——断面单位面积上的泄漏源强，kg/m$^2$；

$x$——下游方向距离，m；

$t$——扩散时间，s；

$u$——水流速度，m/s；

$\sigma_x$——扩散长度尺度，m。

$$\sigma_x=\sqrt{2k_x x/u} \tag{5-38}$$

式中　$k$——纵向扩散系数，$k_x=0.11\dfrac{u^2w^2}{u^* h}$；

$w$——河宽度，m；

$h$——水深，m；

$u^*$——剪切流速，$u^*=\sqrt{gi\dfrac{wh}{2h+w}}$，m/s；

$g$——重力加速度，9.81m/s$^2$；

$i$——坡降。

② 如果河流是宽浅型，即毒物在较短时间内在水深方向完成混合，则泄漏源可由二维瞬时线源扩散方程（在河中间排放）表示：

$$c(x,y,t)=\frac{m}{2\pi\sigma_x\sigma_y}e^{-[\frac{(x-ut)^2}{2\sigma_x^2}+\frac{y^2}{2\sigma_y^2}]} \tag{5-39}$$

式中 $m$——泄漏源强，如果从岸边排放，源强加倍，kg/m；

$x$——下游方向距离，m；

$y$——垂直水流方向的扩散距离，m；

$t$——扩散时间，s；

$u$——水流速度，m/s；

$\sigma_x$，$\sigma_y$——扩散长度尺度，m。

其中：

$$\sigma_x=\sqrt{\varepsilon_x/u},\sigma_y=\sqrt{\varepsilon_y/u} \tag{5-40}$$

式中 $\varepsilon_x$，$\varepsilon_y$——紊动扩散系数，$\varepsilon_x=5.93hu^*$，$\varepsilon_y=0.6hu^*$。

符合式(5-41)条件的可判断泄漏源为二维瞬时线源：

$$x<\frac{2uw^2}{3hu} \tag{5-41}$$

式中 $x$——计算出的被有害物质污染的河流下游的距离，m。

（2）计算过程

为了方便计算，假设排放源为瞬时线源，不考虑河岸的边界反射和边壁吸收，且不考虑氰化钠在水中的自身降解。

首先计算剪切流速：

$$u^*=\sqrt{gi\frac{wh}{2h+w}}=\sqrt{9.81\times0.00043\times\frac{1000\times2}{2\times2+1000}}=0.0917(\text{m/s})$$

假设是按线源扩散，根据式(5-39)，最大泄漏量有：

$$c(x,y,t)=\frac{m}{2\pi\sigma_x\sigma_y}=\frac{\frac{2\times50}{2}}{2\pi\sqrt{\frac{2\times5.93\times2\times0.917\times x}{0.278}}\times\sqrt{\frac{2\times0.6\times2\times0.0917\times x}{0.278}}}$$

$$=5\times10^{-5}\ (\text{kg/m}^3)$$

可得：$x=63971$，$m=63.97$km。

根据式(5-41)验证：

$$63971<\frac{2uw^2}{3hu^*}=\frac{2\times0.278\times1000^2}{3\times2\times0.0917}=1010542$$

符合二维瞬时线源的条件。

由以上计算可知，50 kg 的氰化钠泄漏到河流中，在涸水期流速较小的情况，能使下游地区 63.97 km 内的河水污染，人员在该区域饮水将有可能发生中毒事故。

## 5.4.3 火灾模型

易燃、易爆的气体、液体泄漏后遇到引火源就会被点燃而着火燃烧。它们被点燃后的燃烧方式有池火（pool fire）、喷射火（jet fire）、火球（fire ball）和突发火（flash fire）4 种。火灾通过辐射热的方式影响周围环境，当火灾产生的热辐射强度足够大时，可使周围的物体燃烧或变形，强烈的热辐射可能烧毁设备甚至造成人员伤亡等。表 5-7 为不同入射通量造成的伤害后果。

**表 5-7　不同入射通量造成的后果**

| 热辐射强度 /($kW/m^2$) | 对人的伤害 | 对设备的损害 |
| --- | --- | --- |
| 37.5 | 1%死亡/10s,100%死亡/1min | 操作设备全部损坏 |
| 25.0 | 严重(2 度)烧伤/10s,100%死亡/min | 在无火焰、长时间辐射下，木材燃烧的最小能量 |
| 12.5 | 1 度烧伤/10s,1%死亡/1min | 有火焰时，木材燃烧，塑料融化的最低能量 |
| 4.0 | 20s 以上引起疼痛但不会起水疱 | |
| 1.6 | 长时间接触不会有不适感 | |

**【例 5-9】** 池火灾后果估算

可燃液体泄漏后流到地面或流到水面并覆盖水面，形成液池，遇点火源形成的火灾称为池火灾。已知地上油罐区防火堤长 30m，宽 10m，高 1.2m，地上 4 个柴油储罐和 3 个煤油储罐共 91$m^3$ 的储罐，若一个罐体破裂或操作失误外溢，将立即沿着防火堤内地面扩散，将漫至防火堤边，形成液池，遇明火将形成池火。请预测池半径、火焰高度、热辐射通量及后果。

**解：** 按照安全评价事故最大化原则，因柴油的燃烧热值大于煤油，故可将地上 4 个柴油储罐和 3 个煤油储罐共 91$m^3$ 的储罐当作 1 个 91$m^3$ 柴油储罐，以其为评价对象做“池火火灾”计算。

（1）计算池半径

根据泄漏的液体量和地面性质，按经验公式计算最大可能的液池面积，由于本题储罐群，防火堤所围池面积为最大可能的液池面积。计算液池当量圆半径 $r$(m)：

$$r=\sqrt{\frac{S}{\pi}} \tag{5-42}$$

式中 $r$——池当量圆半径，m；

$S$——防火堤所围池面积，$m^2$。

代入数据可得：$r=(30\times10\div3.14)^{0.5}=9.77(m)$

（2）计算火焰高度

假设液池为圆形，池火火焰为圆柱形，火焰直径等于池直径，则火焰高度按下式计算：

$$h=84r\left[\frac{dm/dt}{\rho_0(2gr)^{0.5}}\right]^{0.61} \tag{5-43}$$

式中 $h$——火焰高度，m；

$\rho_0$——周围空气密度，$\rho_0=1.293kg/m^3$（标准状况）；

$g$——重力加速度，$9.8m/s^2$；

$dm/dt$——燃烧速度，查表柴油的 $dm/dt=0.04933kg/(m^2\cdot s)$。

代入数据可得：$h==84\times9.77\times[0.04933\div(1.293\times(2\times9.8\times9.77)^{0.5})]^{0.61}=22.54(m)$

（3）计算热辐射通量

液池燃烧时放出的总辐射热通量为：

$$Q=(\pi r^2+2\pi rh)\frac{dm}{dt}\eta\cdot h_c/\left[72\left(\frac{dm}{dt}\right)^{0.61}+1\right] \tag{5-44}$$

$$=\frac{(3.14\times9.77^2+2\times3.14\times9.77\times23.90)\times0.04933\times0.15\times42.6\times10^6}{(72\times0.04933^{0.61}+1)\times1000}$$

$$=41347(kW)$$

式中 $Q$——总热辐射通量，kW；

$h_c$——液体燃烧热，$h_c=42.6\times10^3kJ/kg$；

$\eta$——效率因子，可取0.13～0.35，本题取0.15。

（4）计算人员伤害及设备损坏距离

假设全部辐射热量由液池中心点的小球辐射出来，则在距某一距离 $X$ 处的入射热辐射强度的计算为：

$$I=\frac{Qt_c}{4\pi X^2} \tag{5-45}$$

式中　$I$——热辐射强度，$kW/m^2$；

$Q$——总辐射热量，kW；

$t_c$——热传导系数，本题取 1；

$X$——目标点到液池中心距离，m。

根据表 5-7 中造成不同伤害或损坏的入射通量，可代入式(5-45) 计算出相应的距离。根据以上“池火灾模型”模拟计算结果，可得出：

① 对于总容积 $91m^3$ 的柴油罐和煤油罐当将它们看作是 1 个 $91m^3$ 柴油储罐时，发生池火灾造成人员死亡距离为 9.37m，重伤距离为 11.48m，轻伤距离为 16.23m，安全距离为 28.69m 以外。

② 由伤害距离可知，一旦发生池火灾其辐射可能造成 9.37m 范围内的设备设施全部损坏。

③ 储油罐区内储罐的安全应是油库安全工作的重点，生产中应充分考虑防火防爆，规范用火管理制度，落实用火安全措施，建立防火安全责任制，编制事故预案并定期演练，制定科学的操作规程并严格执行，认真巡检，以避免灾害的发生。

**【例 5-10】** 喷射火灾后果估算

请根据【例 5-4】条件，估算出热辐射的不同入射通量所造成的损失程度。

**解** (1) 计算气体泄漏量

根据【例 5-4】计算的泄漏速率 $Q_0=4.36kg/s$。

(2) 计算喷射火热辐射通量

这里所用的喷射火辐射热计算方法是一种包括气流效应在内的喷射火扩散模式的扩展。把整个喷射火看成是沿喷射中心线上的几个热源点组成，每个点热源的热辐射通量相等。点热源的热辐射通量按式(5-46) 计算：

$$q=\eta Q_0 H_c \tag{5-46}$$

式中　$q$——点热源热辐射量，W；

$\eta$——效率因子，可取 0.35；

$Q_0$——泄漏速度，kg /s；

$H_c$——燃烧热，J/kg。

天然气高热值 $H_c=55800kJ/kg$，则：

$$q=0.35\times4.36\times55800=85151(kW)$$

设辐射率0.2，射流轴线上某点热源$I$到距离$x$处一点的热源辐射强度按照式（5-48）计算。某一点处的入射流强度等于喷射火的全部点热源对目标的热辐射强度的总和：

$$I=\sum_{i=1}^{N} I_i \tag{5-47}$$

式中　$N$——计算时选取的点热源系数，一般取$N=5$。

根据喷射火全部点热源在距离火焰$x$(m)的某点总入射热辐射通量的大小，查热辐射的不同入射能量所造成的损失。根据式(5-48)可以计算出有代表意义的入射热辐射通量造成的危害范围，即

$$x=\sqrt{\frac{qR}{4\pi I_i}} \tag{5-48}$$

式中　$R$——辐射率，取0.2。

根据表5-8和式(5-48)计算如不采取措施，如果发生计算条件下的喷射火，距射流轴线热源2.69m处的人员在热辐射下10s内1%死亡，1min内100%死亡，此范围内的操作设备全部损坏。距射流轴线热源3.3m，热辐射不会造成人员伤亡；距射流轴线热源大于8.2m处为安全区域。为了安全生产，企业应积极采取应对措施，防止喷射事故发生。

## 5.4.4 爆炸模型

爆炸是物质的一种非常急剧的物理、化学变化，也是大量能量在短时间内迅速释放或急剧转化成机械功的现象。它通常是借助于气体的膨胀来实现。危险物质爆炸事故所产生的冲击波超压会对人体和建筑物造成严重的伤害和破坏作用。在计算出物理爆炸或化学爆炸的爆炸能量基础上，根据经验公式计算爆炸冲击波超压、碎片的飞散速度和打击深度，估算爆炸后果。根据飞行速度计算碎片动能，碎片击中人体时的动能在26J以上时，可致外伤；碎片击中人体时的动能在60J以上时，可致骨骼外伤；碎片击中人体时的动能在200J以上时，可致骨骼重伤。这里主要介绍爆炸冲击波超压计算、蒸气云爆炸（VCE）后果分析、沸腾液体扩展蒸气爆炸（BLEVE）后果分析。

**【例5-11】** 冲击波超压对人体的伤害作用

某氧气站，氧气实瓶储存量为400个，假设均发生爆炸，则$V=16\text{m}^3$，气瓶压力为0.1116858MPa。计算大部分人员死亡，小房屋倒塌，钢筋混凝土建筑物破坏的半径。

**解：** ①计算发生爆炸时释放的爆破能量为：

$$E_g = C_g V \tag{5-49}$$

其中，$C_g$ 计算公式为：

$$C_g = 2.5V\left[1-\left(\frac{0.1013}{P}\right)^{0.2857}\right]\times 10^3 \tag{5-50}$$

式中　$E_g$——气体的爆破能，kJ；

$C_g$——压缩气体爆破能量系数，$kJ/m^3$；

$V$——容器的容积，$m^3$；

$P$——容器内气体的绝对压力，MPa。

根据公式：代入数据得：$C_g = 1.1\times 10^3$ $kJ/m^3$，$Eg = C_g \times 16m^3 = 1.76\times 10^4$ kJ

② 将爆破能量 $E_g$ 换成 TNT 当量 $W_{TNT}$：

$$W_{TNT} = E_g/q_{TNT} = E_g \div 4500。 \tag{5-51}$$

代入数据：$W_{TNT} = E_g \div 4500 = 1.76\times 104 \div 4500 = 3.92$(kg)

③ 爆炸的模拟比 $a$：

$$a = (W_{TNT}\div 1000)^{1/3} = 0.1W_{TNT}{}^{1/3} \tag{5-52}$$

代入数据：$a = (0.39\div 1000)^{1/3} = 0.158$。

④ 在 1000kg TNT 爆炸试验中相当的距离 $R_0$，则：

$$R_0 = R/a \text{ 或 } R = R_0 a。$$

式中　$R$——目标与爆炸中心的距离，m；

$R_0$——目标与基准爆炸中心（1000kg TNT 爆炸时）的相当距离，m。

$$\Delta p(R) = \Delta p_0(R/a) \tag{5-53}$$

式中　$a$——炸药爆炸试验的模拟比；

$\Delta p$——目标处的超压，MPa；

$\Delta p_0$——基准目标处（1000kg TNT 爆炸时）的超压，MPa。

⑤ 在距离爆炸中心不同半径处的超压，见表 5-8。

**表 5-8　1000kg TNT 炸药在空气中爆炸时所产生的冲击波超压**

| 距离 $R_0$/m | 0.77 | 0.924 | 1.078 | 1.232 | 1.386 | 1.54 | 1.848 | 2.156 |
|---|---|---|---|---|---|---|---|---|
| 超压 $\Delta p_0$/MPa | 2.94 | 2.06 | 1.67 | 1.27 | 0.95 | 0.76 | 0.50 | 0.33 |
| 距离 $R_0$/m | 2.464 | 2.772 | 3.08 | 3.85 | 4.62 | 5.39 | 6.16 | 6.93 |
| 超压 $\Delta p_0$/MPa | 0.235 | 0.17 | 0.126 | 0.079 | 0.057 | 0.043 | 0.033 | 0.027 |
| 距离 $R_0$/m | 7.7 | 8.47 | 9.24 | 10.01 | 10.78 | 11.55 | | |
| 超压 $\Delta p_0$/MPa | 0.0235 | 0.0205 | 0.018 | 0.016 | 0.0143 | 0.013 | | |

⑥ 冲击波的伤害、破坏作用准则有超压准则、冲量准则和超压-冲量准则等，下面仅介绍超压准则。

超压准则认为，只要冲击波超压达到一定值，便会对目标造成一定的伤害或破坏。表5-9、表5-10是不同冲击波超压对人体的伤害作用和建筑物的破坏作用。

**表5-9　冲击波超压对人体的伤害作用**

| 超压 $\Delta p$/MPa | 伤害作用 |
| --- | --- |
| 0.02～0.03 | 轻微挫伤 |
| 0.03～0.05 | 中等损伤（听觉器官损伤、内脏轻度出血、骨折等） |
| 0.05～0.10 | 严重损伤（内脏严重挫伤，可引起死亡） |
| >0.10 | 极严重，可能造成大部分死亡 |

**表5-10　冲击波超压对建筑物的破坏作用**

| 超压 $\Delta p$/MPa | 破坏作用 |
| --- | --- |
| 0.005～0.006 | 门窗玻璃部分破碎 |
| 0.0060～0.010 | 受压面的门窗玻璃大部分破碎 |
| 0.015～0.02 | 窗框损坏 |
| 0.02～0.03 | 墙壁裂缝 |
| 0.04～0.05 | 墙壁大裂缝，房瓦掉下 |
| 0.06～0.07 | 木建筑厂房房柱折断，房架松动 |
| 0.07～0.10 | 砖墙倒塌 |
| 0.10～0.20 | 防震钢筋混凝土破坏，小房屋倒塌 |
| 0.20～0.30 | 大型钢结构破坏 |

⑦ 不同半径处冲击波超压对人体的伤害作用。

离爆炸中心不同半径处冲击波超压对人体的伤害作用见表5-11。

**表5-11　不同半径处冲击波超压对人体的伤害作用**

| 半径 $R$/m | 伤害作用 |
| --- | --- |
| 3.71～5.10 | 轻微损伤 |
| 2.78～3.71 | 听觉器官损伤或骨折 |
| 1.86～2.78 | 内脏严重损坏或死亡 |
| 1.86 | 大部分人员死亡 |

查表5-9、表5-10得到钢瓶爆炸所造成的冲击波对人体的伤害作用和对建筑物的破坏作用。由以上计算可知，钢瓶在半径3.08m范围内爆炸产生的冲击波大于0.126 MPa，在此范围内大部分人员死亡，小房屋倒塌，钢筋混凝土建筑物破坏。

**【例 5-12】** 蒸气云爆炸（VCE）后果分析

由于合成氨生产装置使用的原料水煤气为一氧化碳与氢气混合物，具有低闪点、低沸点、爆炸极限较宽、点火能量低等特点，一旦泄漏，极具蒸气云爆炸概率。若水煤气储罐因泄漏遇明火发生蒸气云爆炸（VCE），设其储量为 70%时，则为 2.81t，则其 TNT 当量计算是多少？并计算死亡半径、重伤半径、轻伤半径。

**解：** 取地面爆炸系数 $\beta=1.8$；蒸气云爆炸 TNT 当量系数 $A=4\%$；

蒸气云爆炸燃烧时燃烧掉的总质量 $W_f=2.81\times1000=2810(\text{kg})$；水煤气的爆热，以 CO 占比 30%、$H_2$ 占比 43%计（氢气为 1427700kJ/kg，一氧化碳为 10193kJ/kg）取 $Q_f=616970\text{kJ/kg}$；TNT 的爆热取 $Q_{TNT}=4500\text{kJ/kg}$。

将以上数据代入式(5-52)，得：

$$W_{TNT}=1.8\times0.04\times2810\times616970/4500=27739(\text{kg}) \tag{5-54}$$

$$\begin{aligned}\text{死亡半径 } R_1&=13.6(W_{TNT}\div1000)^{0.37}\\&=13.6\times27.74^{0.37}\\&=13.6\times3.42\\&=46.5(\text{m})\end{aligned}$$

重伤半径 $R_2$，由下列式(5-55) 求解：

$$\begin{gathered}\Delta p_2=0.137Z_2^{-3}+0.119Z_2^{-2}+0.269Z_2^{-1}-0.019\\ Z_2=R_2/(E/p_0)^{1/3}\\ \Delta p_2=\Delta p_S/p_0\end{gathered} \tag{5-55}$$

式中　$\Delta p_S$——引起人员重伤冲击波峰值，取 44000Pa；

$p_0$——环境压力（101300Pa）；

$E$——爆炸总能量，$E=W_{TNT}Q_{TNT}$，J。

将以上数据代入式(5-56)，解得：

$$\Delta p_2=0.4344;Z_2=1.07$$

$$\begin{aligned}R_2&=1.07\times(27739\times4500\times1000/101300)^{1/3}\\&=1.07\times107=115(\text{m})\end{aligned}$$

轻伤半径 $R_3$，由式(5-56) 求解：

$$\begin{gathered}\Delta p_3=0.137Z_3^{-3}+0.119\,Z_3^{-2}+0.269\,Z_3^{-1}-0.019\\ Z_3=R_3/(E/p_0)^{1/3}\end{gathered} \tag{5-56}$$

$$\Delta p_3 = \Delta p_S / p_0;$$

式中　$\Delta P_S$——引起人员轻伤冲击波峰值，取17000Pa。

将以上数据代入式(5-57)，解得：

$\Delta p_3 = 0.168$；$Z_3 = 1.95$；轻伤半径$R_3 = 209$m。

易燃易爆的液化气体容器在外部火焰的烘烤下可能发生突然破裂，压力平衡被破坏，液体急剧汽化，并随即被火焰点燃而发生爆炸，产生巨大的火球，危害极其严重。这种事故被称为沸腾液体扩展蒸气爆炸。沸腾液体扩展蒸气爆炸的主要危险是火球产生的强烈热辐射伤害。

**【例5-13】**沸腾液体扩展蒸气爆炸（BLEVE）后果分析

生产装置液氨储罐区的液氨罐为多罐储存（共6个储罐，其中3个储罐容积为50m$^3$、另外3个储罐的容积为100m$^3$）最大库存量为250t。氨相对密度约0.6，取100m$^3$罐，计算储罐蒸气云爆炸火球半径，持续时间及热辐射量。

火球中消耗的可燃物质量$W$(kg)，对单罐储存，取罐容积的50%；对双罐储存，取罐容积的70%；对多罐储存，取罐容积的90%。此处为多罐储存，取90%。可得：

$$W = 100 \times 0.6 \times 1000 \times 90\% = 54000(\text{kg})$$

① 火球最大半径：

$$R = 2.665 W^{1/3} \tag{5-57}$$

式中　$R$——火球最大半径，m；

$W$——火球中消耗的可燃物质量，kg。

将数据代入式(5-58)中，得到：

$$\text{火球直径}\ D = 2.665 \times (54000)^{1/3} = 100.7(\text{m})$$

② 火球持续时间：

$$t = 1.089 W^{1/3} \tag{5-58}$$

式中　$t$——火球持续时间，s；

$W$——火球中消耗的可燃物质量，kg。

将数据代入式(5-59)中，得到：

$$t = 1.089 \times (54000)^{1/3} = 41.2(\text{s})$$

③ 热通量计算：

火球发出的热辐射通量$q$按式（5-59）计算：

$$q=\frac{\eta H_c W}{t} \tag{5-59}$$

式中　$H_c$——燃烧热，J/kg。

将数据代入式(5-60) 中，得到距离火区 $x$ 处一点的热辐射强度 $I$(kW/m$^2$）为：

$$I=\frac{q(1-0.0565\ln x)}{4\pi x^2} \tag{5-60}$$

然后将热辐射强度 $I$ 代入火灾热辐射概率方程确定伤害概率；根据火球持续时间计算死亡热通量、重伤热通量、轻伤热通量、财产损失半径。

## 5.4.5 中毒模型

毒物对人员的危害程度取决于毒物的性质、毒物的浓度和人员与毒物接触时间等因素。有毒物质泄漏初期，有毒气体形成气团在泄漏源周围，随后由于环境温度、地形、风力和湍流等影响气团飘移、扩散，扩散范围变大，浓度减小。为了在有毒物质泄漏后有针对性地应急疏散，需要划分危险区域，一般可以划分为致死区、重伤区、轻伤区和吸入反应区。按照释放源连续性和环境风速影响有以下三种情况。

① 环境风速大于 0.5m/s，连续泄漏危害区域如图 5-4 所示。泄漏源下风侧形成长轴一端在泄漏源的近似橄榄形危险区域，越靠近泄漏源危险性越高。

② 环境风速小于 0.5m/s，连续泄漏危害区域如图 5-5 所示。以泄漏源为中心的同心圆危险区域，越靠近泄漏源危险性越高。

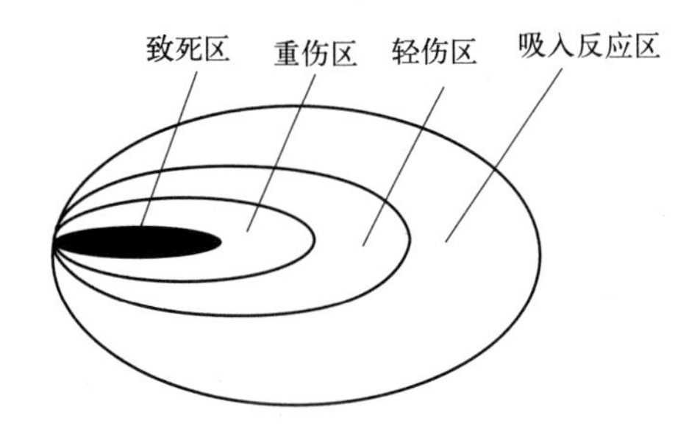


图 5-4　有风连续泄漏危害区域

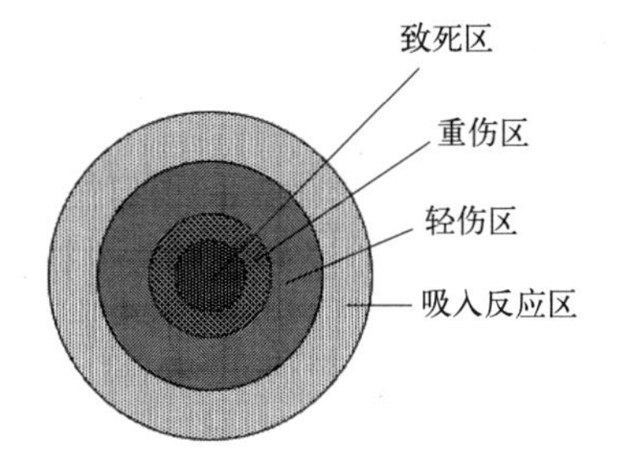


图 5-5　无风连续泄漏危害区域

③ 瞬时泄漏危害区域。泄漏的有毒物质围绕泄漏源形成气团如图 5-6 所示，随着时间推移，气团向四周扩散，也随风飘移。在气团飘移初期，高浓度的有害物质逐渐扩散，危险范围逐渐扩大；当达到最大值之后，由于大量的空

气混入，有害物质浓度变低，危险区变小，直至消失。

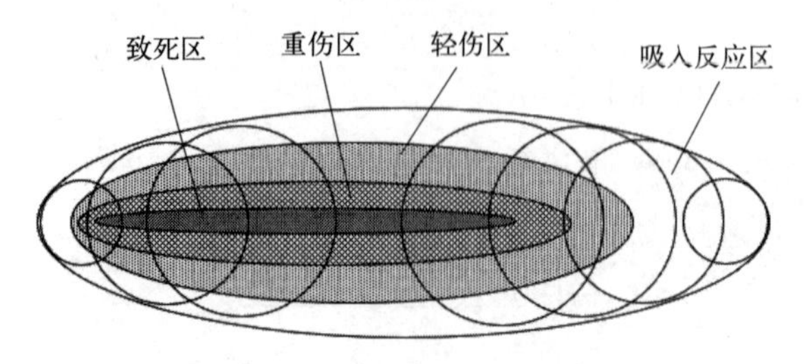


图 5-6　瞬时泄漏危险区域

## 思考题

① 什么是预测？什么是系统安全预测？

② 系统安全预测的步骤是什么？

③ 说明回归分析法预测的主要步骤。

④ 马尔可夫链的状态转移矩阵有什么特点？

⑤ 简述灰色系统预测 GM(1,1)模型计算的主要步骤。

⑥ 请用事件树分析方法对燃气泄漏事故进行分析。

⑦ 重大工业事故后果分析主要包括哪些内容？

# 第 6 章

# 系统安全决策

## 6.1 概述

安全风险分级管控和事故隐患排查治理双重预防工作贯穿生产经营单位安全生产的全过程，安全风险分级管控措施和隐患治理措施的科学制定和实施对企业安全生产至关重要，又因企业安全生产投入有限，如何根据技术和经济等方面，在众多安全风险分级管控措施和隐患治理措施中选择最优的解决方案，就是系统安全决策的主要内容。本章内容可为组织的决策者（生产经营单位主要负责人、安全生产分管负责人其他负责人和安全生产管理人员）提供安全决策的理论、方法等，保证安全决策的系统性、科学性、可行性和针对性。

### 6.1.1 决策的内涵及分类

（1）概念

决策，指决定的策略或办法。它是一个复杂的思维操作过程，是信息搜集、加工，最后做出判断、得出结论的过程。决策是人们在政治、经济、技术和日常生活中普遍存在的一种行为，是管理中经常发生的一种活动。

决策概念多达百种，虽然未形成统一的看法，但综合起来大致可分广义决策、狭义决策和最狭义决策三大类。

广义决策是把决策看作是一个提出问题、确立目标、设计和选择方案的过程。

狭义决策是指组织决策者从几种备选的行动方案中做出的最终选择。

最狭义决策认为决策是对不确定条件下发生的偶发事件所做的处理决定。这类事件既无先例，又没有可遵循的规律，做出选择要冒一定的风险，或者理解为不确定性决策。

虽然决策的概念众多，表述的广度也不同，但其中的内涵是一致的。

(2) 内涵

正确理解决策概念，应把握以下几层意思。

① 决策要有明确的目标。决策是为了解决某一问题，或是为了达到一定目标，如安全决策的目标就是要达到消除安全隐患、防止和减少事故的根本目的。任何决策过程的第一步都是确定目标，没有明确的目标，决策将是盲目的。

② 决策要有两个以上备选方案。不管是广义决策、狭义决策还是最狭义决策，决策中关键的环节即是选择行动方案，或者称之为方案的优选。如果只有一个备选方案，就不存在决策的问题。

③ 决策要进行方案的分析评价，并从中选择一个满意方案。每个可行方案都有其可取之处，也存在一定的弊端，因此，必须对每个方案进行综合分析与评价，确定各方案对目标的贡献程度和所带来的潜在问题，比较各方案的优劣，从而在诸多方案中选择一个合理的满意方案。例如，事故树中的最小径集是选择最满意方案的一个理念体现，在多个径集中选取能控制事故发生的最优方案集合。

④ 选择后的行动方案必须付诸实施，并且有反馈，遵循 PDCA 循环原理，形成闭环，为下一次决策提供参考。

(3) 决策类型的分类

决策类型是指在决策科学中，人们根据不同标准、从不同角度对具有某种共同性质或特征的决策进行划分而形成的类别。对于决策类型划分的目的在于对决策的本质、目的、意义有更深切的理解，不仅了解决策的共性，还要掌握不同决策在方法、程序、目标、手段等方面的个性，以便做出科学决策。

① 依据不同决策方法划分。经验决策是指决策者根据个人的知识、才干和经验做出的决策。经验决策是人们常用的，但只能用于简单问题的决策，重大而复杂的问题不宜采用经验决策。

科学决策是指决策者根据科学决策的理论、程序、方法、设备做出的决策。科学决策是决策重大、复杂问题必用的。但由于它的程序、方法比较复杂，简单的问题不需用科学决策。

经验决策和科学决策各有长处，相辅相成，互相渗透，因此，在决策时，行政领导者应当把两种方法结合起来。

② 按决策的作用划分。战略决策：有关企业发展方向的重大全局决策，由高层管理人员做出。

管理决策：为保证企业总体战略目标的实现而解决局部问题的重要决策，由中层管理人员做出。

业务决策：基层管理人员为解决日常工作和作业任务中的问题所做的决策。

③ 按决策的主体划分。个人决策是由企业领导者凭借个人的智慧、经验及所掌握的信息进行的决策。决策速度快、效率高是其特点，适用于常规事务及紧迫性问题的决策。个人决策的最大缺点是带有主观和片面性，因此，对全局性重大问题则不宜采用。

集体决策是会议机构和上下相结合决策。会议机构决策是通过董事会、经理扩大会、职工代表大会等权力机构集体成员共同做出的决策；上下相结合决策则是领导机构与下属相关机构结合、领导与群众相结合形成的决策。集体决策的优点是能充分发挥集团智慧，集思广益，决策慎重，从而保证决策的正确性、有效性；缺点是决策过程较复杂，耗费时间较多。它适宜于制定长远规划、全局性的决策。

### 6.1.2　系统安全决策概念

系统安全决策是在系统安全分析和评价基础上，提出可行的安全对策措施方案集，结合组织经济水平、技术水平等实际情况，对安全管理和技术措施的制定及优选过程做出最合理可行的选择。

科学安全决策是指人们针对特定的安全问题，运用科学的理论和方法，拟定各种安全对策方案，确定准则（指标）体系及权重，综合评价各种方案并从中选择最合理的方案以较好地达到安全目标的活动过程。现代安全管理中所讲的决策，主要是指科学安全决策。

### 6.1.3　系统安全决策特点

系统安全决策是管理者安全管理工作的基础，是衡量管理者安全管理水平重要标志之一，决定了系统安全对策是否科学、可行、经济合理，同时也决定了安全对策措施的实施效果。

① 系统安全决策是安全管理的重要方面，没有系统安全决策，安全目标就不明确，安全管理活动就存在没有目的性的错误。

② 系统安全决策贯穿于安全管理的全过程。一个企业的生存周期可分为：设计、建造、试生产、生产、维护和改造、解体和拆毁等六个阶段。企业生存周期的每一个阶段都涉及安全决策，它不仅影响本阶段，也影响到部分或所有

阶段。在设计、建造和试生产阶段，主要的任务在于选择、研制和实现安全标准以及所决定的安全目标。建造阶段在某种程度也代表了生产阶段，也要体现安全的原则，建立的安全指标必须实现；在生产、维护和拆毁阶段，安全管理的目的在于维持和尽可能改善企业安全生产的水平。

③ 系统安全决策正确与否关系着组织的生死存亡。系统安全决策是各项安全管理制度及措施制定的先决条件，科学的、正确的安全决策可以最大限度地利用已有安全资源，高效解决安全生产中的问题；错误的、盲目的安全决策不仅无法有效处置安全问题，甚至可能导致事故发生或者事故扩大化。

### 6.1.4 系统安全决策要素

系统安全决策要素包括决策单元和决策者、准则（指标）体系、决策结构和环境、决策规则等。

① 决策单元和决策者。决策单元常常包括组织决策者及共同完成决策分析研究的决策分析者，以及用以进行信息处理的设备。决策单元的工作是接受任务、输入信息、生成信息和加工成智能信息，从而产生决策。决策者是指对所研究问题有权利、有能力做出最终判断与选择的个人或集体。其主要责任在于提出问题，规定总任务和总需求，确定价值判断和决策规划，提供倾向性意见，抉择最终方案并组织实施。

② 准则（指标）体系。对一个有待决策的问题，必须首先定义它的准则。在现实决策问题中，准则常具有层次结构，包含目标和属性两类，形成多层次的准则体系。

准则体系最上层的总准则只有一个，一般比较宏观、笼统、抽象。为此要将总准则分解为各级子准则，直到相当具体、直观，并可以直接或间接地用备选方案本身的属性（性能、参数）来表征的层次为止。在层次结构中，下层的准则比上层的准则更加明确具体并便于比较、判断和测算，它们可作为达到上层准则的某种手段。

设定准则体系是为了评价、选择备选方案，所以准则体系最低层是直接或间接表征方案性能、参数的属性层。应当尽量选择属性值，能够直接表征与之联系，达到所要求程度的属性，否则，只好选用间接表征与之联系的以达到所要求程度的代用属性。代用属性与相应目标之间的关系表现为间接关系，其中隐含决策人的价值判断。例如，用某设备操作人员的文化程度与是否需要专门培训来表征设备的使用方便性（目标要求），就是一种代用属性。它包含下述价值判断：操作人员不需要专门培训即能掌握操作方法，就表征此设备使用便捷。

③ 决策结构和环境。决策结构和环境属于决策的客观态势（情况）。为阐明决策态势，必须尽量清楚地识别决策问题（系统）的组成、结构和边界，以及所处的环境条件。它需要标明决策问题的输入类型和数量；决策变量（备选方案）集和属性集以及测量它们的标度类型；决策变量（方案）和属性间以及属性与准则间的关系。

④ 决策规则。决策就是要从众多的备选方案中选择一个用以付诸实施的方案，作为最终的抉择。在做出最终抉择的过程中，要按照多准则问题方案的全部属性值的大小进行排序，从而依序择优。这种促使方案完全序列化的规则，便称为决策规则。决策规则一般可分为两大类：最优规则和满意规则。最优规则是使方案完全序列化的规则，只有在单准则决策问题中，方案集才是完全有序的，因此，总能够从中选出最优方案。然而在多准则决策问题中，方案集是不完全有序的，准则之间往往存在矛盾性与不可公度性（各准则的量纲不同），所以各个准则均最优的方案一般是不存在的。因而，只能在满意规则下寻求决策者满意的方案即满意规则。在系统优化中，用“满意解”代替“最优解”，就会使复杂问题大大简化。决策者的满意性，一般通过所谓“倾向性结构（信息）”来表述，它是多准则决策不可缺少的重要组成部分。

### 6.1.5 系统安全决策过程

（1）明确安全目标

决策过程首先需要明确目标，也就是要明确需要解决的问题。对安全而言，从整体安全观出发，安全决策所涉及的主要问题就是保证生产安全、生活安全和生存安全，包括根据系统安全分析与评价确定安全目标，根据系统安全预测与统计确定安全目标，根据经济性确定安全目标。比如：以本地区、本行业前 3 年或前 5 年的事故统计平均值为基准，参照国家和上级要求及其他地区、行业的情况确定安全目标，这就是根据系统安全预测与统计确定安全目标；根据预防事故树各种事件发生或采取安全补偿技术措施提高系统安全性，就是根据系统安全分析与评价确定安全目标；采用“ALARP”合理可行最低原则，从成本和收益两个方面明确安全目标，就是根据经济性确定安全目标。

（2）安全措施方案提出

在目标确定之后，决策人员应依据科学的决策理论，对要求达到的目标进行调查研究，进行详细的技术设计、预测分析，拟出几个可供选择的安全措施方案。

(3) 潜在问题或后果分析

对备选决策方案，决策者要向自己提出“假如采用这个方案，将要产生什么样的结果？假如采用这个方案，可能导致哪些不良后果和错误？”等问题，从这些可能产生的后果中进行比较，以决定方案的取舍。对安全问题，考虑其决策方案后果，应特别注意如下一些潜在问题：

① 人身安全方面。应特别注意有无生命危险，有无造成工伤的危险，有无职业病和后遗症的危险。

② 人的精神和思想方面。是否会造成人的道德、思想观念的变化；是否会造成人的兴趣爱好和娱乐方式的变化；是否会造成人的情绪和感情方面的变化；是否会加重人的疲劳，带来精神紧张，影响个人导致不安全感或束缚感的产生等。

③ 人的行为方面。能否造成人的生活规律、生活方式变化，以及生活时间的变化等。

(4) 实施与反馈

决策方案在实施过程中应注意制定实施规划，落实实施机构、人员职责，并及时检查与反馈实施情况，使决策方案在实施过程中趋于完善并达到预期效果。

## 6.2 安全措施决策方案集

安全系统工程的最终目的，是通过降低事故的发生概率和事故的严重度来达到系统最优的安全状态，采取安全对策措施可以降低事故的发生概率和事故的严重度。那么如何提出安全对策措施呢？一方面，根据系统安全分析与评价的结果，提出不同针对性安全措施方案，例如利用事故树中的最小径集来寻求预防顶上事件发生的最满意方案，用陶氏化学公司的火灾爆炸危险指数评价法选出合理可行的安全补偿措施组合方案；另一方面，可以按照下面介绍的方法提出安全管理和技术措施。

### 6.2.1 基本要求与制定原则

在考虑、提出安全对策措施时，有如下基本要求：

① 能消除或减弱生产过程中产生的危险和危害；

② 处置危险和有害物，并降低到国家规定的限值内；

③ 能预防生产装置失灵和操作失误产生的危险和危害；

④ 能有效地预防重大事故和职业危害的发生；

⑤ 发生意外事故时，能为遇险人员提供自救和互救条件。

在制定安全对策措施时，应遵循以下几方面的原则。

（1）应按照安全技术措施等级顺序来制定

当安全技术措施与经济效益发生矛盾时，应优先考虑安全技术措施上的要求，并应按下列直接、间接和指示性安全技术措施等级顺序选择安全技术措施。

直接安全技术措施是指生产设备本身应具有本质安全性能，不出现任何事故和危害；间接安全技术措施是指若不能或不完全能实现直接安全技术措施时，必须为生产设备设计出一种或多种安全防护装置，最大限度地预防、控制事故或危害的发生；指示性安全技术措施是指当间接安全技术措施也无法实现或实施时，需采用安装检测报警装置、警示标志等措施，警告、提醒作业人员注意，以便采取相应的对策措施或紧急撤离危险场所。

若间接、指示性安全技术措施仍然不能避免事故和危害的发生，则应采用制定安全操作规程、进行安全教育和培训以及发放个体防护用品等措施来预防或减弱系统的危险、危害程度。

（2）安全对策措施应具有针对性、可操作性和经济合理性

针对性是指针对不同行业的特点和评价中提出的主要危险、有害因素及其后果，提出对策措施。提出的对策措施是设计单位、建设单位、生产经营单位进行安全设计、生产、管理的重要依据，因而对策措施应在经济、技术以及时间上是可行的，是能够落实和实施的。此外，要尽可能具体指明对策措施所依据的法规、标准，说明应采取的具体的对策措施，以便于应用和操作。

经济合理性是指不应超越国家及建设项目生产经营单位的经济、技术水平，即在采用先进技术的基础上，考虑到进一步发展的需要，以安全法规、标准和指标为依据，结合评价对象的经济、技术状况，使安全技术装备水平与工艺装备水平相适应，实现经济、技术与安全的合理统一。

（3）安全对策措施应符合国家标准和行业规定

安全对策措施应符合有关的国家标准和行业安全设计规定的要求，在进行安全评价时，应严格按照有关设计规定的要求提出安全对策措施。

### 6.2.2 安全管理措施

要控制事故发生概率和事故后果的严重度，必须以有效的安全管理作保

证，控制事故的各种技术措施的制定与实施也必须以合理的安全管理措施为前提。

（1）建立健全安全管理机构

应建立健全安全管理机构，配备称职的专兼职安全管理人员。要充分发挥安全管理机构的作用，并使其与其他职能部门密切配合，形成一个行之有效的安全管理体系。

（2）建立健全全员安全生产责任制

安全生产责任制是明确规定各级领导和各类人员在生产中应负的安全责任。它是企业岗位责任制的一个组成部分，是企业中最基本的一项安全措施，是安全管理规章制度的核心。

（3）编制安全生产技术措施计划，制定安全操作规程

编制和实施安全技术措施计划，有利于有计划、有步骤地解决重大安全问题。制定安全操作规程是安全管理的一个重要方面，是事故预防措施的一个重要环节。

（4）加强安全监督和检查

经常性的安全检查是生产过程中必不可少的基础工作，也是运用群众路线的方法，是揭露和消除隐患、交流经验、推动安全工作的有效措施。

（5）加强职工安全教育

职工安全教育的内容，主要包括思想教育、劳动纪律教育、方针政策教育、法治教育、安全技术培训以及典型经验和事故教训的教育等。职工安全教育不仅可提高企业各级领导和职工搞好安全生产的责任感和自觉性，而且能普及和提高职工的安全技术知识，使其掌握不安全因素的客观规律，提高安全操作水平，掌握检测技术和控制技术的科学知识，学会消除工伤事故和职业病的技术本领。

### 6.2.3 安全技术措施

制定安全技术对策措施的原则是优先应用无危险或危险性较小的工艺和物料，广泛采用机械化、自动化生产装置（生产线）及自动化监测、报警、排除故障和安全联锁保护装置，实现自动化控制、遥控或隔离操作，尽可能避免操作人员在生产过程中直接接触可能产生危险因素的设备、设施和物料，使系统在人员误操作或生产装置（系统）发生故障的情况下也不会造成事故。从系统角度一般可以分为厂址及厂区平面布局的对策措施、防火防爆对策措施、电气

安全对策措施、机械伤害防护措施、有害因素控制对策措施等；从风险角度可以分为降低事故发生的措施、降低事故严重度的措施。降低事故发生的措施主要包括提高设备的可靠性（增加备用系统、对处于恶劣环境下运行的设备采取安全防护措施、加强预防性维修）、选用可靠的工艺技术、降低危险因素的感度、提高系统抗灾能力、减少人失误、加强监督检查；降低事故严重度的措施主要包括限制能量或分散风险的措施、防止能量逸散的措施、加装缓冲能量的装置、避免人身伤亡的措施。

# 6.3　方案筛选与属性预处理

决策过程中为了选择最优方案，首先对决策方案进行价值判断，基于优势法、满意法、分离法进行定性初步筛选，然后进行定量决策分析。定量决策分析包含定性属性量化、属性数据归一化及属性权重确定、定量决策步骤。这部分主要介绍定量决策之前的方案筛选与属性预处理方法。

## 6.3.1　决策方案筛选方法

根据决策者对决策问题提供倾向性信息的环节及充分程度的不同，可将求解多属性决策方法（MADM）问题的方法归纳为：无倾向性信息的方法、有关于属性的倾向性信息的方法和有关于方案的倾向性信息的方法三类。由于安全决策问题是个很复杂的课题，本书只介绍一类无倾向性信息的决策方法——筛选方案的方法。

（1）优势法

该方法的操作过程从备选方案集 $R$ 中：

$$R=\{A_1,A_2,A_3,A_4\} \tag{6-1}$$

任取两个方案（记为 $A_1$ 和 $A_2$）。若决策者（或决策分析者）认为（或决策矩阵 $A$ 已知）$A_1$ 劣于 $A_2$，则剔去 $A_1$，保留 $A_2$；若无法区分两者的优劣时，皆保留。将留下的非劣方案与 $R$ 中的第三个方案 $A_3$ 做比较，如果它劣于 $A_3$，则剔去前者，如此进行下去，经 $n-1$ 步后便确定了非劣解集。

这种方法不需要对属性做任何假设和变换，也不要求确定权系数。那么经过这种方法筛选后，$n$ 个原方案中将有多少个非劣方案保留下来呢？卡尔皮尼（H. C. Calpine）和戈尔丁（A. Golding）导出了一个具有 $m$ 个属性 $n$ 个方案的 MADM 问题经优势法筛选后保留下来的非劣解期望数估计公式：

$$N(m,1)\approx 1+\ln n+(\ln n)^2/2!+(\ln n)^{m-3}/(m-3)!$$
$$+\gamma(\ln n)^{m-2}/(m-2)!+(\ln n)^{m-1}/(m-1)! \quad (6\text{-}2)$$

式中，$\gamma$ 为欧拉常数（≈0.5772）。

显然，$N(m,1)=N(n,1)=1$。

（2）连接法（满意法）

该方法要求决策者对表征方案的每个属性提供一个可接受的最低值，称为切除值（cut off values）。只有当一个方案的每个属性值均不低于对应的切除值时，该方案才能保留，即方案被接受。

（3）分离法

分离法用来筛选方案时仍要对每个属性设定切除值，但和连接法不同的是，并不要求每个属性值都超过这个值，只要求方案中至少有一个属性值超过切除值就被保留。

总体来看，分离法保证了凡在某一属性上占优势的方案皆被保留，而连接法则保证了凡在某一属性上处劣势的方案皆被淘汰。显然，它们虽不宜用于方案排序，但却可以保障经上述两种方法筛选后，方案集 $R$ 中所剩的方案已基本上是非劣方案。

**【例 6-1】**设某生产工艺流程需进行安全技术改造，需要在 $A_1$，$A_2$，$A_3$，$A_4$ 四个安全技术改造备选方案中选择最优的方案，请分别通过优势法、连接法和分离法分别从改造后的最大生产量 $x_1$、多品种生产性 $x_2$、可靠性 $x_3$、自动化程度 $x_4$、安全技术改造所需费用 $x_5$ 及技术改造过程风险度 $x_6$ 各维度分析备选方案的优劣，安全技术改造方案所涉及的各种因素的集合见表 6-1。

**表 6-1　安全技术改造方案集合**

| 备选方案 $A_i$ | 属性 $x_j$ | | | | | |
|---|---|---|---|---|---|---|
| | $x_1$ | $x_2$ | $x_3$ | $x_4$ | $x_5$ | $x_6$ |
| $A_1$ | 20 | 中 | 中 | 中 | 900 | $10^{-6}$ |
| $A_2$ | 25 | 低 | 低 | 低 | 1200 | $10^{-3}$ |
| $A_3$ | 18 | 高 | 高 | 高 | 1000 | $10^{-4}$ |
| $A_4$ | 22 | 中 | 中 | 中 | 900 | $10^{-4}$ |

该安全技术改造问题决策矩阵为：

$$A=\begin{bmatrix} x_1 & x_2 & x_3 & x_4 & x_5 & x_6 \\ 20t & 中 & 中 & 中 & 900 & 10^{-6} \\ 25t & 低 & 低 & 低 & 1200 & 10^{-3} \\ 18t & 高 & 高 & 高 & 1000 & 10^{-4} \\ 22t & 中 & 中 & 中 & 900 & 10^{-4} \end{bmatrix}$$

**解：** ① 优势法求解。由于不存在两方案的指标值都优于对方，所以 $A_1$，$A_2$，$A_3$，$A_4$ 均为非劣解。若假设 $A_{11}=A_{41}$，则可导出 $A_{1j}>A_{4j}$，此时 $A_4$ 是劣解，应剔除。

② 连接法求解。若设定切除值 $A_c=$[18，中，中，中，1000，低]，则可接受的方案集合 $R_c$ 为：

$$R_c=\bigcap_{j=1}^{m}\{A \mid A_{ij}\geqslant A_{cj}, A\in R\}=\{A_1,A_3\}$$

③ 分离法求解。设定 $F_d=$[26，中，中，中，1000，低]$^T$，则可接受的方案集合为 $R_d$，即

$$R_d=\bigcup_{j=1}^{m}\{A \mid A_{ij}\geqslant F_{dj}, A\in R\}=\{A_1,A_3,A_4\}$$

## 6.3.2　定性属性量化处理方法

定性属性数据经过数据量化处理后，可以利用量化方法进行综合对比决策（评价）。

（1）量化等级与范围

心理学家米勒（G. A. Miller）经过实验表明，在某个属性上对若干个不同物体进行辨别时，普通人能够正确区别的属性等级在 5～9 级之间。因此，推荐定性属性量化等级取 5～9 级，可能时尽量用 9 个等级。量化等级见表 6-2。

**表 6-2　量化等级表**

| 等级数 | 量化值 | | | | | | | | |
|---|---|---|---|---|---|---|---|---|---|
| | 1 | 2 | 3 | 4 | 5 | 6 | 7 | 8 | 9 |
| 9 | 最差 | 很差 | 差 | 较差 | 相当 | 较好 | 好 | 很好 | 最好 |
| 7 | 最差 | 很差 | 差 | | 相当 | | 好 | 很好 | 最好 |
| 5 | 最差 | | 差 | | 相当 | | 好 | | 最好 |

(2) 量化方法

通过决策者（专家）定性分析和分等级量化的结果，由于客观事物的复杂性、多样性和主观认识的局限性，所以往往具有不确定性、模糊性和随机性，可以采用集值统计原理广集专家意见，改善定性属性量化的有效性。

集值统计是经典统计和模糊统计的一种拓广。经典统计在每次试验中得到相空间的一个确定点，而集值统计每次试验得到相空间中的一个子集，这个子集就是评价者对某定性属性值 $x_j$ 的 $Z$ 估计等级区间，记第 $i$ 个评价者估计的区间为$[Z_1^i, Z_2^i]$。若共有 $n$ 个评价者，可得 $n$ 个区间值，从而形成一个集值统计序列，即$[Z_1^1, Z_2^1][Z_1^2, Z_2^2]\cdots[Z_1^n, Z_2^n]$。可以按照下列公式计算估计值：

$$P(z_i)=\frac{1}{2}\sum_{i=1}^{n}[(Z_2^i)^2-(Z_1^i)^2]/\sum_{i=1}^{n}[Z_2^i-Z_1^i] \tag{6-3}$$

可以按照下列公式进行可信度检验：

$$g=\frac{1}{3}\sum_{i=1}^{n}[(Z_2^i-z_i)^3]/\sum_{i=1}^{n}[Z_2^i-Z_1^i] \tag{6-4}$$

**【例 6-2】** 设有评判标准优秀 91～100，良好 61～90，一般 31～60，较好 11～30，差 0～10。假设共有 5 位专家，每位专家对 $x_1$、$x_2$、$x_3$ 定性属性值按照评判标准进行区间估计值，记为$[Z_1^i, Z_2^i]$（$i$ 表示第 $i$ 位专家），具体见表 6-3。

**表 6-3 专家打分表**

| 定性属性 | 专家 1 | 专家 2 | 专家 3 | 专家 4 | 专家 5 |
|---|---|---|---|---|---|
| $x_1$ | [75,82] | [70,79] | [73,80] | [78,85] | [76,84] |
| $x_2$ | [70,72] | [69,75] | [72,79] | [71,75] | [72,80] |
| $x_3$ | [55,62] | [59,65] | [62,65] | [56,62] | [58,62] |

请根据专家评判结果，利用集值统计进行分析。

**解：** 计算 $z_i$，以 $z_1$ 为例。

| 定性属性 | 专家 1 | 专家 2 | 专家 3 | 专家 4 | 专家 5 |
|---|---|---|---|---|---|
| $Z_2^1-Z_1^1$ | 7 | 9 | 7 | 7 | 8 |
| $(Z_2^1)^2-(Z_1^1)^2$ | 1099 | 1341 | 1071 | 1141 | 1280 |

求出 $z_1$：

$$z_1=\frac{1}{2}\times\frac{38}{5932}\approx 78$$

计算 $g_i$，以 $g_1$ 为例。

| 定性属性 | 专家 1 | 专家 2 | 专家 3 | 专家 4 | 专家 5 |
|---|---|---|---|---|---|
| $(Z_2^1-z_1)^3$ | 64 | 1 | 8 | 343 | 216 |

同理计算其他两个专家量化值。

| 定性属性 | 估算值 | 离散度 |
|---|---|---|
| $x_1$ | 78 | 5.54 |
| $x_2$ | 74 | 4.14 |
| $x_3$ | 60 | 3.51 |

## 6.3.3 属性函数规范化

一般来说，指标之间由于各自量纲及量级的不同而存在着不可公度性，这就为比较综合评价指标的大小带来了不便。例如，对人的身高、体重进行测量时，一般用厘米（cm）作为特征“身高”的量纲，而用千克（kg）作为特征“体重”的量纲。这样，每个人的第一项特征取值一般是三位数而第二项是两位数。但是，若把体重的量纲改为吨（t），那么每人的体重值就要减少到原来数值的 1/1000。即使一个体重 100kg 的壮汉，他的体重折合成吨后其数值也只有 0.1 了。这时，再对其进行综合评价时，实际上起主要作用的只有身高这一项指标。因此，为了尽可能地反映实际情况，排除由于各项指标的量纲不同以及其数值数量级间的悬殊差别所带来的影响，避免不合理现象的发生，需要对评价指标做无量纲化处理。指标的无量纲化，也叫作指标数据的标准化、规范化，它是通过数学变换来消除原始指标量纲影响的方法。常用的方法见表 6-4。

**表 6-4　几种数据标准化处理方法（线性函数法）**

| 序号 | 公式 | 影响因素 | 特点标准化处理法 |
|---|---|---|---|
| 1 | $y_i=\dfrac{x_i}{\max\limits_{1\leqslant i\leqslant m} x_i}$ | $x_i$, $\max x_i$ | 评价指标随指标值增大而增大，评价值不为零，最大值为 1 |
| 2 | $y_i=\dfrac{\max x_i+\min x_i-x_i}{\max x_i}$ | $\min x_i$，$x_i$, $\max x_i$ | 评价指标随指标值增大而减小，用于成本型指标的无量纲化 |
| 3 | $y_i=\dfrac{\max x_i-x_i}{\max x_i-\min x_i}$ | $\min x_i$，$x_i$, $\max x_i$ | 评价指标随指标值增大而减小，用于成本型指标的无量纲化 |
| 4 | $y_i=\dfrac{x_i-\min x_i}{\max x_i-\min x_i}$ | $\min x_i$，$x_i$, $\max x_i$ | 评价指标随指标值增大而增大，评价值不为零，最大值为 1 |

续表

| 序号 | 公式 | 影响因素 | 特点标准化处理法 |
|---|---|---|---|
| 5 | $y_i=\dfrac{x_i-\min x_i}{\max x_i-\min x_i}k+q$ | $q$,$k+q$,$\min x_i$,$x_i$,$\max x_i$ | 评价指标随指标值增大而增大,评价值最小为 $q$,最大为 $k+q$,通常取为 $k=60$,$q=40$ |
| 6 | $y_i=\dfrac{x_i}{\sqrt{\sum_{i=1}^{m}x_i^{\ 2}}}$ | m,样本个数 $x_i$ | 评价指标随指标值增大而增大,评价值不为零,最大值为 1 |
| 7 | $y_i=\dfrac{x_i}{\sum_{i=1}^{m}x_i}$ | m,样本个数 $x_i$ | 评价指标随指标值增大而增大,评价值不为零,最大值为 1 |
| 8 | $y_i=\dfrac{x_i-\overline{x_i}}{s_j}$ | $x_i$,均方差 $s_i$,平均值 $x_i$ | 评价指标随指标值增大而增大,评价值不为零,最大值为 1 |

**【例 6-3】** 在安全措施综合决策中,评价指标有最大速度、最大范围、最大负荷、价格、可靠性、灵敏度 6 个。现有 4 个方案,技术经济指标见表 6-5。

**表 6-5 安全措施方案集**

| 方案 \ 指标 | $x_1$ | $x_2$/km | $x_3$/kg | $x_4$/万元 | $x_5$ | $x_6$ |
|---|---|---|---|---|---|---|
| $A_1$ | 2.0 | 1500 | 20000 | 5.5 | 一般 | 很高 |
| $A_2$ | 2.5 | 2700 | 18000 | 6.5 | 低 | 一般 |
| $A_3$ | 1.8 | 2000 | 21000 | 4.5 | 高 | 高 |
| $A_4$ | 2.2 | 1800 | 20000 | 5.0 | 一般 | 一般 |

这是一个有 4 个评价方案,6 个评价指标的评价系统。对其中 $x_5$、$x_6$ 两个定性指标进行评分处理后,构成指标实际值矩阵 $X=(x_{ij})_{4\times6}$ 为:

$$X=(x_{ij})_{4\times6}=\begin{bmatrix}2.0 & 1500 & 20000 & 5.5 & 5 & 9\\2.5 & 2700 & 18000 & 6.5 & 3 & 5\\1.8 & 2000 & 21000 & 4.5 & 7 & 7\\2.2 & 1800 & 20000 & 5.0 & 5 & 5\end{bmatrix}$$

A:选用向量归一化法对实际值矩阵 $X=(x_{ij})_{4\times6}$ 标准化,即选用表 6-4 公式 6。得到标准化后的指标评价值矩阵 $Y=(y_{ij})_{4\times6}$ 为:

$$Y=(y_{ij})_{4\times6}=\begin{bmatrix}0.4671 & 0.3662 & 0.5056 & 0.5063 & 0.4811 & 0.6708\\0.5839 & 0.6591 & 0.4550 & 0.5983 & 0.2887 & 0.3727\\0.4204 & 0.4882 & 0.5308 & 0.4143 & 0.6736 & 0.5217\\0.5139 & 0.4392 & 0.5056 & 0.4603 & 0.4811 & 0.3727\end{bmatrix}$$

B：选用线性比例变换法对实际值矩阵 $X=(x_{ij})_{4\times6}$ 标准化，即计算正向指标选用表 6-4 公式 1、计算负向指标选用表 6-4 公式 1 倒数。

得到标准化后的指标评价值矩阵 $Y=(y_{ij})_{4\times6}$ 为：

$$Y=(y_{ij})_{4\times6}=\begin{bmatrix}0.80 & 0.56 & 0.95 & 0.82 & 0.71 & 1.00\\ 1.00 & 1.00 & 0.86 & 0.69 & 0.43 & 0.56\\ 0.72 & 0.74 & 1.00 & 1.00 & 1.00 & 0.78\\ 0.88 & 0.67 & 0.95 & 0.90 & 0.71 & 0.56\end{bmatrix}$$

由此可见，采用不同的标准化模型，得到的结果不一样。

在实际应用过程中，对于指标体系中的不同指标，标准化模型也可选用不一样。

### 6.3.4 属性权重系数确定

在统计理论和实践中，权重是表明各个属性指标（或者评价项目）重要性的权数，表示各个属性指标在总体中所起的不同作用。确定权重的方法较多，有专家咨询法、相对比较法、变异系数法、层次分析方法、相关系数法、组合（综合）权重法等。这里介绍相对比较法、层次分析方法和变异系数法。

（1）相对比较法

相对比较法求权重系数的方法如下。

① 设有 $n$ 个决策指标 $x_1$，$x_2$，…，$x_n$，按三级比例标度两两相对比较评分，其分值设为 $a_{ij}$，三级比例标度的含义见表 6-6。

② 评分值构成矩阵 $A=(a_{ij})_{n\times m}$，显然 $a_{ij}=0.5$，$a_{ij}+a_{ji}=1$。指标 $x_i$ 的权重系数：

$$w_i=k_i/\sum_{i=1}^{n}k_i,(i=1,2,\cdots,n;k_i=\sum_{j=1}^{m}a_{ij}) \tag{6-5}$$

使用相对比较法，任意两个指标之间相对重要度要有可比性，这种可比性在主观判断评分时，应满足比较的传递性。

**表 6-6　三级比例标度的含义**

| $a_{ij}$ | 含义 |
|---|---|
| 1 | $x_i$ 比$x_j$ 重要时 |
| 0.5 | $x_i$ 比$x_j$ 同样重要时 |
| 0 | $x_i$ 比$x_j$ 不重要时 |

【**例 6-4**】有 6 个指标，用相对比较法确定评分矩阵如下：

$$Q=\begin{bmatrix} 0.5 & 1 & 1 & 1 & 0.5 & 0 \\ 0 & 0.5 & 0.5 & 0.5 & 0 & 0 \\ 0 & 0.5 & 0.5 & 0.5 & 0 & 0 \\ 0 & 0.5 & 0.5 & 0.5 & 0 & 0 \\ 0.5 & 1 & 1 & 1 & 0.5 & 0 \\ 1 & 1 & 1 & 1 & 1 & 0.5 \end{bmatrix}$$

则指标权重的计算过程为：

$$\begin{bmatrix} 0.5 & 1 & 1 & 1 & 0.5 & 0 \\ 0 & 0.5 & 0.5 & 0.5 & 0 & 0 \\ 0 & 0.5 & 0.5 & 0.5 & 0 & 0 \\ 0 & 0.5 & 0.5 & 0.5 & 0 & 0 \\ 0.5 & 1 & 1 & 1 & 0.5 & 0 \\ 1 & 1 & 1 & 1 & 1 & 0.5 \end{bmatrix} \xrightarrow{\text{按行相加}} \begin{bmatrix} 4 \\ 1.5 \\ 1.5 \\ 1.5 \\ 4 \\ 5.5 \end{bmatrix} \xrightarrow{\text{归一化}} \begin{bmatrix} 0.22 \\ 0.08 \\ 0.08 \\ 0.08 \\ 0.22 \\ 0.31 \end{bmatrix} = \{w_j\}$$

相对比较也可以采用 0～1 打分法，将评价指标（属性）相互间做成对比较，重要者得 1 分，不重要者得 0 分，然后把各指标的得分相加，再归一化而得指标的相对权系数。如有 5 个评价指标的权重计算见表 6-7。

**表 6-7　5 个评价指标的权重计算**

| 评价指标 | 比较判定 | | | | | | | | | | 得分 | 权重 $\{w_j\}$ |
|---|---|---|---|---|---|---|---|---|---|---|---|---|
| | 1 | 2 | 3 | 4 | 5 | 6 | 7 | 8 | 9 | 10 | | |
| $x_1$ | 1 | 1 | 1 | 1 | | | | | | | 4 | 0.4 |
| $x_2$ | 0 | | | | 1 | 1 | 1 | | | | 3 | 0.3 |
| $x_3$ | | 0 | | | 0 | | | 1 | 0 | | 1 | 0.1 |
| $x_4$ | | | 0 | | | 0 | | 0 | | 0 | 0 | 0.0 |
| $x_5$ | | | | 0 | | | 0 | | 1 | 1 | 2 | 0.2 |
| 合计 | | | | | | | | | | | 10 | 1.0 |

同 0～1 打分法原理，还有 0～4 打分法，0～10 打分法，可根据不同需要进行选用。

（2）连环比率法

这种方法以任意顺序排列指标，按此顺序从前到后，相邻两指标比较其相对重要性，依次赋以比率值，并赋以最后一个指标的得分值为 1，从后到前，按此比率依次求得各指标的修正评分值，最后，归一化处理得到各指标的权重。

设有 $n$ 个指标 $x_1$，$x_2$，…，$x_n$，实施连环比率法的步骤是：首先将 $n$ 个以任意顺序排列的指标 $x_1$，$x_2$，…，$x_n$，从前到后依次赋以相邻两指标相对重要程度的比率值。

① 按照表 6-8，如果是 $x_j$ 与 $x_{j+1}$ 比较的话，赋以指标 $x_j$ 比率值 $r_j$ ($j=1, 2, \cdots, n-1$)。

② 计算各指标的修正评分值。

$$k_j = r_j k_{j+1}, k_n = 1 (j=1,2,\cdots,n-1)$$

③ 最后是进行归一化处理，据表 6-4 公式 6，并求得各指标的权重系数值 $w_i$：

**表 6-8　相邻指标比率值**

| | | |
|---|---|---|
| $r_j$ | 3 或 1/3 | $x_j$ 比 $x_{j+1}$ 重要(或相反) |
| | 2 或 1/2 | $x_j$ 比 $x_{j+1}$ 较为重要(或相反) |
| | 1 | $x_j$ 比 $x_{j+1}$ 同样重要 |
| $r_m$ | $1(j=1,2,\cdots,n-1)$ | |

**【例 6-5】** 已知决策指标 $x_5$ 比 $x_4$ 重要，$x_3$ 比 $x_4$ 较为重要，$x_2$ 比 $x_3$ 重要，$x_1$ 比 $x_2$ 重要，则安全对策决策 5 个指标 $x_1$，$x_2$，$x_3$，$x_4$，$x_5$ 权值计算如表 6-9。

**表 6-9　连环比率法计算权重**

| 决策指标 | $r_j$ | $k_j$ | $w_j$ |
|---|---|---|---|
| $x_1$ | 3 | 9.0 | 0.62 |
| $x_2$ | 3 | 3.0 | 0.21 |
| $x_3$ | 2 | 1.0 | 0.07 |
| $x_4$ | 0.5 | 0.5 | 0.03 |
| $x_5$ | — | 1.0 | 0.07 |

(3) 变异系数法

由于各准则值所包含的信息量不同，它们对被评价方案（决策方案）的作用也就不同。考虑信息量不同产生的影响的量化值称为信息量权重。另外，当某些准则值在各被评价方案之间差异较大时，其分辨能力较强，包含的信息量就多，它们在综合评价、最终决策中的作用就大，其信息权重系数也较大。采用变异系数法求取信息量权重系数的步骤如下。

求各准则的方差 $D_j$

$$D_j = \frac{1}{n-1}\sum_{i=1}^{n}\{x_{ij} - E[x_{ij}]\}^2 (j=1,2,\cdots,m) \tag{6-6}$$

其中准则值期望为

$$E[x_{ij}] = \frac{1}{n}\sum_{i=1}^{n} x_{ij} (j=1,2,\cdots,m) \tag{6-7}$$

求各准则值的变异系数 $V_j$：

$$V_j = \sqrt{D_j}/E[x_{ij}] \tag{6-8}$$

归一化变异系数，即信息量权重系数为：

$$w_j = V_j / \sum_{j=1}^{m} V_j \tag{6-9}$$

**【例 6-6】** 矿山中安全事故发生的概率与工人安全能力关系重大，必须对工人安全能力进行科学准确的评价，并及时采取应对措施，以降低事故的发生概率。通过对相关资料进行研究梳理，归纳总结以往研究中存在的不足及改进方向，针对 5 个工人，建立工人安全能力评价指标体系，运用客观赋权方法中的变异系数法对“身体健康状况、情绪稳定性、性格类型、心理承受力、学历、培训内容、培训机构、安全意识、安全态度和专业技能”10 个评价指标主观权重进行修正，确定评价指标综合权重，如表 6-10 所示。

**表 6-10　变异系数法确定评价指标的权重**

| 指标 | $x_1$ | $x_2$ | $x_3$ | $x_4$ | $x_5$ | $x_6$ | $x_7$ | $x_8$ | $x_9$ | $x_{10}$ |
|---|---|---|---|---|---|---|---|---|---|---|
| 工人 1 | 21.6 | 21.7 | 13.1 | 3.1 | 3.0 | 9.7 | 10.0 | 11.5 | 11.5 | 6.5 |
| 工人 2 | 35.2 | 26.9 | 12.4 | 0.9 | 6.5 | 9.5 | 9.8 | 8.9 | 8.9 | 5.5 |
| 工人 3 | 24.0 | 24.6 | 5.5 | 0.11 | 6.3 | 8.3 | 10.4 | 9.3 | 9.3 | 4.6 |
| 工人 4 | 26.0 | 23.6 | 8.1 | 1.0 | 5.6 | 8.8 | 10.7 | 9.3 | 9.3 | 4.1 |
| 工人 5 | 28.2 | 21.9 | 10.1 | 0.9 | 5.1 | 8.2 | 8.2 | 9.6 | 9.6 | 5.5 |

计算过程如下：

① 先根据各个指标数据，分别计算这些样本每个指标的平均数、方差和标准差见表 6-11。

**表 6-11　每个指标的平均数、方差和标准差**

| 样本 | 平均数 | 方差 | 标准差 |
|---|---|---|---|
| 工人 1 | 11.7 | 38.36 | 6.194 |
| 工人 2 | 12.45 | 98.44 | 9.922 |
| 工人 3 | 10.24 | 57.35 | 7.573 |
| 工人 4 | 10.65 | 57.84 | 7.605 |
| 工人 5 | 10.73 | 60.14 | 7.755 |

② 根据均值和标准差计算变异系数。

$x_1$ 的变异系数为：

$$V_i=\frac{\sigma_i}{\overline{x}_i}=\frac{6.194}{11.7}=0.529$$

$x_2$ 比重的变异系数：

$$V_i=\frac{\sigma_i}{\overline{x}_i}=\frac{9.922}{12.45}=0.797$$

其他类推。

③ 将各项指标的变异系数加总：

$$0.529+0.797+0.740+0.714+0.723=3.503$$

④ 计算构成评价指标体系的这 10 个指标的权重：

$$x_1 \text{ 权重}：w_i=\frac{V_i}{\sum_{i=1}^{n}V_i}=\frac{0.529}{3.503}=0.151$$

其他指标的权重都以此类推，所以各指标权重分别为 0.151、0.228、0.211、0.204、0.206。

(4) 层次分析法

层次分析法又称 AHP（analytic hierarchy process）构权法，是将复杂的评价对象排列为一个有序的递阶层次结构的整体，然后在各个评价项目之间进行两两的比较、判断，计算各个评价项目的相对重要性系数，即权重。AHP 构权法又分为单准则构权法和多准则构权法，在此介绍单准则构权法及具体步骤。

① 确定指标的量化标准。层次分析法的核心问题是建立一个构造合理且一致的判断矩阵，判断矩阵的合理性受到标度的合理性的影响。所谓标度是指评价者对各个评价指标（或者项目）重要性等级差异的量化概念。确定指标重要性的量化标准常用的方法有比例标度法和指数标度法。比例标度法是以对事物质的差别的评判标准为基础，一般以 5 种判别等级表示事物质的差别。当评价分析需要更高的精确度时，可采用 9 种判别等级来评价，见表 6-12。

**表 6-12　比例标度值（重要性系数 $x_{ij}$）**

| 取值含义 | 1～9 标度 |
| --- | --- |
| $i$ 与 $j$ 同等重要 | 1 |
| $i$ 比 $j$ 较为重要 | 3 |
| $i$ 比 $j$ 更为重要 | 5 |

续表

| 取值含义 | 1～9 标度 |
| --- | --- |
| $i$ 比 $j$ 强烈重要 | 7 |
| $i$ 比 $j$ 极端重要 | 9 |
| 介于上述相邻两级之间重要程度的比较 | 2 |
| | 4 |
| | 6 |
| | 8 |
| $j$ 与 $i$ 比较 | 上述各数的倒数 |

② 确定初始权数。初始权数的确定常常采用定性分析和定量分析相结合的方法。一般是先组织专家，请各位专家给出自己的判断数据，再综合专家的意见，最终形成初始值。具体操作步骤如下：

第一步，将分析研究的目的、已经建立的评价指标体系和初步确定的指标重要性的量化标准发给各位专家；请专家们根据表 6-12 比例标度值提供各评价指标的重要性系数，独立对各个评价指标给出相应的权重。

第二步，根据专家给出的各个指标的权重，分别计算各个指标权重的平均数和标准差。

第三步，将所得出的平均数和标准差的资料反馈给各位专家，并请各位专家再次提出修改意见或者更改指标权重数的建议，并在此基础上重新确定权重系数。

重复以上操作步骤，直到各个专家对各个评价项目所确定的权数趋于一致，或者专家们对自己的意见不再有修改为止，把这个最后的结果就作为初始的权数。

③ 对初始权数进行处理。

第一步，建立判断矩阵 $A$。通过专家对评价指标的评价，进行两两比较，其初始权数形成判断矩阵 $A$，判断矩阵 $A$ 中第 $i$ 行和第 $j$ 列的元素 $x_{ij}$ 表示指标 $x_i$ 与 $x_j$ 比较后所得的标度系数。

第二步，计算判断矩阵 $A$ 中的每一行各标度数据的几何平均数，记作 $\omega_i$。

第三步，进行归一化处理。应用公式 $\omega'_i=\dfrac{\omega_i}{\sum\omega_i}$ 进行归一化处理，以确定各个指标的权重系数。

④ 检验判断矩阵的一致性。检验判断矩阵的一致性是指需要确定权重的指标较多时，矩阵内的初始权数可能出现相互矛盾的情况，对于阶数较高的判

断矩阵，难以直接判断其一致性，这时就需要进行一致性检验。本节省略了对于判断矩阵一致性检验的步骤。

**【例 6-7】** 设判断矩阵 $A$ 如下：

$$A=\begin{bmatrix}1 & \frac{1}{5} & \frac{1}{3}\\ 5 & 1 & 3\\ 3 & \frac{1}{3} & 1\end{bmatrix}$$

应用乘积方根法求出的特征向量为：$W=(0.105\quad 0.637\quad 0.258)^T$

而
$$AW=\begin{bmatrix}1 & \frac{1}{5} & \frac{1}{3}\\ 5 & 1 & 3\\ 3 & \frac{1}{3} & 1\end{bmatrix}\begin{bmatrix}0.105\\ 0.637\\ 0.258\end{bmatrix}=\begin{bmatrix}0.318\\ 1.935\\ 0.785\end{bmatrix}$$

则 $\lambda_{\max}=\frac{1}{n}\sum_{i=1}^{n}\frac{\sum_{i=1}^{n}a_{ij}w_j}{w_i}=\frac{1}{3}\times\left(\frac{0.318}{0.105}+\frac{1.936}{0.687}+\frac{0.758}{0.258}\right)=3.037$

计算矩阵 $A$ 的一致性指标 $\mathrm{C.I.}=\frac{\lambda_{\max}-n}{n-1}=0.0185$，查阅表（略）得 $\mathrm{R.I.}=0.5149$，则 $\mathrm{C.R.}=\frac{\mathrm{C.I.}}{\mathrm{R.I.}}=0.0359<0.10$，即判断矩阵的一致性检验通过，所以 $w_1=0.105$，$w_2=0.637$，$w_3=0.259$。

## 6.4 系统安全决策方法

常见系统安全决策方法主要包括 ABC 分析方法、技术经济学方法、专家咨询法、综合评分法、决策树法、技术经济评价法、稀少事件评价法、模糊决策法、灰色安全决策、神经网络安全决策等，权重确定方法（6.3.4 节）也可以用于安全决策方案选取。

### 6.4.1 ABC 分析法

ABC 分析法又叫主次图法、排列图法、巴雷特图法等。巴雷特曲线是 1879 年意大利经济学家巴雷特在研究社会人口与财富的占有规律时发现占整个社会人口比例很小的少数人，却占有社会财富的大部分；而占整个社会总人口比例很大的多数人，却占有社会总财富的极小量，呈现不均匀分配的规律，他把这种现象所反映出的人口与财富的关系概括为“重要的少数和次要的多数”。并依据统计数据把这种关系画成直观排列图，从而得到一条曲线，人们称之为巴雷特曲线。

通常，将占累加百分数0%～80%的部分或因素称为关键因素或关键部位，即A类，80%～90%的部分或因素划为B类，余下部分或因素划为C类。

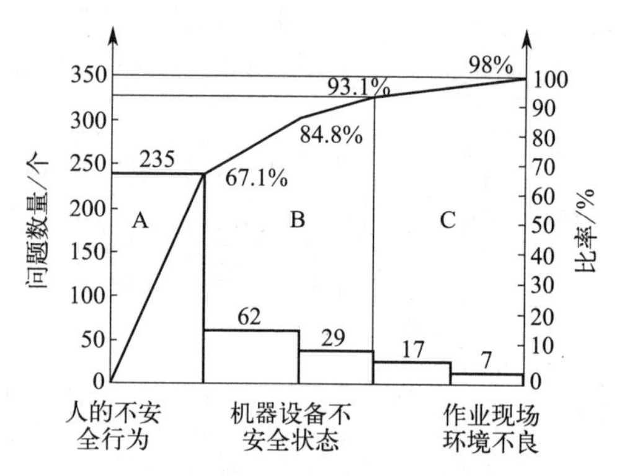


图6-1　某企业事故隐患排查清单

某企业事故隐患排查清单如图6-1所示，共排查出事故隐患350个，其中235个是违反操作规程、不懂安全操作技术、人为操作失误等人的不安全行为，占事故隐患总数的67.1%，设备带病运行、安全措施缺乏等机器设备不安全状态占17.7%，作业现场环境不良占6.9%。由此可见，“人的不安全行为”是关键A类问题。

如将该决策方法运用在图6-2所示的企业中，可以首先确定方案集并将评定指标确定为规范人的不安全行为、消除机器设备不安全状态以及改善作业现场环境。根据ABC分析法得出的各类问题出现频率可以将三种评定指标的权重分别确定为0.671、0.26和0.069，最后综合评定各方案优缺点选出最佳方案。

## 6.4.2　技术经济评价法

技术经济评价法是对抉择方案进行技术经济综合评价时，不但考虑评价指标的加权系数，而且所取的技术价和经济价都是相对于理想状态的相对值，这样更便于决策判断与方案筛选。

(1) 技术评价

技术评价步骤如下：

① 确定评价的技术项目和评价指标集。

② 明确各技术指标的重要程度。在指标集的众多技术指标中，要明确哪些是必须满足的，即所谓固定要求，低于或高于该指标就不合格；要明确哪些是可以给出一个允许范围的，也即有一个最低要求；还要明确哪些是希望达到的。

③ 分别对各个技术指标评分。

④ 进行技术指标总评价。在各个技术指标评分的基础上，进行总的评分，即

$$W_t = \frac{\frac{\sum_{i=1}^{n} V_i g_i}{n}}{V_{max} \sum_{i=1}^{n} g_i} = \frac{\sum_i^n V_i}{n V_{max}} \tag{6-10}$$

式中　$W_t$——技术价；

$V_i$——各技术评价指标的评分值；

$V_{max}$——各技术评价指标的最高分（对理想方案，5 分制的为 5 分）；

$n$——技术评价指标个数；

$g_i$——各技术评价指标的加权系数，取 1。

技术价 $W_t$ 越高，方案的技术性能越好。理想方案的技术价为 1，$W_t < 0.6$，表示方案不可取。

(2) 经济评价

经济评价的步骤如下。

① 按成本分析的方法，求出各方案的制造费用 $C_i$。

② 确定该方案的理想制造费用。通常理想的制造费用 $C_i$ 是允许制造费用的 0.7 倍。允许制造费用 $C$ 可按式(6-11) 计算：

$$C = \frac{C_I}{0.7} = \frac{C_{M,min}}{C_s / C_i} \tag{6-11}$$

式中　$C_{M,min}$——合适的市场价格；

$C_s$——标准价格，是研制费、行政管理费、销售费、盈利和税金的总和；

$C_I$——理想的制造费用。

③ 确定经济价。应用式(6-12) 计算经济价：

$$W_w = \frac{C_I}{C_i} = \frac{0.7C}{C_i} \tag{6-12}$$

经济价值越大，经济效果越好。理想方案的经济价为 1，表示实际生产成本等于理想成本。$W_w$ 的许用值为 0.7，此时，实际生产成本等于允许成本。

(3) 技术经济综合评价

可以用计算法和图法进行技术、经济综合评价。

① 相对价法。

均值法：

$$W=0.5(W_t+W_w) \tag{6-13}$$

双曲线法：

$$W=\sqrt{W_t+W_w} \tag{6-14}$$

相对价 $W$ 值越大，方案的技术经济综合性能越好，一般应取 $W>0.65$。

当 $W_t$、$W_w$ 两项中有一项数值较小时，用双曲线法能使 $W$ 值明显变小，更便于对方案的抉择。

② 优度图法。优度图如图 6-2 所示。图中横坐标为技术价 $W_t$，纵坐标为经济价 $W_w$。每个方案的 $W_{ti}$、$W_{wi}$ 值构成点 $S_i$，而 $S_i$ 的位置就反映了此方案的优度。当 $W_{ti}$、$W_{wi}$ 值均等于 1 时的交点 $S_I$ 是理想优度，表示技术经济综合指标的理想值。0-$S_I$ 连线称为“开发线”，线上各点 $W_t=W_w$。$S_i$ 点离 $S_I$ 点越近，表示技术经济综合指标越高，离开发线越近，说明技术经济综合性能越好。

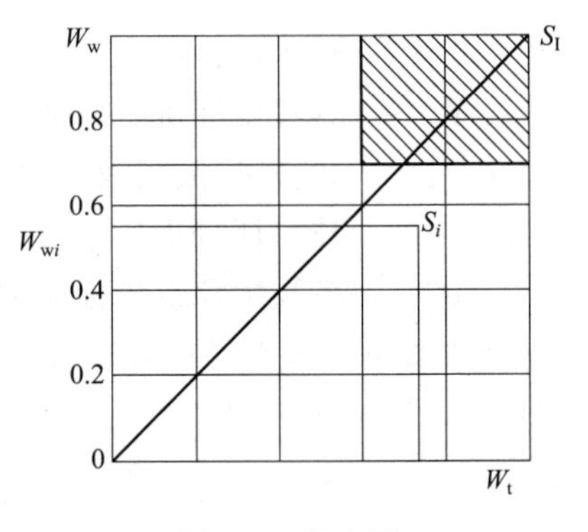


图 6-2 优度图

## 6.4.3 决策树法

决策树是风险决策的基本方法之一，它将决策对象按其因果关系分解成连续的层次与单元，以图的形式进行决策分析，由于这种决策图形似树枝，故称“决策树”。决策树分析方法又称概率分析决策方法。决策树法与事故树分析一样是一种演绎性方法，就是一种有序的概率图解法。

(1) 决策树形

决策树的结构如图 6-3 所示，图中符号说明如下：

方块□：表示决策点，从它引出的分支叫方案分支，分支数即为提出的方案数。

圈○：表示方案节点（也称自然状态点）。从它引出的分支称为概率分支，

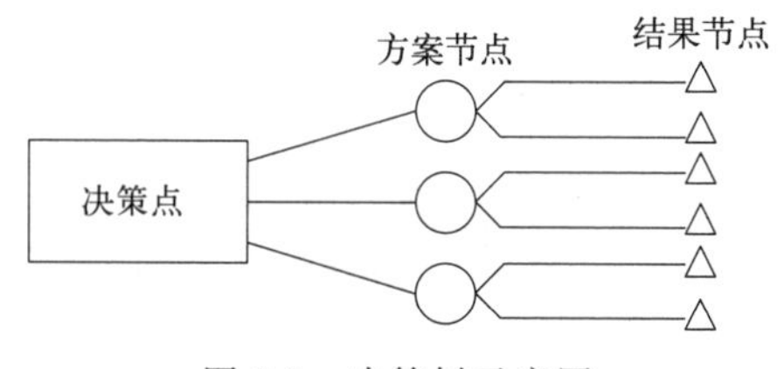


图 6-3　决策树示意图

每条分支上面应注明自然状态（客观条件）及其概率值，分支数即为可能出现的自然状态数。

三角△：表示结果节点（也称末梢），它旁边的数值是每一方案在相应状态下的收益值。

（2）决策步骤

根据决策问题绘制决策树；计算概率分支的概率值和相应的结果节点的收益值；计算各概率点的收益期望值；确定最优方案。

当所要的决策问题只需进行一次决策就可解决，叫作单阶段决策问题。如果问题比较复杂，而要进行一系列的决策才能解决，就叫作多阶段决策问题，多阶段决策问题采用决策树方法决策比较直观容易。

（3）决策树分析法的优点

① 决策树能显示出决策过程，不但能通观决策过程的全局，而且能在此基础上系统地对决策过程进行合理分析，集思广益，便于做出正确决策。

② 决策树显示能把风险决策的各个环节联系成一个统一的整体，有利于决策过程中的思考，能看出未来发展的几个步骤，易于比较各种方案的优劣。

③ 决策树法既可进行定性分析，也可进行定量分析。

**【例 6-8】**某工厂因频繁发生同一类安全生产事故，为此带来了重大经济损失，需购买一批安全防护装置进行预防，为此进行安全决策分析。分析过程，是否需要购买：若不购买花费 0 元，此类事故发生概率为 0.95，不发生为 0.05。若购买，则有三种选择，购买 1 号安全防护装置，花费 18 万元，事故发生概率为 0.18，不发生为 0.82；购买 2 号安全防护装置，花费 20 万元，事故发生概率为 0.15，不发生为 0.85；购买 3 号安全防护装置，花费 30 万元，事故发生概率为 0.05，不发生为 0.95。如果事故发生，无论购不购买安全防护装置，都将损失 30 万元。根据上述情况，绘制决策树图，并分析应选何种方案。

**解：**决策树图如下。

各概率点的损失期望值如下：

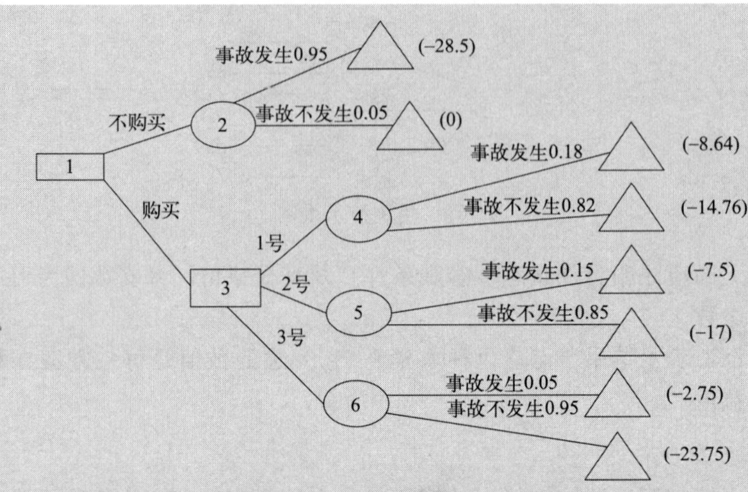


按照期望值公式计算期望值，其公式为：

$$E(V)=\sum_{i=1}^{n}P_iV_i$$

式中，$V_i$ 为事件 $i$ 的条件值；$P_i$ 为特定事件发生的概率；$n$ 为事件总数。

① 不购买安全防护装置的损失期望值：

$E_2=30\times0.95+0\times0.05=28.5$(万元)

② 购买1号安全防护装置的损失期望值：

事故发生：$(18+30)\times0.18=8.64$(万元)

事故不发生：$18\times0.82=14.76$(万元)

$E_4=8.64+14.76=23.4$(万元)

③ 购买2号安全防护装置的损失期望值：

事故发生：$(20+30)\times0.15=7.5$(万元)

事故不发生：$20\times0.85=17$(万元)

$E_5=7.5+17=24.5$(万元)

④ 购买3号安全防护装置的损失期望值：

事故发生：$(25+30)\times0.05=2.75$(万元)

事故不发生：$25\times0.95=23.75$(万元)

$E_6=2.75+23.75=26.5$(万元)

根据期望值决策准则，若决策目标是收益最大，则采用期望值最大的行为方案，如果决策目标是使损失最小，则选定期望值最小的方案，本题选用期望值最小者。比较三种方案的损失期望值 $E_2$、$E_4$、$E_5$、$E_6$ 可知：选定购买1号安全防护装置最为有利。

### 6.4.4 综合安全决策（评价）法

综合安全决策（评价）法其评价可以分为六个步骤：明确决策（评价）对象；确定安全决策（评价）属性（指标）体系；确定决策（评价）指标在决策（评价）指标体系中的权重；属性指标无量纲处理；确定安全评价的合成方法，求综合安全决策（评价）值；确定决策（评价）集，根据决策（评价）集进行系统分析和决策。

#### 6.4.4.1 综合评分法

综合评分法根据预先规定的评分标准对各方案所能达到的指标进行定量计算、比较，从而达到对各个方案排序的目的。如果有多个决策（评价）目标，则先分别对各个目标评分，再经处理求得方案的总分。

① 评分标准。一般分为 5 个等级，“理想状态”取最高分（5 分），“不能用”取最低分（1 分），“中间状态”分别取 4 分（良好）、3 分（可用）、2 分（勉强可用）。当然也可按 7 个等级评分，这要视决策方案多少及其之间的差别大小和决策者的要求而定。

② 评分方法。采用专家打分的方法，即专家根据评价目标对各个抉择方案评分，然后取其平均值或除去最大、最小值后的平均值作为分值。

③ 评价指标体系。综合考虑决策对象影响因素，构建响应的决策（评价）属性体系，并对体系进行优化和精简。该体系可以包含一级、二级和多级决策（评价）属性体系。一般包括 3 个方面的内容：技术指标、经济指标和社会指标。对于安全问题决策，要解决某个安全问题，若有几个不同的技术方案，则其评价指标体系的技术指标大致有技术先进性、可靠性、安全性、维修性、可操作性等；经济指标大致有成本、质量、原材料、周期、时间等；社会指标大致有劳动条件、环境、习惯、道德伦理等。要注意指标数不宜过多，否则不但难以突出主要因素，不易分清主次，同时还会给参加决策的人员造成极大的心理负担，决策结果反而不能反映实际情况。综合安全决策（评价）的核心问题就是如何确定安全决策（评价）属性（指标）体系。方案属性集建立的原则必须保证方案属性集的系统性、科学性、正确性与适应性，可采用事故树中最小割集和最小径集来构建属性集。

④ 权重系数确定。由于各评价指标的重要程度不一样，必须给每个评价指标一个权重系数。权重系数值可由相邻比较法、变异系数法、层次分析方法、相关系数法、组合（综合）权重法确定。

⑤ 定性目标的定量处理。有些指标如美观、舒适等，很难定量表示，一

般只能用很好、好、较好、一般、差或是优、良、中、及格、不及格等定性语言来表示。这时可规定一个相应的数量等级，如很好或优给 5 分，好或良给 4 分，差或不及格给 1 分。但应注意，对于某些指标，不同的人有不同感受，对同一指标可能给出不同的评分。

⑥ 计算总分。计算总分有很多方法，有分值相加法、分值相乘法、均值法、相对值法、有效值法等，如表 6-13 所示，可根据具体情况选用。总分或有效值高者为较佳方案。

**表 6-13　总分计算方法**

| 方法 | 公式 | 备注 |
|---|---|---|
| 分值相加法 | $Q=\sum_{i=1}^{n}k_i$ | 计算简单，直观 |
| 分值相乘法 | $Q=\prod_{i=1}^{n}k_i$ | 各方案总分相差大，便于比较 |
| 均值法 | $Q=\frac{1}{n}\sum_{i=1}^{n}k_i$ | 计算较简单，直观 |
| 相对值法 | $Q=\frac{\sum_{i=1}^{n}k_i}{nQ_0}$ | $Q\leqslant 1$，能看出与理想方案的差距 |
| 有效值法（加权计分法） | $Q=\sum_{i=1}^{n}k_i g_i$ | 总分中考虑各评价目标的重要度 |

注：$Q$ 为方案总分值；$N$ 为有效值；$n$ 为评价目标数；$k_i$ 为各评价目标的评分值；$g_i$ 为各评价目标的加权系数；$Q_0$ 为理想方案总分值。

**【例 6-9】** 为给某化工厂选址，现设计了甲、乙、丙、丁四种方案，要求用综合评分法确定最佳方案。其评分标准划分为 5 个等级，“优”取 5 分，“良”取 4 分，“中”取 3 分，“合格”取 2 分，“差”取 1 分。评价指标一般考虑厂址位置，面积，地形，周边环境四个方面。现邀请 10 位专家对甲方案各项指标分别打分，如表 6-14。同理可得乙方案的得分为 $K_乙=\{3,\ 2.9,\ 3.6,\ 3.1\}$，$K_丙=\{4.1,\ 3,\ 2.1,\ 3.5\}$，$K_丁=\{2.8,\ 4,\ 3.7,\ 3.4\}$。各指标的重要度可由评判表确定，如表 6-15。采用有效值法进行计算，选择最佳方案。

**表 6-14　专家评分**

| 项目 | 厂址位置（$K_1$） | 面积（$K_2$） | 地形（$K_3$） | 周边环境（$K_4$） |
|---|---|---|---|---|
| 专家 1 | 4 | 3 | 1 | 5 |
| 专家 2 | 4 | 2 | 2 | 4 |
| 专家 3 | 5 | 3 | 3 | 4 |

续表

| 项目 | 厂址位置($K_1$) | 面积($K_2$) | 地形($K_3$) | 周边环境($K_4$) |
|---|---|---|---|---|
| 专家 4 | 3 | 3 | 3 | 5 |
| 专家 5 | 4 | 4 | 2 | 3 |
| 专家 6 | 5 | 3 | 3 | 2 |
| 专家 7 | 2 | 2 | 1 | 1 |
| 专家 8 | 3 | 2 | 4 | 2 |
| 专家 9 | 3 | 5 | 2 | 3 |
| 专家 10 | 2 | 3 | 2 | 2 |

**表 6-15　评判表**

| 项目 | 厂址位置($K_1$) | 面积($K_2$) | 地形($K_3$) | 周边环境($K_4$) |
|---|---|---|---|---|
| 厂址位置($K_1$) | — | 4 | 3 | 2 |
| 面积($K_2$) | 0 | — | 1 | 2 |
| 地形($K_3$) | 1 | 3 | — | 1 |
| 周边环境($K_4$) | 2 | 2 | 3 | — |

**解**：由表 6-14 可得甲方案的各指标得分为

$$k_1=(4+4+5+3+4+5+2+3+3+2)\div 10=3.5$$

$$k_2=(3+2+3+3+4+3+2+2+5+3)\div 10=3$$

$$k_3=(1+2+3+3+2+3+1+4+2+2)\div 10=2.3$$

$$k_4=(5+4+4+5+3+2+1+2+3+2)\div 10=3.1$$

由表 6-15 可得

$$g_1=\frac{4+3+2}{4+3+2+1+2+1+3+1+2+2+3}=0.375$$

$$g_2=\frac{0+1+2}{4+3+2+1+2+1+3+1+2+2+3}=0.125$$

$$g_3=\frac{1+3+1}{4+3+2+1+2+1+3+1+2+2+3}=0.208$$

$$g_4=\frac{2+2+3}{4+3+2+1+2+1+3+1+2+2+3}=0.292$$

甲方案：$Q_1=3.5\times 0.375+3\times 0.125+2.3\times 0.208+3.1\times 0.292=3.0711$

乙方案：$Q_2=3\times 0.375+2.9\times 0.125+3.6\times 0.208+3.1\times 0.292=3.1415$

丙方案：$Q_3=4.1\times 0.375+3\times 0.125+2.1\times 0.208+3.5\times 0.292=3.3713$

丁方案：$Q_4=2.8\times 0.375+4\times 0.125+3.7\times 0.208+3.4\times 0.292=3.3124$

由此可得 $Q_3$ 值最大，因此丙方案最佳。

### 6.4.4.2 模糊决策（评价）法

（1）基本原理

模糊综合评价是模糊数学在安全评价中的具体应用，它从安全的角度出发，利用模糊数学的办法将模糊的安全信息定量化，从而对多因素进行定量评价与决策。它体现了系统安全是一个多因素、多变量、多层次的极其复杂的系统。这里所说的模糊的安全信息，其实就是我们常说的描述与安全有关的定性术语，如预测事故发生时，常用可能性很大、可能性不大或很小等术语进行区别；预测事故后果时，常用灾难性的、非常严重的、严重的、一般的等术语进行区别。如何用这些在安全领域中常用的定性术语进行评价和决策，采用模糊数学的方法是行之有效的途径之一。

（2）分析步骤

模糊决策主要分为两步进行：首先按每个因素单独评判，然后再按所有因素综合评判。

① 建立因素集。因素集是指以所决策（评价）系统中影响评判的各种因素为元素所组成的集合，通常用 $U$ 表示，即

$$U=\{u_1,u_2,\cdots,u_m\} \tag{6-15}$$

各元素 $u_i(i=1, 2, \cdots, m)$ 即代表各影响因素。这些因素通常都具有不同程度的模糊性。例如，评判作业人员的安全生产素质时，为了通过综合评判得出合理的值，可列出影响作业人员的安全生产素质取值的因素，一般包括：$u_1$（安全责任心）；$u_2$（所受安全教育程度）；$u_3$（文化程度）；$u_4$（作业纠错技能）；$u_5$（监测故障技能）；$u_6$（一般故障排除技能）；$u_7$（事故临界状态的辨识及应急操作技能）。

上述因素 $u_1 \sim u_7$ 都是模糊的，由它们组成的集合，便是评判操作人员安全生产技能的因素集。

② 建立权重集。一般来说，因素集 $U$ 中的各因素对安全系统的影响程度是不一样的。为了反映各因素的重要程度，对各个因素应赋予相应的权数 $a_i$。由各权数所组成的集合：

$$A=\{a_1,a_2,\cdots,a_m\} \tag{6-16}$$

式中，$A$ 为因素权重集，简称权重集。

各权数 $a_i$，应满足归一性和非负性条件：

$$\sum_{i=1}^{m} a_i=1(a_i \geqslant 0) \tag{6-17}$$

它们可视为各因素 $u_i$ 对“重要”的隶属度。因此，权重集是因素集上的模糊子集。

③ 建立评判集。评判集是评判者对评判对象可能做出的各种总的评判结果所组成的集合。通常用$V$表示，即

$$V=\{v_1, v_2, \cdots, v_n\} \tag{6-18}$$

各元素 $v_i$ 即代表各种可能的总评判结果。模糊综合评判的目的，就是在综合考虑所有影响因素基础上，从评判集中得出一个最佳的评判结果。

④ 单因素模糊评判。单独从一个因素进行评判，以确定评判对象对评判集元素的隶属度，称为单因素模糊评判。

设对因素集$U$中第$i$个因素$u_i$进行评判，对评判集$V$中第$j$个元素$v_j$的隶属度为$r_{ij}$，则按第$i$个因素$u_i$的评判结果可得模糊集合：

$$R_i=\{r_{i1}, r_{i2}, \cdots, r_{in}\} \tag{6-19}$$

同理，可得到相应于每个因素的单因素评判集如下：

$$\begin{gathered} R_1=\{r_{11}, r_{12}, \cdots, r_{1n}\} \\ R_2=\{r_{21}, r_{22}, \cdots, r_{2n}\} \\ \cdots \\ R_m=\{r_{m1}, r_{m2}, \cdots, r_{mn}\} \end{gathered} \tag{6-20}$$

将各单因素评判集的隶属度行组成矩阵，又称为评判（决策）矩阵：

$$R=\begin{bmatrix} r_{11} & \cdots & r_{1n} \\ \vdots & & \vdots \\ r_{m1} & \cdots & r_{mn} \end{bmatrix} \tag{6-21}$$

⑤ 模糊综合决策。单因素模糊评判，仅反映了一个因素对评判对象的影响。综合考虑所有因素的影响，以得出正确的评判结果，即模糊综合决策。若已得出决策矩阵$R$，再考虑各因素的重要程度，即给定隶属函数或权重集$A$，则模糊综合决策模型为：

$$B=A \cdot R \tag{6-22}$$

**【例 6-10】** 为开展矿区的安全评比工作，按照矿区人员和专家打分。评判矿区的安全状况及危险情况，一般可考虑伤亡事故$u_1$、非伤亡情况$u_2$、违章情况$u_3$以及安全管理制度$u_4$。这4个因素就可构成评价项目的集合，即

$$U=\{u_1, u_2, u_3, u_4\}$$

由于因素集中各因素对安全系统影响程度是不一样的，因此，要考虑权重系数。若评判人确定的权重系数用集合表示，即权重集为：

$$A=(0.5, 0.2, 0.2, 0.1)$$

若评判人对评判对象可能做出各种总的评语为优等、良、中等、差，则评判集为：

$$V=\{优等(v_1),良好(v_2),中等(v_3),差(v_4)\}$$

对因素集中的各个因素的评判，可用专家座谈的方式。具体做法是：任意固定一个因素，进行单因素评判，联合所有单因素评判，得单因素评判矩阵 $R$。如对伤亡事故 $u_1$ 这个因素评判：若有 40%的人认为优，50%的人认为良好，10%的人认为中等，没有人认为差，则评判集为

$$(0.4,0.5,0.1,0)$$

同理，可得到其他 3 个因素的评判集，即非伤亡情况的评判集为：

$$(0.5,0.4,0.1,0)$$

违章情况的评判集为：

$$(0.1,0.3,0.5,0.1)$$

安全管理制度的评判集为：

$$(0,0.3,0.5,0.2)$$

于是可将各单因素评判集的隶属度分别列为一行组成评判矩阵：

$$\mathrm{R}=\begin{bmatrix}0.4 & 0.5 & 0.1 & 0\\ 0.5 & 0.4 & 0.1 & 0\\ 0.1 & 0.3 & 0.5 & 0.1\\ 0 & 0.3 & 0.5 & 0.2\end{bmatrix}$$

则综合评判模型为：

$$B=A\cdot R$$

将 $A$ 和 $R$ 代入，计算：

$$B=(0.5,0.2,0.2,0.1)\cdot\begin{bmatrix}0.4 & 0.5 & 0.1 & 0\\ 0.5 & 0.4 & 0.1 & 0\\ 0.1 & 0.3 & 0.5 & 0.1\\ 0 & 0.3 & 0.5 & 0.2\end{bmatrix}$$

$$=\begin{bmatrix}(0.5\cap 0.4)\cup(0.2\cap 0.5)\cup(0.2\cap 0.1)\cup(0.1\cap 0)\\ (0.5\cap 0.5)\cup(0.2\cap 0.4)\cup(0.2\cap 0.3)\cup(0.1\cap 0.3)\\ (0.5\cap 0.1)\cup(0.2\cap 0.1)\cup(0.2\cap 0.5)\cup(0.1\cap 1.5)\\ (0.5\cap 0)\cup(0.2\cap 0)\cup(0.2\cap 0.1)\cup(0.1\cap 0.2)\end{bmatrix}$$

$$=\begin{bmatrix}0.4\cup 0.2\cup 0.1\cup 0\\ 0.5\cup 0.2\cup 0.2\cup 0.1\\ 0.1\cup 0.1\cup 0.2\cup 0.1\\ 0\cup 0\cup 0.1\cup 0.1\end{bmatrix}^T$$

$$=(0.4\quad 0.5\quad 0.2\quad 0.2)$$

$B$ 就代表评判集结果，但是因为 0.4＋0.5＋0.2＋0.1＝1.2，不容易看出百分比例关系，为此，可进行归一化处理：

$$B'=\left(\frac{0.4}{1.2}\quad \frac{0.5}{1.2}\quad \frac{0.2}{1.2}\quad \frac{0.1}{1.2}\right)=(0.33\quad 0.42\quad 0.17\quad 0.08)$$

也就是说，对矿区安全评比就上述 4 个因素的综合决策为：有 33%的评价人认为矿区状况优，有 42%的人认为良好，有 17%的人认为中等，有 8%的评价人认为差。

#### 6.4.4.3 灰色决策（评价）法

（1）基本原理

灰色综合评价是基于灰色关联度分析的综合评价方法。它是一种半定性半定量的评价与描述的方法。关联度表征两个事物的关联程度。进行关联度分析，即要找出反映事物本质的数据序列，根据序列曲线几何形状的接近程度来判断事物之间的联系是否紧密，曲线状态越接近，相应序列之间的关联度就越大，反之就越小。灰色综合评价即通过比较各个被评价对象与理想对象之间的关联度大小，来评价被评价对象的相对优劣，灰色综合评价是相对性评价。

（2）分析步骤

设有 $m$ 个评价对象，每个评价对象有 $n$ 个评价指标，第 $i$ 个评价对象的第 $j$ 个指标为

$$y_{ij}\ (i=1,2,\cdots,m;j=1,2,\cdots,n) \tag{6-23}$$

即

$$\begin{bmatrix} y_{11} & y_{12} & \cdots & y_{1n} \\ y_{21} & y_{22} & \cdots & y_{2n} \\ \cdots & \cdots & \cdots & \cdots \\ y_{m1} & y_{m2} & \cdots & y_{mn} \end{bmatrix} \tag{6-24}$$

其评价步骤如下：

① 确定最优指标集。由各个指标的最优值组成的数列集合称为最优指标集，也叫参考数列，其表达式为：

$$y_{0j}\ (j=1,2,\cdots,n) \tag{6-25}$$

即

$$Y_0=(y_{01}\quad y_{02}\quad \cdots\quad y_{0n}) \tag{6-26}$$

最优值依据评价指标属性决定，有时候取最大值，有时候取最小值。

② 构造原始矩阵。原始矩阵是由最优指标集和评价对象的指标两部分构成的。其表达式为：

$$Y=\begin{bmatrix} y_{01} & y_{02} & \cdots & y_{0n} \\ y_{11} & y_{12} & \cdots & y_{1n} \\ y_{21} & y_{22} & \cdots & y_{2n} \\ \cdots & \cdots & \cdots & \cdots \\ y_{m1} & y_{m2} & \cdots & y_{mn} \end{bmatrix} \tag{6-27}$$

③ 无量纲化处理。一般来说，数据量纲不同，不能相互比较。为了解决量纲问题，需要对数据进行无量纲处理，常见方法有数据均值化、数据初值化、数据极差化和数据标准化等方法。本书以数据均值化为例进行讲解。

所谓数据均值化，也就是将矩阵每列的数据除以该列数据的平均值，得到无量纲矩阵的过程。例如对上式进行无量纲化处理，首先，要求出每列数据的平均值，其表达式为：

$$\overline{y_j}=\frac{\sum_{i=0}^{m} y_{ij}}{m+1}(j=1,2,\cdots,n) \tag{6-28}$$

然后将矩阵的各个数据，除以对应列的平均值，即为无量纲值，其表达式为：

$$y'_{ij}=\frac{y_{ij}}{\overline{y_j}}(i=0,1,\cdots,m;j=1,2,\cdots,n) \tag{6-29}$$

④ 确定评价矩阵。

a. 确定灰色关联系数。为了确定评价矩阵，首先要先计算出第 $i$ 个评价对象与第 $j$ 个最优指标的灰色关联系数，其表达式如下：

$$r_{ij}=\frac{\min\limits_{i}\min\limits_{j}|x_{0j}-x_{ij}|+\xi\max\limits_{i}\max\limits_{j}|x_{0j}-x_{ij}|}{|x_{0j}-x_{ij}|+\xi\max\limits_{i}\max\limits_{j}|x_{0j}-x_{ij}|}\begin{pmatrix} i=1,2,\cdots,m; \\ j=1,2,\cdots,n \end{pmatrix} \tag{6-30}$$

其中，$\xi\in[0,1]$，常取 $\xi=0.5$。$\min\limits_{i}\min\limits_{j}|x_{0j}-x_{ij}|$ 为两级最小差，$\max\limits_{i}\max\limits_{j}|x_{0j}-x_{ij}|$ 为两级最大差。

b. 评价矩阵。根据式(6-30) 求出的所有灰色关联系数，可以知道评价矩阵，表达式如下：

$$R=\begin{pmatrix} r_{11} & r_{12} & \cdots & r_{1n} \\ r_{21} & r_{22} & \cdots & r_{2n} \\ \cdots & \cdots & \cdots & \cdots \\ r_{m1} & r_{m2} & \cdots & r_{mn} \end{pmatrix} \tag{6-31}$$

式中，$m$ 为评价对象数；$n$ 为评价指标数。

⑤ 确定权重矩阵。按照指标重要程度，可以赋予相应权重，其表达式为

$$W=(w_1 \quad w_2 \quad \cdots \quad w_n) \tag{6-32}$$

其满足非负性和归一化条件，即

$$w_{ij} \geqslant 0(j=1,2,\cdots,n) \sum_{j=1}^{n} w_j = 1$$

⑥ 评价结果。灰色关联度矩阵反映了各个指标与最优集的关联程度。其表达式如下：

$$A=W \cdot R^T \tag{6-33}$$

其中，各评价对象的灰色关联度为：

$$a_i=\sum_{j=1}^{n} w_j (r_{ij})^T (i=1,2,\cdots,m) \tag{6-34}$$

它的值越大，说明其相应对象越接近最优指标，据此判断各评价对象的优劣程度。

**【例 6-11】** 4 个措施方案 $A_1$、$A_2$、$A_3$、$A_4$ 的 4 个技术属性为 $x_1$、$x_2$、$x_3$、$x_4$，试采用灰色决策（评价）法从技术上对比 4 个措施，这 4 个评价指标比较数列矩阵见表 6-16。

**表 6-16 4 个措施方案属性比较矩阵**

| 属性<br>方案 | $x_1$ | $x_2$ | $x_3$ | $x_4$ |
|---|---|---|---|---|
| $A_1$ | 4.74 | 6.45 | 6.56 | 7.31 |
| $A_2$ | 28.48 | 22.91 | 6.11 | 16.28 |
| $A_3$ | 40.32 | 38.74 | 24.23 | 65.13 |
| $A_4$ | 41.32 | 21.32 | 21.11 | 16.21 |

在本例中，共有 4 个评价对象，每个评价对象有 4 个评价指标。参考数列由各个指标的最优值组成，在参加评价的各个指标中，分别挑出最优值，组成新的数列，即参考数列。最优值依据评价指标属性决定，有时候取最大值，有时候取最小值。在本例中，取各评价指标中的最大值作为最优值，则参考数列为：

$$Y_0=[7.31 \quad 28.48 \quad 65.13 \quad 41.32]$$

根据式(6-27) 可得原始矩阵：

$$Y=\begin{bmatrix}7.31 & 28.48 & 65.13 & 41.32\\ 4.74 & 28.48 & 40.32 & 41.32\\ 6.45 & 22.91 & 38.74 & 21.32\\ 6.56 & 6.11 & 24.23 & 21.11\\ 7.31 & 16.28 & 65.13 & 16.21\end{bmatrix}$$

根据式(6-28)、(6-29)，采用数据均值化方法可得无量纲矩阵：

$$Y=\begin{bmatrix}1.1291 & 1.3925 & 1.3943 & 1.4623\\ 0.7322 & 1.3925 & 0.8632 & 1.4623\\ 0.9963 & 1.1202 & 0.8294 & 0.7545\\ 1.0133 & 0.2987 & 0.5187 & 0.7471\\ 1.1291 & 0.7960 & 1.3943 & 0.5737\end{bmatrix}$$

取 $\xi=0.5$，根据式(6-30)～(6-31)可得评价矩阵：

$$R=\begin{bmatrix}0.5795 & 1.0000 & 0.5073 & 1.0000\\ 0.8046 & 0.6676 & 0.4919 & 0.4359\\ 0.8253 & 0.3333 & 0.3845 & 0.4333\\ 1.0000 & 0.4783 & 1.0000 & 0.3810\end{bmatrix}$$

按题设，指标权重矩阵：

$$W=[0.25 \quad 0.25 \quad 0.25 \quad 0.25]$$

则根据式(6-34) 可得灰色关联度矩阵：

$$A=[0.7717 \quad 0.6000 \quad 0.4941 \quad 0.7148]$$

由此可见，4 个安全措施决策顺序是：$x_1$、$x_4$、$x_2$、$x_3$。

## 思考题

① 常见的决策方法有哪些？各有什么特点？

② 请阐述系统安全决策与事故树、事件树以及陶氏化学火灾爆炸指数危险评价法之间的关系。

③ 某企业考虑自行研制一新型防火阀。首先，这个项目是否需要评审，如果需要评审，需要评审费 0.5 万元，而评审通过的概率为 0.8，不通过的概率为 0.2。如果研制成功，能有 6 万元的收益。若独立研制，研制费为 2.5 万元，成功概率为 0.7，失败概率为 0.3；若联合研制（包括先评审），研制费为 4 万元，成功概率为 0.99，失败概率为 0.01。请采用决策树进行分析。

④ 现在对某安全措施方案进行决策。考虑经济、技术、环境影响 3 个因

素，评定分为“优”“良”“中”“及格”4个等级。通过专家法，得到评价模糊矩阵为：

$$\tilde{R}=\begin{pmatrix}0.4 & 0.3 & 0.2 & 0.1\\0.2 & 0.3 & 0.4 & 0.1\\0.2 & 0.2 & 0.3 & 0.3\end{pmatrix}$$

权重向量为：$A=[0.4.0.3,0.3]$，试用$M(\wedge, \vee)$算法求出对方案的综合决策。

⑤ 已知六个措施方案$A_1\sim A_6$的三个技术及经济属性$x_1$、$x_2$、$x_3$，其中$x_1$、$x_3$为极大型指标，$x_2$为极小型指标，具体数据如表 6-17，试采用灰色决策（评价）法从技术上对比六个措施。

**表 6-17　方案及经济属性**

| 方案 | $x_1$ | $x_2$ | $x_3$ |
| --- | --- | --- | --- |
| $A_1$ | 88 | 26550 | 17700 |
| $A_2$ | 36 | 46880 | 2620 |
| $A_3$ | 62 | 33430 | 11880 |
| $A_4$ | 36 | 46160 | 495 |
| $A_5$ | 36 | 44760 | 495 |
| $A_6$ | 62 | 25490 | 11800 |

# 第7章

# 系统安全工程实务——安全评价

本章根据最新国家安全评价相关规定文件以及安全评价标准，系统介绍了安全评价的概念、目的意义、分类、原理和原则，安全评价程序，安全评价法律法规，安全评价技术文件，安全评价过程控制体系等内容，使读者掌握最新安全评价动态，实现知识更新，为开展安全评价实践工作，编制层次水平较高的安全评价报告提供有效的学习资料。

## 7.1 概述

安全评价作为安全系统工程的重要组成部分，经过近一个世纪的发展和应用，安全评价不仅成为现代安全生产的重要环节，而且在安全管理的现代化、科学化中也起到了积极的推动作用。实践证明，安全评价不仅能有效地提高企业和生产设备的本质安全程度，而且可以为各级安全生产监督管理部门的决策和监督检查提供有力的技术支撑。“安全第一，预防为主，综合治理”是我们党和国家始终不渝的安全生产方针，开展安全评价正是推出“安全第一，预防为主，综合治理”的一项重要工作，是安全生产方针在安全生产上的具体体现。近年来，我国安全生产状况大有好转，但形势依然严峻，重特大伤亡事故仍时有发生，党和政府及社会各界都十分关注，开展安全评价是消除隐患、防范事故的一项治本之策。

### 7.1.1 安全评价概念

安全评价（也称风险评估），是以实现工程、系统安全为目的，应用安全系统工程的原理和方法，对工程、系统中存在的危险、有害因素进行识别与分析，判断工程、系统发生事故和急性职业危害的可能性及其严重程度，提出安全对策建议，从而为工程、系统制定防范措施和管理决策提供科学依据。

### 7.1.2　安全评价目的、意义

（1）安全评价目的

安全评价目的是查找、分析和预测工程、系统存在的危险、有害因素及可能导致的危险、危害后果和程度，提出合理可行的安全对策措施，指导危险源监控和事故预防，以达到最低事故率、最少损失和最优的安全投资效益。安全评价可以达到以下目的：

① 提高系统本质安全化程度；

② 实现全过程安全控制；

③ 建立系统安全的最优方案，为决策提供依据；

④ 为实现安全技术、安全管理的标准化和科学化创造条件。

（2）安全评价意义

安全评价意义在于可有效地预防事故的发生，减少财产损失和人员伤亡。

① 安全评价是安全管理的一个必要组成部分。

② 有助于政府安全监督管理部门对生产经营单位的安全生产实行宏观控制。

③ 有助于安全投资的合理选择。

④ 有助于提高生产经营单位的安全管理水平。

⑤ 有助于生产经营单位提高经济效益。

### 7.1.3　安全评价依据及风险判别指标

（1）安全评价依据

安全评价依据有：国家和地方的有关法律、法规、标准，企业内部的规章制度和技术规范，可接受风险标准，以及前人的经验和教训等。

（2）安全生产法规体系

安全生产法规体系分为四个层次：第一层为法律；第二层为行政法规；第三层为部门规章；第四层为地方性法规；第五层为标准。系统安全状态评价法律法规及标准见表 7-1。

**表 7-1　系统安全状态评价法律法规及标准**

| 序号 | 分类名称 | 法律法规及标准名称 | 颁布单位或文号 |
|---|---|---|---|
| 1 | 法律 | 中华人民共和国安全生产法 | 中华人民共和国主席令第 13 号 |
| 2 | | 中华人民共和国矿山安全法 | 中华人民共和国主席令第 18 号 |
| 3 | | 中华人民共和国劳动法 | 中华人民共和国主席令第 24 号 |
| 4 | | 中华人民共和国建筑法 | 中华人民共和国主席令第 29 号 |
| 5 | | 中华人民共和国环境保护法 | 中华人民共和国主席令第 9 号 |
| 6 | | 中华人民共和国职业病防治法 | 中华人民共和国主席令第 24 号 |
| 7 | | 中华人民共和国消防法 | 中华人民共和国主席令第 29 号 |
| 8 | | 中华人民共和国突发事件应对法 | 中华人民共和国主席令第 69 号 |
| 9 | | 中华人民共和国道路交通安全法 | 中华人民共和国主席令第 47 号 |
| 10 | | 中华人民共和国电力法 | 中华人民共和国主席令第 23 号 |
| 11 | 行政法规 | 生产安全事故报告和调查处理条例 | 中华人民共和国国务院令第 493 号 |
| 12 | | 生产安全事故信息报告和处置办法 | 国家安全生产监督管理总局令第 21 号 |
| 13 | | 安全生产许可证条例 | 中华人民共和国国务院令第 653 号 |
| 14 | | 建设工程安全生产管理条例 | 中华人民共和国国务院令第 393 号 |
| 15 | | 中华人民共和国矿山安全法实施条例 | 中华人民共和国劳动部令第 4 号 |
| 16 | | 中华人民共和国道路交通安全法实施条例 | 中华人民共和国劳动部令第 687 号 |
| 17 | | 安全生产违法行为行政处罚办法 | 国家安全生产监督管理总局令第 77 号 |
| 18 | | 尾矿库安全监督管理规定 | 国家安全生产监督管理总局第 38 号令 |
| 19 | | 用人单位劳动防护用品管理规范 | 国家安全生产监督管理总局令第 3 号 |
| 20 | | 生产经营单位安全培训规定 | 国家安全生产监督管理总局令第 80 号 |
| 21 | | 特种设备作业人员监督管理办法 | 国家质量监督检验检疫总局第 140 号 |

续表

| 序号 | 分类名称 | 法律法规及标准名称 | 颁布单位或文号 |
|---|---|---|---|
| 22 | 行政法规 | 特种设备安全监察条例 | 中华人民共和国国务院令第549号 |
| 23 | | 工伤保险条例 | 中华人民共和国国务院第136次常务会议 |
| 24 | | 高危行业企业安全生产费用财务管理暂行办法 | 财企[2006]478号 |
| 25 | | 职业病危害项目申报办法 | 国家安全生产监督管理总局令第48号 |
| 26 | | 工作场所职业卫生监督管理规定 | 国家安全生产监督管理总局令第47号 |
| 27 | | 危险化学品安全管理条例 | 中华人民共和国国务院令第645号 |
| 28 | | 建设工程安全生产管理条例 | 中华人民共和国国务院令第393号 |
| 29 | 地方性法规 | 云南省职业病防治条例 | 云南省人大委员会公告第10号 |
| 30 | | 云南省道路交通安全条例 | 云南省第十二届人民代表大会常务委员会公告(第15号) |
| 31 | | 云南省安全生产条例 | 云南省人大(含常委会) |
| 32 | 标准 | 金属非金属矿山安全规程(GB 16423—2006) | 国家安全生产监督管理总局 |
| 33 | | 生产经营单位生产安全事故应急预案编制导则 | 国家市场监督管理总局 |
| 34 | | 建筑施工现场环境与卫生标准(JGJ 146) | 建设部 |
| 35 | | 矿山井巷工程施工及验收规范(GBJ 213) | 建设部 |
| 36 | | 爆破安全规程(GB 6722—2014) | 国家质量监督检验检疫总局 |
| 37 | | 矿山电力设计规范(GB 50070—2020) | 住房和城乡建设部、国家市场监督管理总局联合发布 |
| 38 | | 电业安全工作规程(GB 26164—2010) | 国家质量监督检验检疫总局 |
| 39 | | 66kV及以下架空电力线路设计规范(GB 50061—2010) | 住房和城乡建设部 |

续表

| 序号 | 分类名称 | 法律法规及标准名称 | 颁布单位或文号 |
| --- | --- | --- | --- |
| 40 | 标准 | 竖井罐笼提升信号系统安全技术要求(GB 16541—2010) | 国家质量监督检验检疫总局 |
| 41 | | 罐笼安全技术要求(GB 16542—2010) | 国家质量监督检验检疫总局 |
| 42 | | 矿井提升机和矿用提升绞车安全要求(GB 20181—2006) | 国家质量监督检验检疫总局 |
| 43 | | 货运架空索道安全规范(GB/T 12141—2008) | 国家质量监督检验检疫总局 |
| 44 | | 固定式压力容器安全技术监察规程(TSG 21—2016) | 国家质量监督检验检疫总局 |
| 45 | | 作业场所空气中呼吸性岩尘接触浓度管理标准(AQ 4203) | 国家安全生产监督管理总局 |
| 46 | | 矿山个体呼吸性粉尘测定方法(AQ 4205) | 国家安全生产监督管理总局 |
| 47 | | 建筑设计防火规范(2018 年版)(GB 50016—2014) | 住房和城乡建设部 |
| 48 | | 尾矿库安全技术规程(AQ 2006) | 国家安全生产监督管理总局 |
| 49 | | 选矿安全规程(GB 18152—2000) | 国家质量监督检验检疫总局 |
| 50 | | 选矿厂尾矿设施设计规范(ZBJ 1) | 建设部 |
| 51 | | 20kV 及以下变电所设计规范(GB 50053—2013) | 住房和城乡建设部 |
| 52 | | 气瓶安全监察规定 | 国家质监总局令第 166 号 |
| 53 | | 有色金属矿山排土场设计规范(GB 50421—2018) | 住房和城乡建设部 |
| 54 | | 金属非金属矿山排土场安全生产规则(AQ 2005—2005) | 国家安全生产监督管理总局 |
| 55 | | 铁矿球团工程设计规范(GB/T 50491—2018) | 住房和城乡建设部 |
| 56 | | 工业企业煤气安全规程(GB 6222—2005) | 国家安全生产监督管理局 |

续表

| 序号 | 分类名称 | 法律法规及标准名称 | 颁布单位或文号 |
| --- | --- | --- | --- |
| 57 | 标准 | 发生炉煤气站设计规范(GB 50195—2013) | 住房和城乡建设部 |
| 58 | | 固定式钢直梯安全技术条件(GB 4053.1—2009) | 国家质量监督检验检疫总局 |
| 59 | | 固定式钢斜梯安全技术条件(GB 4053.2—2009) | 国家质量监督检验检疫总局 |
| 60 | | 固定式钢梯及平台安全要求工业防护栏杆及钢平台(GB 4053.3—2009) | 国家质量监督检验检疫总局 |
| 61 | | 工业管道的基本识别色、识别符号和安全标识(GB 7231—2003) | 国家质量监督检验检疫总局 |
| 62 | | 劳动防护用品选用规则(GB/T 11651) | 国家质量监督检验检疫总局 |
| 63 | | 矿山安全标志(GB 14161—2008) | 国家质量监督检验检疫总局 |
| 64 | | 矿用产品安全标志标识(AQ 1043—2007) | 国家安全生产监督管理总局 |
| 65 | | 建筑照明设计标准(GB 50034—2013) | 住房和城乡建设部 |
| 66 | | 岩土锚杆喷射混凝土支护技术规范(GB 50086—2015) | 住房和城乡建设部 |
| 67 | | 工业企业设计卫生标准(GBZ 1—2010) | 卫生部 |
| 68 | | 工作场所有害因素职业接触限值(GBZ 2) | 卫生部 |

(3) 标准

安全评价标准的分类如下。

① 按适用范围分为四类：一是国家标准；二是行业标准；三是地方标准；四是企业标准。

② 按约束性分为两类：一是强制性标准；二是推荐性标准。

③ 按性质分为三类：管理标准、工作标准和方法标准。

(4) 风险判别指标

风险判别指标（或判别准则）是判别风险大小的依据，是用来衡量系统风险大小以及危险、危害是否可接受的尺度。

风险判别指标可以是定性的，也可以是定量的。常用的风险判别指标有安全系数、失效概率、安全指标（如事故频率、财产损失率、伤亡率等）。

可接受风险是指在规定的性能、时间和成本范围内达到的最佳可接受风险程度（可接受风险指标不是一成不变的）。

### 7.1.4 安全评价分类

我国根据工程、系统生命周期和评价目的，将安全评价分为安全预评价、安全验收评价、安全现状评价三类。

（1）安全预评价

安全预评价是根据建设项目可行性研究报告的内容，分析和预测该建设项目可能存在的危险、有害因素的种类和程度，提出合理可行的安全对策措施及建议。

安全预评价可概括为以下几点：

① 安全预评价是一种有目的的行为，它是在研究事故的危害为什么会发生、是怎样发生的和如何防止发生这些问题的基础上，回答建设项目依据设计方案建成后的安全性如何，是否能达到安全标准的要求及如何达到安全标准，安全保障体系的可靠性如何等至关重要的问题。

② 安全预评价的核心是对系统存在的危险、有害因素进行定性、定量分析。

③ 用有关安全评价标准对系统进行衡量、分析，说明系统的安全性。

④ 其最终目的是确定采取哪些优化的技术、管理措施，使各子系统及建设项目整体达到安全标准的要求。

（2）安全验收评价

安全验收评价是在建设项目竣工验收之前、试生产运行正常后，通过对建设项目的设施、设备、装置的实际运行状况及管理状况的安全评价，查找该建设项目投产后存在的危险、有害因素，确定其程度并提出合理可行的安全对策措施及建议。安全验收评价是为安全验收进行的技术准备。

（3）安全现状评价

安全现状评价是针对系统、工程（某一个生产经营单位的总体或局部生产经营活动）的安全现状进行的安全评价。通过安全现状评价查找其存在的危险、有害因素，确定其程度，提出合理可行的安全对策措施及建议。主要包括以下内容。

① 全面收集评价所需的信息资料，采用合适的系统安全分析方法进行危

险因素识别，给出量化的安全状态参数值。

② 对于可能造成重大后果的事故隐患，采用相应的评价数学模型，进行事故模拟，预测极端情况下的影响范围，分析事故的最大损失，以及发生事故的概率。

③ 对发现的事故隐患，分别提出治理措施，并按危险程度的大小及整改的优先度进行安排。

④ 提出整改措施与建议。

各类安全评价的联系与区别见表 7-2。

**表 7-2　各类安全评价的联系与区别**

| 项目 | 预评价 | 验收评价 | 现状评价 |
| --- | --- | --- | --- |
| 依据设计文件 | 可行性研究报告 | 详细设计 | 详细和修改设计 |
| 依据资料 | 类比工程 | 现场资料 | 现场资料 |
| 进行时间 | 系统设计之前 | 正式运行之前 | 正式运行之后 |
| 评价重点 | 1. 可行性<br>2. 可能危险危害因素<br>3. 设计时的措施 | 1. 法规符合性<br>2. 存在危险危害因素<br>3. 措施的有效性 | 1. 适应性<br>2. 存在危险危害因素<br>3. 整改措施 |
| 目的 | 指导系统设计，使系统达到安全要求 | 持续改进 | 达标 |

## 7.1.5　安全评价与三同时的关系

《中华人民共和国安全生产法》规定：生产经营单位新建、改建、扩建工程项目的安全设施，必须与主体工程同时设计、同时施工、同时投入生产和使用（简称“三同时”）。

安全预评价是“三同时”的保证。通过安全预评价，可有效地提高工程安全设计的质量和投产后的安全可靠程度；在设计阶段，必须落实安全预评价所提出的各项措施，切实做到建设项目在设计中的“三同时”。

安全现状评价可客观地对生产经营单位安全水平作出结论，使生产经营单位不仅了解可能存在的危险性，而且明确如何改进安全状况。从而实现建设项目在施工中的“三同时”。安全验收评价是“三同时”的验证。通过安全验收评价，比照国家有关技术标准和规范，对建设项目设备、设施及系统进行符合性评价，提高安全达标水平。实现投入生产和使用的“三同时”。

### 7.1.6 安全评价原理

常用安全评价原理有：相关性原理、类推原理、惯性原理、量变到质变原理等。

（1）相关性原理

相关性是指一个系统，其属性、特征与事故和职业危害存在着因果的相关性。

① 系统基本特征：目的性、集合性、相关性、阶层性、整体性、适应性。

② 因果关系：事故和导致事故发生的各种原因（危险因素）之间存在着相关关系，表现为依存关系和因果关系。危险因素是原因，事故是结果，事故的发生是由许多因素综合作用的结果。

系统的安全评价的对象是系统，而系统有大有小，千差万别，但其基本特征是一致的。系统的整体功能和任务是组成系统的各子系统、单元综合发挥作用的结果。因此，不仅系统与子系统、子系统与单元之间有着密切的关系，而且各子系统之间、各单元之间也存在着密切的相关关系。

（2）类推原理

类推（类比）原理是根据两个或两类对象之间存在着某些相同或相似的属性，从一个已知对象具有某个属性来推出另一个对象具有此种属性的一种推理过程。用类推原理对系统进行评价的方法，即类推（类比）评价方法。

常用的类推方法有：平衡推算、代替推算、因素推算、抽样推算、比例推算、概率推算。

① 平衡推算。根据相互依存的平衡关系来推算所缺有关指标的方法。例如，利用海因里希事故法则（1∶29∶300），在已知重伤死亡数据的情况下，推算轻伤和无伤害数据；利用事故的直接经济损失与间接经济损失的比例为1∶4的关系，从直接损失预测、评价间接损失和事故总经济损失。

② 代替推算。利用具有密切联系（或相似）的有关资料，来代替所缺少资料项目的办法。

③ 因素推算。根据指标之间的联系，从已知因素数据推算有关未知指标数据的方法。

④ 抽样推算。根据抽样或典型调查资料推算系统总体特征的方法。这种方法是数理统计分析中的常用方法，是以部分样本代表整个样本空间来对总体进行统计分析。

⑤ 比例推算。根据社会经济现象的内在联系，用某一时期、地区、部门

或单位的实际比例，推算另一个类似时期、地区、部门或单位有关指标的方法。

⑥ 概率推算。任何随机事件，在一定条件下发生与否是有规律的，其发生概率是客观存在的定值。因此，可以用概率值来预测、评价现在和未来系统发生事故的可能性大小，以此来衡量系统危险性的大小、安全程度的高低。

（3）惯性原理

任何事故在其发展过程中，从过去到现在以及延伸至将来，都具有一定的延续性，这种延续性称为惯性。应用时注意以下两点：惯性的大小、惯性的趋势。

按照这一原则，认为过去的行为不仅影响现在，而且影响未来。尽管未来时间内有可能存在某些方面的差异，但对于系统安全状况的总体情况，今天是过去的延续，明天则是今天的发展。事故发展的惯性运动也受“外力”的影响，使其加速或减速。例如，安全投资、安全措施、安全管理等，均可认为是作用于“事故”上的“外力”，使事故发展产生负加速度，使其发展速度减慢，惯性变小。而今天的安全投资，也是以昨天的事故损失大小为依据的。安全投资过少，则不能阻止事故发展的惯性运动。这就需要建立安全投资与减少事故损失的相关模型，以期取得最佳的安全投资效益。

（4）量变到质变原理

任何一个事物在发展变化过程中都存在着从量变到质变的规律。同样，在一个系统中，许多有关安全的因素也都一一存在着从量变到质变的过程。在评价一个系统的安全时，也都离不开从量变到质变的原理。

### 7.1.7 安全评价基本原则

安全评价基本原则是具备国家规定资质的安全评价机构科学、公正和合法地自主开展安全评价。在工作中应遵循以下几个原则：合法性、科学性、公正性、针对性。

（1）合法性

安全评价是国家以法规形式确定下来的一种安全管理制度。安全评价机构和评价人员必须由中华人民共和国应急管理部门予以资质核准和资格注册，只有取得认可的单位才能依法进行安全评价工作。政策、法规、标准是安全评价的依据，政策性是安全评价工作的灵魂。所以，承担安全评价工作的单位必须在中华人民共和国应急管理部门的指导、监督下严格执行国家及地方颁布的有关安全的方针、政策、法规和标准等；在具体评价过程中，全面、仔细、深入地剖析评价项目或生产经营单位在执行产业政策、安全生产和劳动保护政策等方面存在的问题，并且在评价过程中主动接受国家安全生产监督管理部门的指导、监督和检查，力争为项目决策、设计和安全运行提出符合政策、法规、标准要求的评价结论和建议，为安全生产监督管理提供科学依据。

（2）科学性

为保证安全评价能准确地反映被评价项目的客观实际和结论的正确性，在开展安全评价的全过程中，必须依据科学的方法、程序，以严谨的科学态度全面、准确、客观地进行工作，提出科学的对策措施，做出科学的结论。

（3）公正性

评价结论是评价项目的决策依据，设计依据、能否安全运行的依据，也是国家安全生产监督管理部门在进行安全监督管理的执法依据。因此，对于安全评价的每一项工作都要做到客观和公正，既要防止受评价人员主观因素的影响，又要排除外界因素的干扰，避免出现不合理、不公正。

评价的正确与否直接影响被评价项目能否安全运行；涉及国家财产和声誉会不会受到破坏和影响；涉及被评价单位的财产会不会受到损失，生产能否正常进行；涉及周围单位及居民会不会受到影响；涉及被评价单位职工乃至周围居民的安全和健康。因此，评价单位和评价人员必须严肃、认真、实事求是地进行公正的评价。

（4）针对性

进行安全评价时，首先应针对被评价项目的实际情况和特征，收集有关资料，对系统进行全面的分析；其次要对众多的危险、有害因素及单元进行筛选，对主要的危险、有害因素及重要单元应进行有针对性的重点评价，并辅以重大事故后果和典型案例进行分析、评价；由于各类评价方法都有特定适用范围和使用条件，要有针对性地选用评价方法；最后要从实际的经济、技术条件出发，提出有针对性、操作性强的对策措施，对被评价项目做出客观、公正的评价结论。

## 7.2 安全评价步骤

### 7.2.1 安全评价的基本程序

安全评价的基本程序主要包括：准备、危险辨识、定性定量评价、提出安全对策措施、形成安全评价结论与建议、编制安全评价报告，如图 7-1 所示。

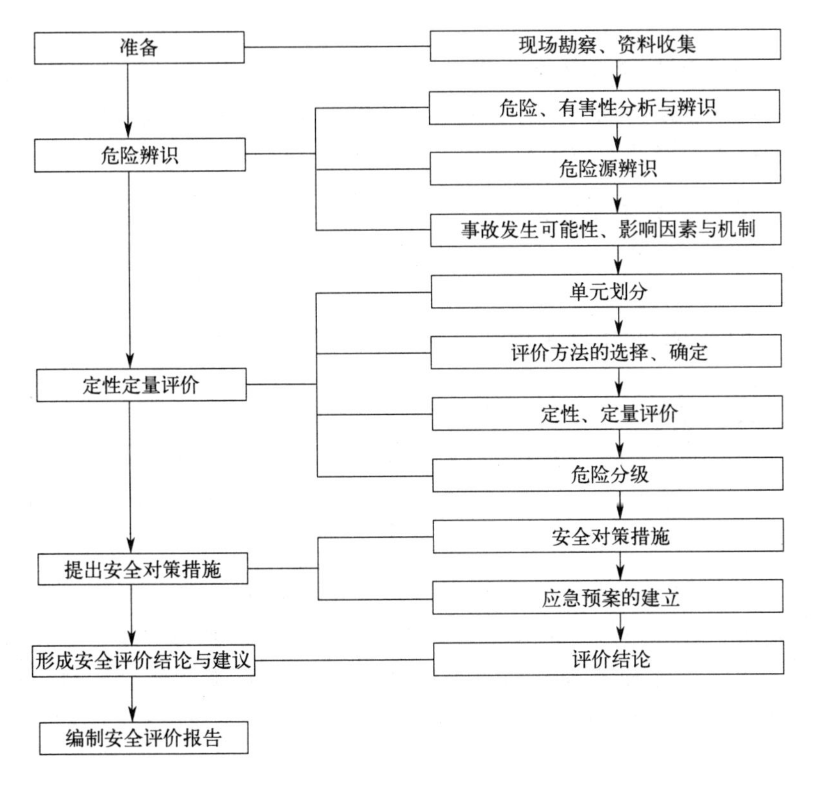


图 7-1　安全评价的基本程序

（1）准备

明确被评价对象和范围，收集国内外相关法律法规、技术标准及工程、系统的技术资料。

（2）危险辨识

根据被评价工程、系统情况，识别和分析危险、有害因素，确定危险、有害因素存在的部位、存在的方式，事故发生的途径及其变化规律。

（3）定性定量评价

在对危险、有害因素识别和分析的基础上，划分评价单元，选择合理的评价方法，对工程、系统发生事故的可能性和严重程度进行定性、定量评价。

（4）提出安全对策措施

根据定性、定量评价结果，提出消除或减弱危险、有害因素的技术和管理措施及建议。

（5）形成安全评价结论及建议

简要地列出主要危险、有害因素，指出工程、系统应重点防范的重大危险因素，明确生产经营者应重视的重要安全措施。

（6）编制安全评价报告

依据安全评价的结果编制相应的安全评价报告。

### 7.2.2 安全评价方法选择

（1）安全评价方法选择原则

在进行安全评价时，应该在认真分析并熟悉评价系统的前提下，选择安全评价方法。选择安全评价方法应遵循充分性、适应性、系统性、针对性和合理性的原则。

① 充分性原则。充分性是指在选择安全评价方法之前，应该充分分析评价的系统，掌握足够多的安全评价方法，并充分了解各种安全评价方法的优缺点、适应条件和范围，同时为安全评价工作准备充分的资料。也就是说，在选择安全评价方法之前，应准备好充分的资料，供选择时参考和使用。

② 适应性原则。适应性是指选择的安全评价方法应该适应被评价的系统。被评价的系统可能是由多个子系统构成的复杂系统，评价的重点各子系统可能有所不同，各种安全评价方法都有其适应的条件和范围，应该根据系统和子系统、工艺的性质和状态，选择适应的安全评价方法。

③ 系统性原则。系统性是指安全评价方法与被评价的系统所能提供安全评价初值和边值条件应形成一个和谐的整体，也就是说，安全评价方法获得的可信的安全评价结果，是必须建立在真实、合理和系统的基础数据之上的，被评价的系统应该能够提供所需的系统化数据和资料。

④ 针对性原则。针对性是指所选择的安全评价方法应该能够提供所需的结果。由于评价的目的不同，需要安全评价提供的结果可能是：危险有害因素识别、事故发生的原因、事故发生概率、事故后果、系统的危险性等，安全评价方法能够给出所要求的结果才能被选用。

⑤ 合理性原则。在满足安全评价目的、能够提供所需的安全评价结果的

前提下，应该选择计算过程最简单、所需基础数据最少和最容易获取的安全评价方法，使安全评价工作量和要获得的评价结果都是合理的，不要使安全评价出现无用的工作和不必要的麻烦。

(2) 安全评价方法的选择过程

对不同的评价系统，应选择不同的安全评价方法，可按图 7-2 所示的步骤选择适用的安全评价方法。

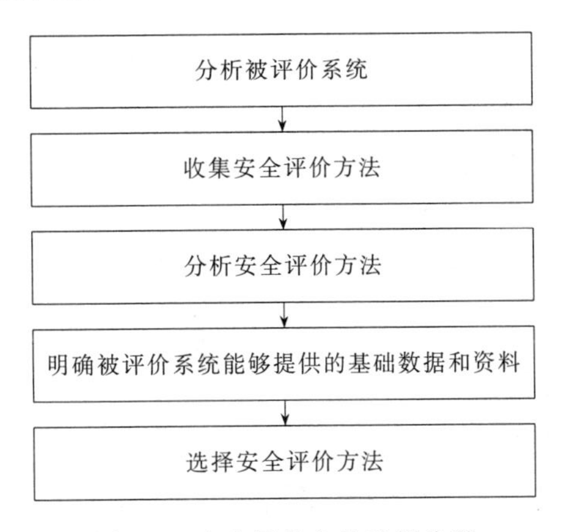


图 7-2　安全评价方法选择步骤

(3) 选择安全评价方法应注意的问题

① 充分考虑被评价系统的特点；

② 评价的具体目标和要求的最终结果；

③ 评价资料的占有情况；

④ 安全评价人员的知识、经验和习惯。

(4) 选择安全评价方法的准则

选择安全评价方法的准则，如图 7-3 所示。

(5) 安全评价方法的选择步骤

首先可进行初步的、定性的综合分析。使用 PHA、安全检查表等，得出定性的概念，然后根据危险性大小，再进行详细的分析。

根据分析对象和要求的不同，选用相应的分析方法。如分析对象是硬件(如设备等)，可选用 FMEA、FTA 等，如是工艺流程中的工艺状态参数变化，则选用 HAZOP。

如果对系统需要精确评价，则可选用定量分析方法，如 FTA、ETA 等方法。

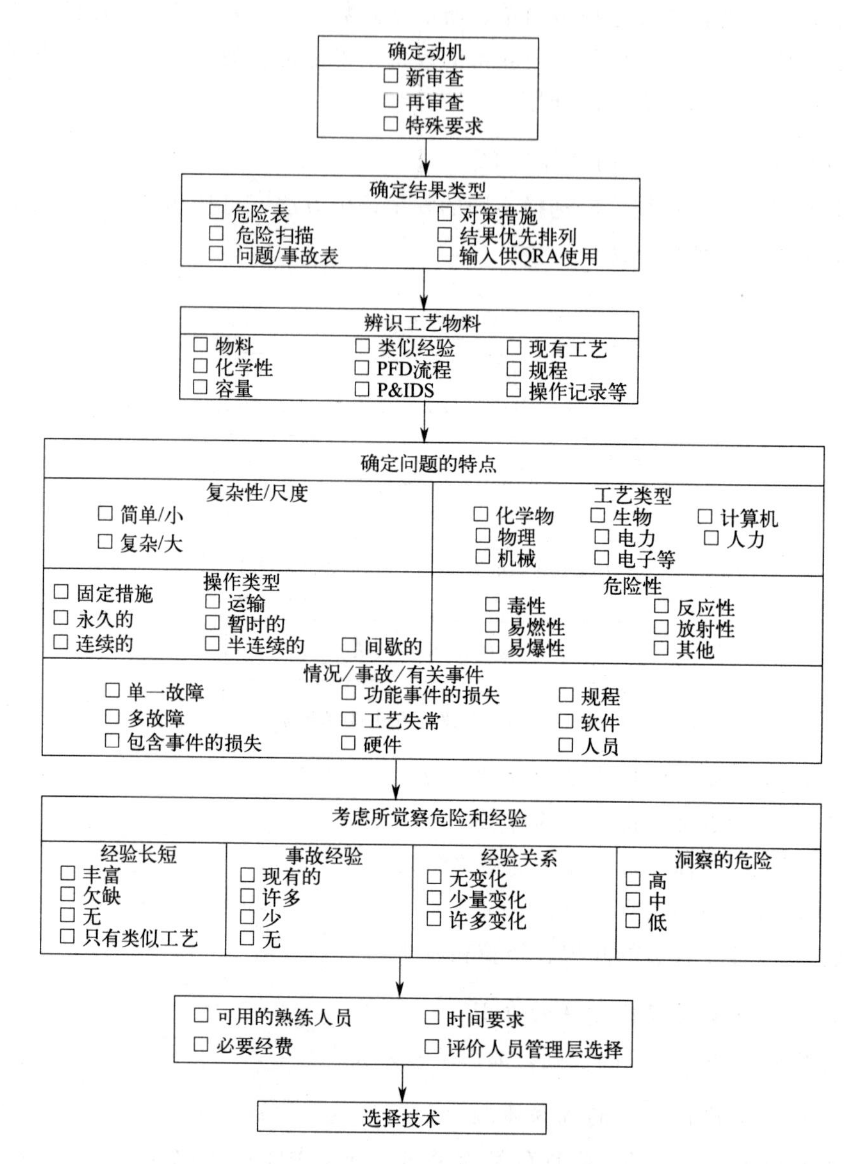


图 7-3　选择安全评价方法准则示意图

应该注意，在做安全评价时，使用单一方法往往不能得到满意的结果，需要用其他方法弥补其不足。

（6）安全验收评价方法选择

目前安全验收评价经常选用以下方法：

① 一般采用安全检查表法，以法规、标准为依据，检查系统整体的符合性和配套安全设施的有效性。

② 对比较复杂的系统经常采用以下方法：

a. 采用顺向追踪方法检查分析，运用“事件树分析”方法评价；

b. 采用逆向追踪方法检查分析，运用“事故树分析”方法评价；

c. 采用已公布的行业安全评价方法评价；

d. 对于未达到安全预评价要求或建成系统与安全预评价的系统不相对应时，可补充其他评价方法评价。

（7）安全现状评价方法选择

安全验收评价采用的评价方法对照“试生产”查找，见表 7-3。

**表 7-3　典型评价方法适应的生产过程**

| 评价方法 | 各生产阶段 | | | | | |
|---|---|---|---|---|---|---|
| | 设计 | 试生产 | 工程实施 | 正常运转 | 事故调查 | 拆除退役 |
| 安全检查表 | × | ● | ● | ● | × | ● |
| 危险指数法 | ● | × | × | ● | × | × |
| 预先危险性分析 | ● | ● | ● | ● | ● | × |
| 危险及可操作性分析 | × | ● | ● | ● | ● | × |
| 故障类型及影响分析 | × | ● | ● | ● | ● | × |
| 事件树分析 | × | ● | ● | ● | ● | × |
| 事故树分析 | × | ● | ● | ● | ● | × |
| 人的可靠性分析 | × | ● | ● | ● | ● | × |
| 概率危险分析 | ● | ● | ● | ● | ● | × |

为了达到安全现状评价的目的，针对各行业的生产特点，结合国内外评价方法，选择定性和定量相结合的模式。

首先，应针对生产单元的运行情况及工艺、设备的特点，采用预先危险性分析的方法，对整个生产单元的安全性进行危险性分析，辨识装置的主要危险部位、危险点，物料的主要危险特性，查清有无重大危险源及监控的化学品以及可能导致重大事故的缺陷和隐患。

其次，采用定量计算的方法进行固有危险性计算，结合火灾、爆炸及毒性危险性，石油化工行业可选用 DOW 化学火灾爆炸危险指数评价法（第七版）

或英国ICI公司蒙德法，给装置危险性以量的概念，同时采用补偿降低危险等级，使之达到安全生产运行的要求；也可采用安全检查表以及事故树方法对生产单元进行安全检查，并综合考虑进行打分，以确认生产单元处于何种安全状态。考虑到石油化工类生产的火灾、爆炸、毒性及高风险性，采用火灾爆炸数学模型及动态扩散模型，进行事故模拟，确定发生意外事故造成的危险与毒性气体泄漏、火灾爆炸所涉及的范围和危害等级，计算出危险区域和事故等级，并提出可接受程度。

通过对整个系统的安全评价，提出主要隐患与整改措施，并将措施按照轻重缓急，按整改紧迫程度进行分级，对安全评价做出结论。

(8) 安全评价资料、数据采集处理遵循原则

在安全评价资料、数据采集处理方面，应遵循以下原则：首先应保证满足全面、客观、具体、准确的要求；其次应尽量避免索取不必要的资料，避免给企业带来不必要的麻烦。我国各阶段安全评价资料、数据应满足的一般要求见表7-4。

**表7-4 安全评价所需资料、数据**

| 评价类别<br>资料类别 | 安全预评价 | 安全验收评价 | 安全现状评价 |
|---|---|---|---|
| 有关法规、标准、规范 | √ | √ | √ |
| 评价所依据的工程设计文件 | √ | √ | √ |
| 厂区或装置平面布置图 | √ | √ | √ |
| 工艺流程图与工艺概况 | √ | √ | √ |
| 设备清单 | √ | √ | √ |
| 厂区位置图及厂区周围人口分布数据 | √ | √ | √ |
| 开车试验资料 | — | √ | √ |
| 气体防护设备分布情况 | √ | √ | √ |
| 强制检定仪器仪表标定资料 | — | √ | √ |
| 特种设备检测和检验报告 | — | √ | √ |
| 近年来的职业卫生监测数据 | — | √ | √ |
| 近年来的事故统计及事故记录 | — | — | √ |

续表

| 资料类别＼评价类别 | 安全预评价 | 安全验收评价 | 安全现状评价 |
| --- | --- | --- | --- |
| 气象条件 | √ | √ | √ |
| 重大事故应急预案 | √ | √ | √ |
| 安全组织机构网络 | √ | √ | √ |
| 消防组织、机构、装备 | √ | √ | √ |
| 预评价报告 | — | √ | √ |
| 验收评价报告 | — | — | √ |
| 安全现状评价报告 | — | — | |
| 不同行业的其他资料要求 | — | — | |

### 7.2.3　安全评价报告编制

安全评价报告应体现系统安全的概念，要阐述整个被评价系统的安全能否得到保障，系统客观存在的固有危险、有害因素在采取安全对策措施后能否得到控制及其受控的程度如何。取得评价报告的一般工作步骤：①收集与评价相关的技术与管理资料；②按评价方法从现场获得与各评价单元相关的基础数据；③经数据处理对照相应评价方法的评价标准得到各单元评价结果；④综合单元评价结果整合成单元评价小结；⑤各单元评价小结整合成评价报告。

（1）评价结果与评价报告的关系

评价结果是指子系统或单元的各评价要素通过检查、检测、检验、分析、判断、计算、评价、汇总后得到的结果；评价报告是对整个被评价系统进行安全状况综合评判的结果，是评价结果的综合。

评价报告与评价结论是输入与输出的关系，输入的评价结果按照一定的原则整合后，得到评价小结，各评价小结通过整合在输出端可以得到评价报告。整合的原则可以因评价对象的不同而不同，但其基本的原理则是逻辑思维的结论。

整合原则是评价方法的核心，不同的评价方法体现不同的整合原则。

在安全评价中很重要的一项内容是，各评价单元的“风险”或称“危险度”要能够比较，以体现各评价单元对整个系统安全的不同贡献值，从而决定急需重点控制的单元。比较的一般方法有：距长比较法、面积比较法和落点比较法。

（2）评价报告中逻辑思维方法的应用

安全评价报告是基于对评价对象的危险、有害因素的分析，使用评价方法进行评价、推理、判断；评价方法的选择、单元的确定，需要有充足的理由和依据；根据因果联系提出对策措施，将评价结果再综合起来做出评价报告；而安全评价报告要遵守内容、结论的同一性、不矛盾性，也不能模棱两可；结论的提出要进行充分的论证。

在编写评价报告时应考虑逻辑思维方法中“逻辑规律”的运用，主要有同一律、不矛盾律、排中律、充足理由律等。

（3）评价报告的编制原则

评价报告要客观公正、观点明确、清晰准确。

（4）评价报告分析

评价报告应较全面地考虑评价项目各方面的安全状况，要从“人、机、料、法、环”理出评价报告的主线并进行分析。论证建设项目在安全卫生技术措施、安全设施上是否能满足系统安全的要求。安全验收评价还需考虑安全设施和技术措施的运行效果及可靠性。

① 人力资源和管理制度方面。

a. 人力资源。安全管理人员和生产人员是否经过安全培训，是否满足安全生产需要，是否持证上岗等。

b. 安全管理。是否建立安全管理体系，是否建立支持文件（管理制度）和程序文件（作业规程），设备装置运行是否建立台账，安全检查是否有记录，是否建立事故应急救援预案等。

② 设备装置和附件设施方面。

a. 设备装置。生产系统、设备和装置的本质安全程度，控制系统是否做到了故障安全型，即一旦超过设计或操作控制的参数限度时，是否具备能使系统或设备恢复到安全状态的能力及其可靠性。

b. 附件设施。安全附件和安全设施配置是否合理，是否能起到安全保障作用，其有效性是否得到证实；一旦超过正常的工艺条件或发生误操作时，安全设施是否能保证系统安全。

③ 物质物料和材质材料方面。

a. 物质物料。危险化学品的安全技术说明书（MSDS）是否建立，生产、储存是否构成重大危险源，在燃爆和急性中毒上是否得到有效控制。

b. 材质材料。设备、装置及危险化学品包装物的材质是否符合要求，材料是否采取防腐蚀措施（如牺牲阳极法）、测定数据是否完整（测厚、探伤等）。

④ 方法工艺和作业操作。

a. 方法工艺。生产工艺过程的本质安全程度、生产工艺条件正常和工艺条件发生变化时的适应能力。

b. 作业操作。生产作业及操作控制是否按安全操作规程进行。

⑤ 生产环境和安全条件。

a. 生产环境。生产作业环境能否符合防火、防爆、防急性中毒的安全要求。

b. 安全条件。自然条件对评价对象的影响，周围环境对评价对象的影响，评价对象总图布置是否合理，物流路线是否安全和便捷，作业人员安全生产条件是否符合相关要求。

#### (5) 评价结果归类及重要性判断

由于系统内各单元评价结果之间存在关联，且各评价结果在重要性上不平衡，对安全评价报告的贡献有大有小，因此在编写评价报告之前最好对评价结果进行整理、分类并按严重程度和发生频率分别将结果排序列出。

例如，将影响特别重大的危险（群死群伤）或故障（或事故）频发的结果，将影响重大的危险（个别伤亡）或故障（或事故）发生的结果，将影响一般的危险（偶有伤亡）或故障（或事故）偶然发生的结果等进行排序列出。

#### (6) 评价报告

安全评价报告的内容，因评价种类（安全预评价、安全验收评价、安全现状评价）的不同而各有差异。通常情况下，安全评价报告的主要内容应包括三大部分：

① 结果分析。

a. 辨识结果分析。列出辨识出的危险源（第一类危险源的能量和危险物质，第二类危险源的人、机、环境因素），确定重大危险源和危险目标。

b. 评价结果分析。各评价单元评价结果概述、归类、事故后果分析、风险（危险度）排序等。

c. 控制结果分析。前馈控制（预防性、前瞻性的安全设施和安全管理）

结果和后馈控制（事故应急救援预案）结果的分析。

② 评价结论。

a. 评价对象是否符合国家安全生产法规、标准要求。

b. 评价对象在采取所要求的安全对策措施后达到的安全程度。

c. 根据安全评价结果，做出可接受程度的结论。

③ 持续改进方向。

a. 对受条件限制而遗留的问题提出改进方向和措施建议。

b. 对于评价结果可接受的项目，还应进一步提出要重点防范的危险、危害因素；对于评价结果不可接受的项目，要指出存在的问题，列出不可接受的充足理由。

c. 提出保持现有安全水平的要求（加强安全检查、保持日常维护等）。

d. 进一步提高安全水平的建议（冗余配置安全设施，采用先进工艺、方法、设备）。

e. 其他建设性的建议和希望。

## 7.3 安全评价过程控制体系

### 7.3.1 安全评价过程控制概述

（1） 安全评价过程控制的含义

安全评价过程控制是保证安全评价工作质量的重要环节。

安全评价的质量是指安全评价工作的优劣程度，也就是安全评价工作体现客观公正性、合法性、科学性和针对性的程度。

（2） 安全评价过程控制的内容

其内容可划分为“硬件管理”和“软件管理”。硬件管理主要指安全评价机构建设的管理，包括安全评价机构内部机构的设置，各职能部门职责的划定、相互间分工协作的关系，安全评价人员及专家的配备等管理。软件管理主要指“硬件”运行中的管理，包括项目单位的选定，合同的签署，安全评价资料的收集，安全评价报告的编写，安全评价报告内部评审，安全评价技术档案的管理，安全评价信息的反馈，安全评价人员的培训等一系列管理活动。

（3）安全评价过程控制的目的和意义

安全评价是安全生产管理的一个重要组成部分，是预测、预防事故的重要手段。安全评价机构建立过程控制体系的重要意义主要体现在以下几个方面：

① 强化安全评价质量管理，提高安全评价工作质量水平；

② 有利于安全评价规范化、法治化及标准化的建设和安全评价事业的发展；

③ 提高了安全评价的质量就能使安全评价在安全生产工作中发挥更有效的作用，确保人民生命安全、生活安定，具有重要的社会效益；

④ 有利于安全评价机构管理层实施系统和透明的管理，学习运用科学的管理思想和方法；

⑤ 促进安全评价工作的有序进行，使安全评价人员在评价过程中做到各负其责，提高工作效率；

⑥ 可加强对安全评价人员的培训，促进其工作交流，持续不断地提高其业务技能和工作水平；

⑦ 提高安全评价机构的市场信誉，在市场竞争中取胜。

（4）安全评价机构建立过程控制体系的主要依据

① 管理学原理。

② 国家对安全评价机构的监督管理要求。

③ 安全评价机构自身的特点。

安全评价过程控制体系以戴明原理、目标原理和现场改善原理为基础，遵循戴明原则——PDCA 管理模式，基于法治化的管理思想（预防为主、领导承诺、持续改进、过程控制），运用了系统论、控制论、信息论的方法。

### 7.3.2　安全评价过程控制体系的主要内容

（1）安全评价过程控制方针和目标

① 控制方针。控制方针是评价机构安全评价工作的核心，表明了评价机构从事安全评价工作的发展方向和行动纲领。

② 控制目标。应针对其内部相关职能和层次，建立并保持文件化的过程控制目标。

（2）机构与职责

① 人员培训、业务交流。安全评价人员的水平对安全评价的质量起着至关重要的作用。人员培训、业务交流是保持一支高质量的安全评价队伍的必要途径。

安全评价业务培训和能力考核的基本要求：

a. 根据评价人员的作用和职责，确定各类人员所必需的安全评价能力。

b. 制定并保持确保各类人员具备相应能力培训计划。

c. 定期评审培训计划，必要时予以修订，以保证其适宜性和有效性。

d. 在制定和保持培训计划时，其内容应重点针对以下领域：机构人员的作用与职责培训；新员工的安全评价知识培训；针对安全评价的法律、法规、标准和指导性文件的培训；针对中高层管理者的管理责任和管理方法的培训；针对分包方、委托方等所需要的培训。

② 合同评审。

③ 安全评价计划编制。

④ 编制安全评价报告。

⑤ 安全评价报告内部评审。

⑥ 跟踪服务。

⑦ 档案管理和数据库管理。

⑧ 纠正预防措施。

⑨ 文件记录。

### 7.3.3 安全评价过程控制体系文件的构成及编制

(1) 安全评价过程控制体系文件的构成及层次关系

安全评价过程控制体系文件一般分为三个层次：管理手册（一级）、程序文件（二级）、作业文件（三级），其层次关系和内容，如图 7-4、图 7-5 所示。

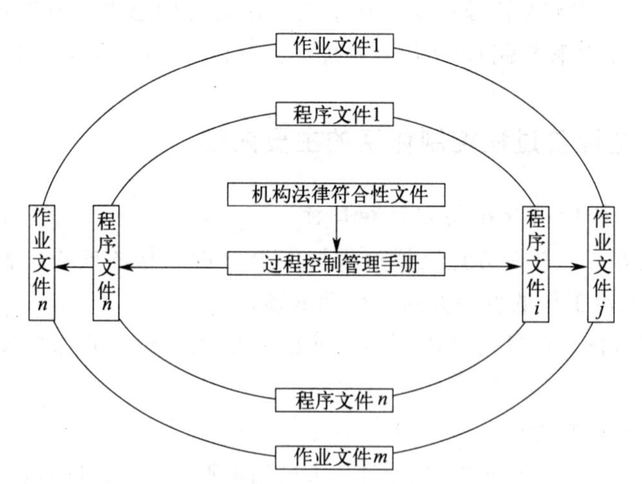


图 7-4 安全评价过程控制体系文件的层次关系

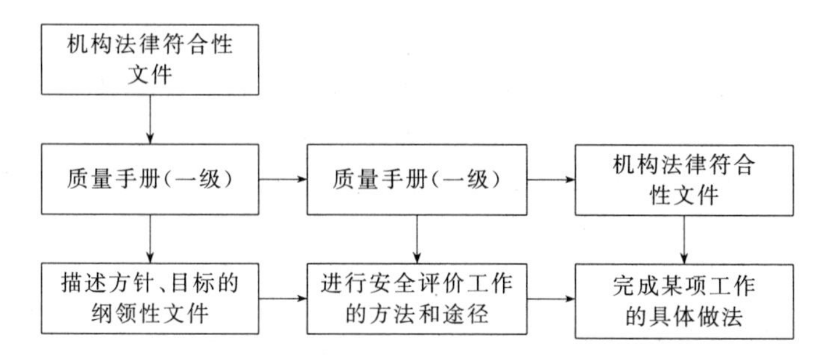


图 7-5　安全评价过程控制体系文件的内容

(2) 安全评价过程控制体系文件的编制

① 安全评价过程控制管理手册的编写。

a. 编写手册遵循的原则：

指令性原则；

目的性原则；

符合性原则；

系统性原则；

协调性原则；

可行性原则；

先进性原则；

可检查性原则。

b. 手册的编写程序，如图 7-6 所示

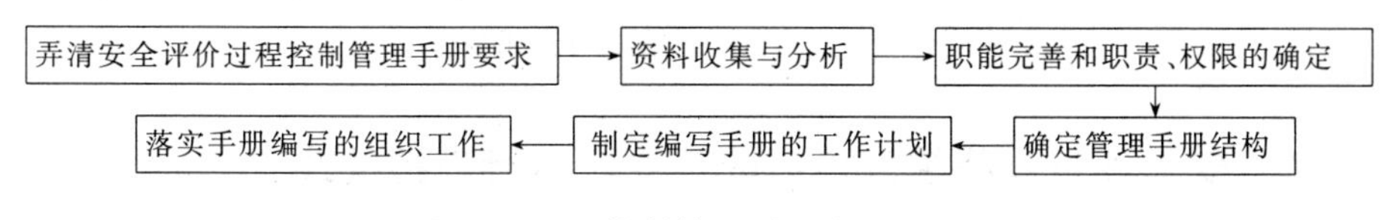


图 7-6　过程控制管理手册编写流程图

c. 管理手册包括的内容：

安全评价过程控制方针目标；

组织结构及安全评价管理工作的职责和权限；

描述安全评价机构运行中涉及的重要环节；

安全评价过程控制管理手册的审批、管理和修改的规定。

② 程序文件的编写。程序文件是对实施某项活动而规定的方法，安全评价过程控制体系程序文件的编写要求：

a. 至少应包括体系重要控制环节的程序；

b. 每个程序文件在逻辑上都应是独立的，程序文件的数量、内容和格式由机构自行确定；

c. 程序文件应结合评价机构的业务范围和实际情况阐述；

d. 程序文件应有可操作性和可检查性。

程序文件编写的工作程序，如图 7-7 所示。

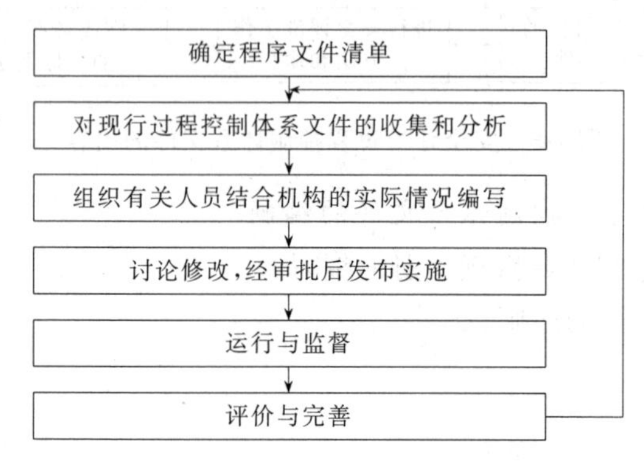


图 7-7　程序文件编写流程图

③ 作业文件的编写。作业文件是程序文件的支持性文件。作业文件应与程序文件相对应，是对程序文件的补充和细化。

④ 记录的编写。记录是为已完成的活动或达到的结果提供客观证据的文件，它是重要的信息资料，为证实可追溯性以及采取预防措施和纠正措施提供依据。

记录的内容：记录名称；记录编码；记录顺序号；记录内容；记录人员；记录时间；记录单位名称；记录保存期限和保存部门。

### 7.3.4　安全评价过程控制体系的建立、运行与持续改进

（1）安全评价过程控制体系的建立

① 建立安全评价过程控制体系时应考虑的因素。

a. 管理学原理；

b. 国家对评价机构的监督管理要求；

c. 机构自身的特点。

② 建立安全评价过程控制体系的原则。

a. 领导层真正重视；

b. 员工积极参与；

c. 专家把关。

③ 建立安全评价过程控制体系的步骤。

a. 建立安全评价过程控制的方针和目标；
b. 确定实现过程控制目标必需的过程和职责；
c. 确定和提供实现过程控制目标必需的资源；
d. 规定测量评价每个过程的有效性和效率的方法；
e. 应用这些测量方法确定每个过程的有效性和效率；
f. 确定防止不合格并消除产生原因的措施。

(2) 安全评价过程控制体系的运行和持续改进发展的过程

如图 7-8 所示。持续改进主要内容包括：

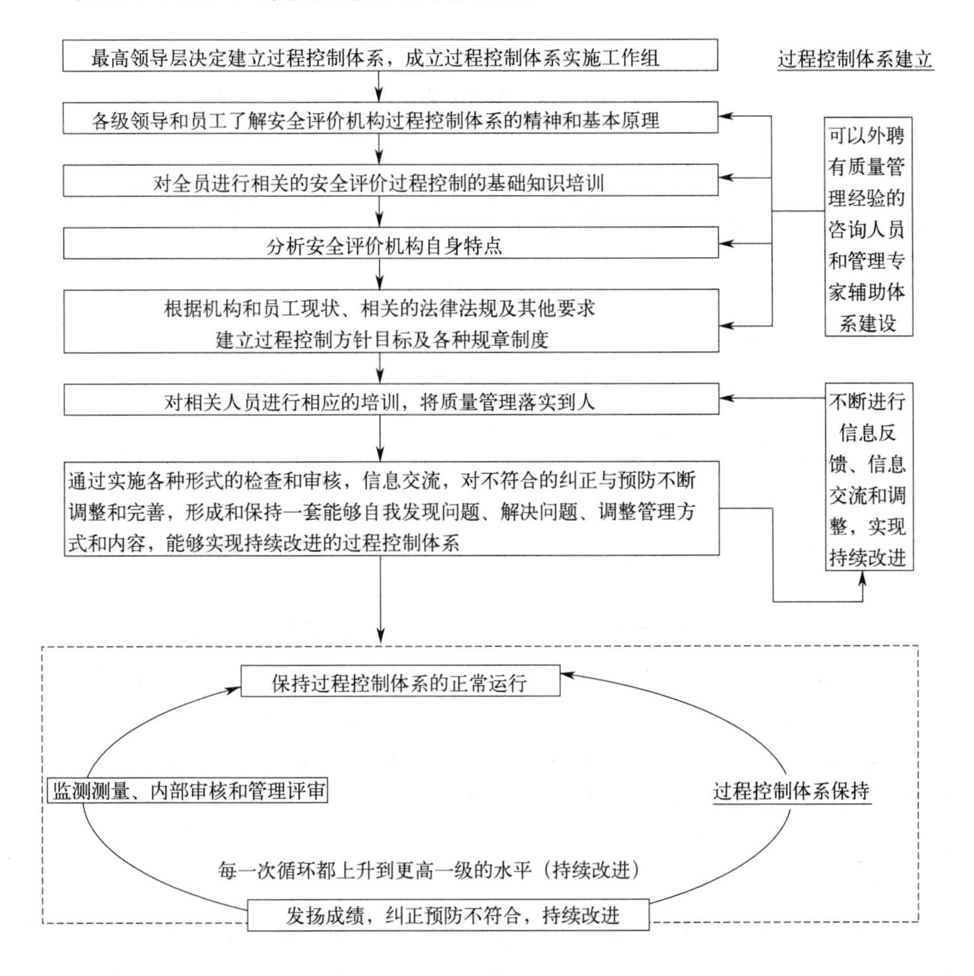


图 7-8　安全评价过程控制体系建立和保持

① 分析和评价现状，以便识别改进区域；

② 确定改进目标；

③ 为实现改进目标寻找可能的解决办法；

④ 评价这些解决办法；

⑤ 实施选定的解决办法；

⑥ 测量、验证、分析和评价实施的结果以证明这些目标已经实现；

⑦ 正式采纳更改；

⑧ 必要时，对结果进行评审，以确定进一步的改进机会，持续改进是安全评价过程控制体系的一个核心思想。

## 7.4 安全评价实例

### 7.4.1 安全预评价实例

本节介绍YZQD公司香精项目安全预评价报告。

(1) 编制说明

① 评价依据。本次评价依据主要包括国家有关法律、法规，国家和部门标准、规范，行业标准、规范，以及本项目申请报告等。

② 评价程序。按照《安全评价通则》(AQ 8001—2007) 的要求，本次评价程序分为7个阶段：前期准备；辨识与分析危险有害因素；划分评价单元和选择评价方法；定性定量评价；提出安全对策措施建议；做出评价结论；编制安全评价报告。

③ 评价范围。本次评价范围仅限YZQD实业有限公司香精香料调制中心项目，评价范围包括总平面布置（生产车间、原料库、成品库、控制室及空压机房）及周边环境；生产工艺及设施（热水罐、原料罐、计量罐、调制罐、热水槽及搅拌器、压缩机等)；与工艺系统配套的公用工程（供水、供电、供气、消防等）等设施依托公司原有设施，本报告仅对依托的公用工程的符合性进行说明。

(2) 建设项目概况

本项目工程在YZQD实业有限公司黏合剂分公司现有厂区内实施，利用现有建筑改建而成。厂区南侧设有YZ置业餐厅，由外协单位承包经营，不在本评价范围内。

本项目总平面布置中香精香料调制车间与醋酸乙烯库的防火间距不符合《建筑设计防火规范》(GB 50016—2014) 的要求。本项目设计的建（构）筑物的耐火等级、防火分区等均符合《建筑设计防火规范》(GB 50016—2014) 的相关要求。YZQD 实业有限公司黏合剂分公司成立了安全生产委员会和职业健康委员会。配备安全分管领导 1 名，主管领导 1 名，专职安全生产管理人员 1 名。本项目劳动安全卫生投资为 13.0 万元。本项目总建设规模为年产香精香料 176t，分 14 个品种。根据进厂原材料成品性能及生产需要，各种物料采用不同的储存方式。香精香料调制工艺分为两部分，一是底料配制；二是表香配制。本项目供排水、供电、消防、供气、建（构）筑物的耐火等级、防火分区等均满足项目相关要求。

(3) 危险、有害因素辨识与分析

① 危险、有害因素的辨识与分析。根据《危险化学品名录》(2016 年版)，本项目无危险化学品。根据《建筑设计防火规范》(GB 50016—2014)，丙二醇是高闪点易燃液体。根据《易制毒化学品管理条例》(国务院令 [2005] 第 445 号)，本项目无易制毒化学品。根据《剧毒化学品名录》(2015 年版)、《高毒化学品名录》(2003 年版) 等，本项目无剧毒化学品，无高毒化学品等。

② 主要危险、有害因素。根据《企业职工伤亡事故分类》(GB 6441—1986) 及项目有关技术资料和按照伤害事故发生的频率及严重程度分析，本项目生产过程中存在的主要危险因素有：火灾爆炸、机械伤害、触电、高处坠落、物体打击、车辆伤害、容器爆炸、坍塌、灼烫及其他危害等。根据《职业病危害因素分类目录》(疾控发 [2015] 92 号)，本项目生产过程中存在的主要有害因素有：噪声。危险、有害因素分布情况见表 7-5。

本项目生产过程不涉及危险化学品，压力容器和压力管道均达不到重大危险源申报条件，因此，本项目不构成重大危险源。

**表 7-5　主要危险、有害因素分布表**

| 危险、有害因素 | 分布场所及部位 |
|---|---|
| 火灾、爆炸 | 香精香料配制车间、总降压变电站、电气控制室 |
| 机械伤害 | 香精香料配制车间、空压机 |
| 触电 | 总降压变电站、电气控制室、生产车间用电器设备、配电线路 |
| 高处坠落和物体打击 | 香精香料配制车间 |
| 车辆伤害 | 原料卸车、成品出库 |
| 容器爆炸 | 空压机储气罐 |
| 坍塌 | 钢平台 |
| 其他危害 | 香精香料配制车间 |
| 噪声 | 香精香料配制车间、空压室 |

(4) 评价单元划分和评价方法选择

本评价项目划分为以下 4 个评价单元：总图布置和建筑单元、生产工艺及设备单元、公用工程及辅助设施单元、安全管理单元。

根据以上评价单元划分，为便于定性定量评价，本报告选用了安全检查表、预先危险性分析、事故树分析3种评价方法。

（5）定性、定量评价

① 安全检查表评价法。安全检查表评价结果见表7-6。通过对安全检查表检查结果分析可知：本检查表共检查100项，其中51项符合，49项可研报告中未涉及，该项目满足基本建设条件，基本符合国家有关要求。对可研报告中未涉及的项目，本报告将在补充的安全对策措施做进一步明确和完善，作为对该项目设计、建设的要求，使项目建成后能够满足国家有关安全生产法律法规、标准规范的规定，符合安全生产条件的要求。

**表7-6　安全检查表检查结果汇总表**

| 检查项目 | 检查总项数 | 具备条件或可研报告中已涉及项数 | 可研报告中未涉及项数 | 不符合项 |
|---|---|---|---|---|
| 项目选址、平面布置及建筑 | 23 | 19 | 4 | 0 |
| 工艺及设备、储存设施 | 27 | 6 | 21 | 0 |
| 公用及辅助设施 | 28 | 5 | 23 | 0 |
| 安全生产管理 | 22 | 21 | 1 | 0 |
| 合计 | 100 | 51 | 49 | 0 |

② 预先危险性分析评价。预先危险性分析结果见表7-7。

**表7-7　预先危险性分析结果表**

| 危险有害因素 | 危险等级 | 可能造成的伤害和损失 |
|---|---|---|
| 火灾、爆炸 | Ⅳ | 破坏性的，会造成灾难性事故，必须立即排除 |
| 机械伤害 | Ⅱ | 临界的，处于事故的边缘状态，但应采取控制措施 |
| 触电 | Ⅲ | 危险的，会造成人员伤亡和系统损坏，要立即采取措施 |
| 高处坠落 | Ⅱ | 临界的，处于事故的边缘状态，但应采取控制措施 |
| 物体打击 | Ⅱ | 临界的，处于事故的边缘状态，但应采取控制措施 |
| 车辆伤害 | Ⅱ | 临界的，处于事故的边缘状态，但应采取控制措施 |
| 容器爆炸 | Ⅲ | 危险的，会造成人员伤亡和系统损坏，要立即采取措施 |
| 坍塌 | Ⅲ | 危险的，会造成人员伤亡和系统损坏，要立即采取措施 |
| 灼烫 | Ⅱ | 临界的，处于事故的边缘状态，但应采取控制措施 |
| 噪声 | Ⅰ | 安全的，不会造成人员伤亡及系统损坏 |

③ 事故树分析法

变配电系统的触电事故是电气系统的主要事故类型，多发生于检修作业中。变配电系统检修作业触电事故树如图7-9所示。

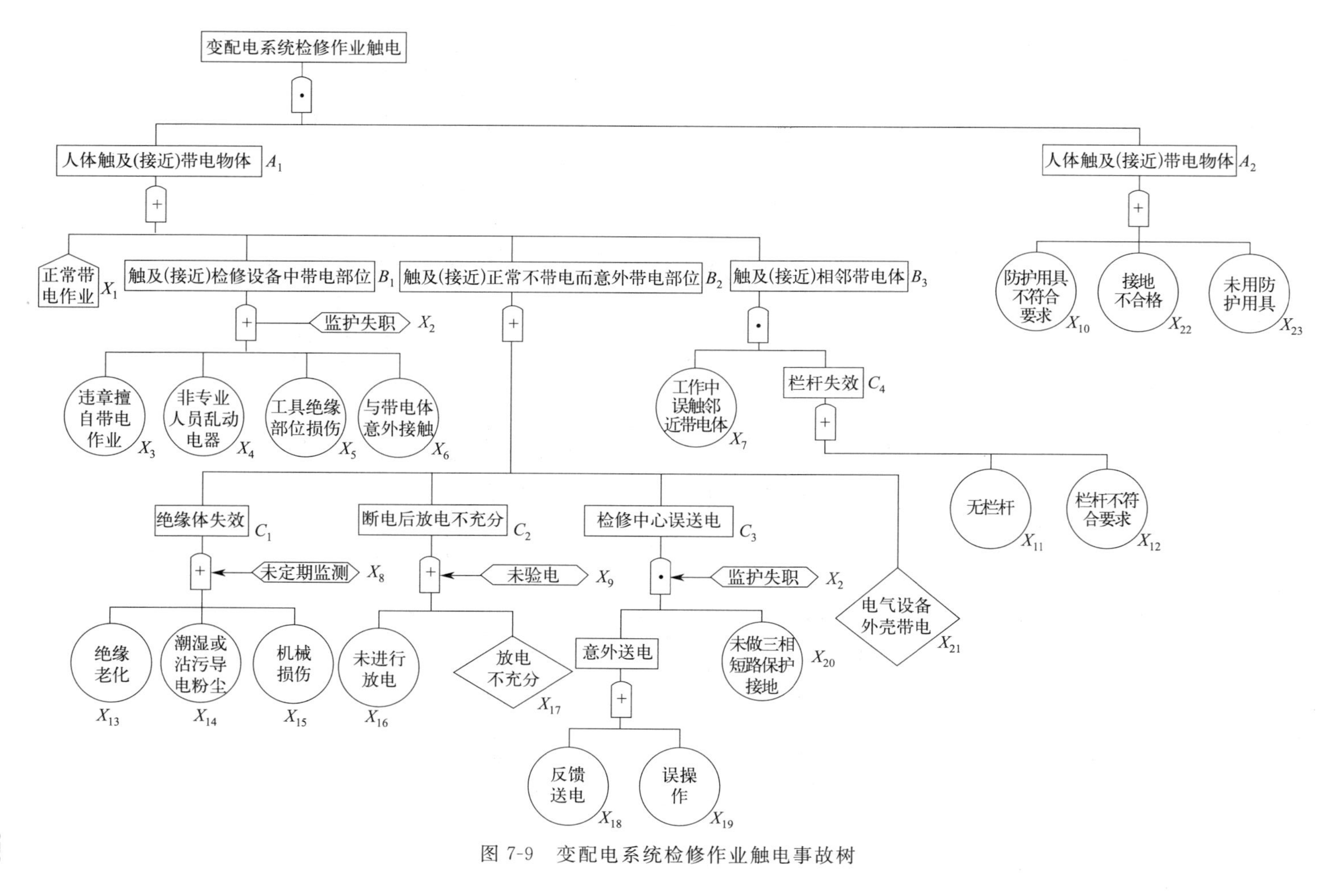


图 7-9　变配电系统检修作业触电事故树

求出该事故树的45个最小割集为：

| | | |
|---|---|---|
| $K_1=\{X_1,X_{10}\}$ | $K_2=\{X_2,X_3,X_{10}\}$ | $K_3=\{X_2,X_4,X_{10}\}$ |
| $K_4=\{X_2,X_5,X_{10}\}$ | $K_5=\{X_2,X_6,X_{10}\}$ | $K_6=\{X_8,X_{13},X_{10}\}$ |
| $K_7=\{X_8,X_{14},X_{10}\}$ | $K_8=\{X_8,X_{15},X_{10}\}$ | $K_9=\{X_9,X_{16},X_{10}\}$ |
| $K_{10}=\{X_9,X_{17},X_{10}\}$ | $K_{11}=\{X_2,X_{20},X_{18},X_{10}\}$ | $K_{12}=\{X_2,X_{20},X_{19},X_{10}\}$ |
| $K_{13}=\{X_{21},X_{10}\}$ | $K_{14}=\{X_7,X_{11},X_{10}\}$ | $K_{15}=\{X_7,X_{12},X_{10}\}$ |
| $K_{16}=\{X_1,X_{22}\}$ | $K_{17}=\{X_2,X_3,X_{22}\}$ | $K_{18}=\{X_2,X_4,X_{22}\}$ |
| $K_{19}=\{X_2,X_5,X_{22}\}$ | $K_{20}=\{X_2,X_6,X_{22}\}$ | $K_{21}=\{X_8,X_{13},X_{22}\}$ |
| $K_{22}=\{X_8,X_{14},X_{22}\}$ | $K_{23}=\{X_8,X_{15},X_{22}\}$ | $K_{24}=\{X_9,X_{16},X_{22}\}$ |
| $K_{25}=\{X_9,X_{17},X_{22}\}$ | $K_{26}=\{X_2,X_{20},X_{18},X_{22}\}$ | $K_{27}=\{X_2,X_{20},X_{19},X_{22}\}$ |
| $K_{28}=\{X_{21},X_{22}\}$ | $K_{29}=\{X_7,X_{11},X_{22}\}$ | $K_{30}=\{X_7,X_{12},X_{22}\}$ |
| $K_{31}=\{X_1,X_{23}\}$ | $K_{32}=\{X_2,X_3,X_{23}\}$ | $K_{33}=\{X_2,X_4,X_{23}\}$ |
| $K_{34}=\{X_2,X_5,X_{23}\}$ | $K_{35}=\{X_2,X_6,X_{23}\}$ | $K_{36}=\{X_8,X_{13},X_{23}\}$ |
| $K_{37}=\{X_8,X_{14},X_{23}\}$ | $K_{38}=\{X_8,X_{15},X_{23}\}$ | $K_{39}=\{X_9,X_{16},X_{23}\}$ |
| $K_{40}=\{X_9,X_{17},X_{23}\}$ | $K_{41}=\{X_2,X_{20},X_{18},X_{23}\}$ | $K_{42}=\{X_2,X_{20},X_{19},X_{23}\}$ |
| $K_{43}=\{X_{21},X_{23}\}$ | $K_{44}=\{X_7,X_{11},X_{23}\}$ | $K_{45}=\{X_7,X_{12},X_{23}\}$ |

各基本事件的结构重要度排序为：

$$
\begin{aligned}
I_\varphi(10)=I_\varphi(22)=I_\varphi(23)&>I_\varphi(2)>I_\varphi(8)>I_\varphi(1)\\
&=I_\varphi(7)=I_\varphi(9)=I_\varphi(21)>I_\varphi(3)=I_\varphi(4)=I_\varphi(5)=I_\varphi(6)\\
&=I_\varphi(11)=I_\varphi(12)=I_\varphi(13)=I_\varphi(14)=I_\varphi(15)=I_\varphi(16)\\
&=I_\varphi(17)=I_\varphi(20)>I_\varphi(18)=I_\varphi(19)
\end{aligned}
$$

通过事故树分析可知，防止触电事故发生的最重要的途径是加强防护设施。变配电区域良好、可靠接地与正确穿戴符合要求的劳动防护用品，是防止变配电系统检修作业触电事故的最重要的环节；其次是严格执行电气检修作业中的监护制度和对系统中不带电体绝缘性能的及时检查与检修，减少正常不带电部位意外带电和操作中误触电的可能性；充分放电，严格验电，可靠的防漏电保护和停电检修时对停电线路做三相短路接地也是减少作业中触电事故的重要措施。

④ 建设项目安全条件。

a. 选址的安全条件分析（略）。

b. 总平面布置的安全条件分析（略）。

(6) 安全对策措施及建议（略）

(7) 安全评价结论

① 评价结果。

a. 项目选址与周边环境安全间距符合《建筑设计防火规范》(GB 50016—2014)的要求，平面布置中生产设施和储存设施间防护距离多项不符合《建筑设计防火规范》的规定。

b. 经过对该项目的危险、有害因素分析，明确了主要装置（设施）、公用工程中应重点防范的主要危险、有害因素为火灾、爆炸、灼烫、触电、机械伤害、高处坠落、物体打击、车辆伤害、容器爆炸、噪声等，在正常生产中要注意防范，最大限度地保证装置安全运行。

c. 通过对安全检查表检查结果分析，该项目满足基本建设条件，符合国家有关要求。

d. 通过对该项目生产过程预先危险性分析，该企业在生产过程中可能存在火灾、爆炸、灼烫、触电、机械伤害、高处坠落、物体打击、车辆伤害、容器爆炸、噪声等主要的危险有害因素。其危险等级火灾、爆炸为Ⅳ级，容器爆炸、触电、坍塌为Ⅲ级，噪声为Ⅰ级，其余为Ⅱ级。

e. 其他方面：建设项目符合国家和当地政府产业政策与布局；建设项目符合当地政府区域规划；建设项目选址符合《工业企业总平面设计规范》(GB 50187—2012)、《化工企业总图运输设计规范》(GB 50489—2009）等相关标准；建设项目周边重要场所、区域及居民分布情况，建设项目的设施分布和连续生产经营活动情况及其相互影响情况，安全防范措施科学、可行；当地自然条件对建设项目安全生产的影响和安全措施科学、可行；主要技术、工艺成熟可靠。

② 评价结论。YZQD 实业有限公司香精香料调制中心项目生产工艺成熟，设备设施、安全设施、配套和辅助工程设备设施符合国家有关法律、法规、标准和规范的要求；但项目总平面布局多项防护距离不符合要求，企业应在下一步的设计中进行调整并采用可研及本评价报告提出的建议措施。项目的危险程度可以接受，可以满足安全生产的要求。

附件：

附件 1：安全评价委托书

附件 2：香精香料调制中心系统工艺流程图

其他略。

### 7.4.2　安全验收评价实例

本节介绍 YZQD 公司香精项目安全验收评价报告，即上一节安全预评价项目的安全验收评价。

(1) 编制说明

① 前期准备。明确评价对象及其评价范围，组建评价组；收集国内外相关法律法规、标准、规章、规范；安全预评价报告、各项安全设施、装置检测报告、交工报告、现场勘察记录、检测记录、查验特种设备使用、特殊作业、从业等许可证明，典型事故案例、事故应急预案及演练报告、安全管理制度台账、各级各类从业人员安全培训落实情况等实地调查收集到的基础资料。

② 评价范围。评价范围包括项目总平面布置及周边环境；生产工艺及设施、储存设施；与工艺系统配套的公用工程供水、供电、供气、消防等设施。凡涉及该项目的环境影响、职业卫生评价问题，应执行国家有关规定和相关标准，不包括在本评价范围之内。

③ 本次评价依据主要包括国家有关法律、法规，国家和部门标准、规范，行业标准、规范，以及本项目安全评价委托书、双方技术服务合同、《YZQD公司香精项目安全预评价报告》等。

(2) 建设项目概况

建设项目概况包括生产规模、生产工艺、供排水、供电、消防、防雷与接地、建（构）筑物的耐火等级、防火分区等内容。该项目试生产期间设备运转正常，各类工艺参数与设备运行参数符合设计要求。在主体工程投入生产的同时，安全设施也同时投入运行，投产运行以来，截至目前系统运行平稳，未发生生产安全事故。

(3) 危险、有害因素辨识与分析

① 主要危险、有害因素辨识。根据《企业职工伤亡事故分类》（GB 6441—1986），本项目生产过程中存在的主要危险因素有：火灾、爆炸、机械伤害、触电、高处坠落、物体打击、车辆伤害、容器爆炸、坍塌、灼烫及其他危害等。根据《职业病危害因素分类目录》（疾控发［2015］92号），本项目生产过程中存在的主要有害因素是：噪声。危险、有害因素分布情况可列表表示（略）。

② 重大危险源辨识。本项目生产过程不涉及构成重大危险源的危险化学品，本项目涉及的压力容器和压力管道均达不到特种设备重大危险源申报条件。因此，本项目不构成重大危险源。

(4) 评价单元的划分和评价方法的选择

本评价项目划分为以下4个评价单元：总图布置和建筑单元、生产工艺及设备单元、公用工程及辅助设施单元、安全管理单元。

根据以上评价单元划分，为便于定性定量评价，本报告选用了安全检查表、预先危险性分析、事故树分析3种评价方法。

(5) 安全生产条件分析

建设项目安全条件（略）；安全生产条件符合性分析（略）；装置、设备和设施的法定检验、检测情况（略）；作业场所情况（略）；事故及应急管理（略）。

(6) 定性、定量评价

① 安全检查表分析评价。安全检查表结论汇总表见表 7-8。

**表 7-8　安全检查表检查结果汇总表**

| 检查项目 | 检查项目总数 | 符合项 | 不符合项 |
| --- | --- | --- | --- |
| 项目选址、平面布置及建筑 | 24 | 24 | 0 |
| 工艺及设备、储存设施 | 34 | 27 | 7 |
| 公用及辅助设施 | 28 | 24 | 4 |
| 安全生产管理 | 21 | 21 | 0 |
| 合计 | 107 | 96 | 11 |

通过安全检查表对安全设施试生产阶段的运行情况进行检查。在检查的 107 项内容中符合 96 项，不符合 11 项；不符合项已在安全验收评价期间进行了整改。本次评价认为，本项目试生产阶段安全状况正常，采取的安全设施及技术措施符合设计和有关标准规范的要求，基本满足安全生产要求。

② 预先危险性分析。通过对该项目生产过程进行预先危险性分析，明确了其存在的危险因素及其危险等级（略）。

③ 事故树分析。通过对变配电检修作业触电事故的事故树分析，明确了其有效预防措施（略）。

(7) 安全对策措施与建议（略）

(8) 安全评价结论

① 安全生产条件符合性评价结果。

a. 本建设项目购买的设备和安全设施均由有资质单位生产和制造，安装过程中按照法律法规要求施工。工程竣工后按照要求对防雷装置进行了定期检测。

b. 本项目建设过程中，针对预评价提出的安全措施和设施，基本按照要求采纳并得到落实，未执行的在安全验收评价期间已进行了整改。本次评价认为，本项目安全设施的实施和落实情况基本符合有关法规、规章的要求。

c. 本项目建设过程中设备设施安装、施工、试验记录完整。经过试生产，主体工程和安全设施运行正常，生产能力、产品质量达到要求，期间未发生事故。本次评价认为，安全设施的施工情况符合安全生产要求。

d. 根据安全检查表检查评价，以及不符合项整改情况，本次评价认为，本项目采取的安全设施及技术措施符合有关标准规范的要求，试生产阶段安全状况正常、有效，基本满足安全生产要求。

e. 企业的安全管理状况符合相关法规、规章要求，适应企业安全生产需要。

② 安全验收评价综合结论。

a. YZQD公司香精项目，厂区与周边距离满足相关规定要求。主要生产车间布置紧凑，工艺流程通畅，运输道路便捷，各功能分区按照防火分区布置；企业采用评价提出的安全措施后，符合国家现行《建筑设计防火规范》（GB 50016—2014）的规定。

b. 本项目生产工艺成熟，工业设备比较先进，防护设施齐全，生产过程配置自动化程度较高的操作、控制、检测、监视系统。同时，按照相关法律法规、规范标准的要求，在工艺控制、物质隔离、消防设施等方面都采取了相应的安全防护措施；特种设备相关产品的合格证明、监督检验报告证书齐全、有效。

c. 本项目选用的安全设施基本符合标准规范的要求，经过试生产验证，产品质量及产能达到设计要求，试生产一切正常，没有发生生产安全事故，证明其工艺装置、设备和安全设施安全可靠，能够满足生产的正常运行；同时，针对评价组提出的事故隐患和企业试生产过程中发现的问题，企业均进行了积极整改。

d. 企业制定了相应的安全管理制度和应急预案，安全生产管理人员、特种作业人员、从业人员均参加了相应的安全培训，安全管理和安全培训工作较充分，应急预案有效，安全管理适应安全生产要求。

综上，本次评价认为，本项目周边情况良好，平面布置合理，生产工艺成熟、设备先进，安全管理工作比较到位，采取的安全设施及技术措施符合有关安全生产法规和标准规范的要求，试运行阶段及后续生产中安全状况正常。同时，针对本次评价提出的主要问题及隐患，企业进行了积极配合和认真整改，并已经落实。从整体上看，本建设项目的运行状态和安全管理状况正常、安全、可靠，安全水平处于可接受程度，具备向政府主管部门申请安全设施竣工验收条件。

附件（略）。

### 7.4.3 安全现状评价实例

本节简要介绍内蒙古 MT 煤矿安全现状评价报告。

(1) 内蒙古 MT 煤矿安全现状评价概述

① 安全现状评价对象及范围。

a. 安全现状评价范围。对 MT 煤矿采矿许可证范围内现开采煤层生产系统和辅助系统、生产工艺、安全设备设施、安全管理、应急救援等方面进行全面、综合的安全评价。

b. 安全现状评价目的。MT 煤矿安全生产许可证（编号：MK 安许证字[2014 KG012]）于 2014 年 10 月 22 日延期至 2017 年 10 月 25 日。本次安全现状评价的目的是为安全生产许可证延期提供技术支撑。

② 安全现状评价依据。进行安全现状评价主要依据《中华人民共和国安全生产法》等相关法律法规、规程以及《安全评价通则》(AQ 8001—2007) 等各类相关标准、规范等，以及企业的采矿许可证、安全生产许可证等各类基础资料。

③ 煤矿概况。对 MT 煤矿的基本情况、自然地理情况、井田边界、矿井储量及服务年限、地质特征、煤层及顶底板、煤质及工业用途、水文地质等方面做出了简要说明（略）。

(2) 危险、有害因素辨识与分析

根据矿井地质条件、开拓布局、生产及辅助系统的特点和煤矿生产的现状，按照《安全生产法》《企业职工伤亡事故分类》(GB 6441—1986) 等规定，采用类比推断法、直观分析法、安全检查表法等，对照有关标准、法规，对该矿在生产过程中可能出现的危险、有害因素进行辨识。MT 煤矿危险、有害因素辨识结果如表 7-9 所示。

**表 7-9　主要危险、有害因素及存在场所（部分）**

| 序号 | 主要危险、有害因素 | 存在的场所 | 可能造成的危害 |
|---|---|---|---|
| 1 | 瓦斯 | 采掘工作面回风侧、采煤工作面上隅角、采空区、掘进巷道高冒区、盲巷、地质破碎带等瓦斯涌出异常地点 | 瓦斯燃烧、瓦斯爆炸、窒息等 |
| 2 | 煤(岩)粉尘 | 采掘工作面、回风巷道、运煤转载点、有沉积粉尘的巷道等 | 煤尘爆炸、职业病、污染作业场所 |
| 3 | 火灾 | 内因火灾:采煤工作面切眼、停采线,煤巷高冒区,保护煤柱,采空区等;外因火灾:机电硐室、带式运输机巷等。 | 火灾,中毒,窒息,引起瓦斯、煤尘爆炸等 |
| 4 | 冒顶、片帮 | 采掘工作面、工作面上下端头及出口、巷道、硐室、采空区、交岔点 | 煤壁片帮、两帮内挤、顶板离层、冒顶、底鼓等 |

续表

| 序号 | 主要危险、有害因素 | 存在的场所 | 可能造成的危害 |
| --- | --- | --- | --- |
| 5 | 水害 | 工业广场，采掘工作面，采空区等 | 地表雨季洪水、采空区积水、封闭不良钻孔水、含水层水、断层水、陷落柱水等 |
| 6 | 爆破伤害 | 爆炸材料运输途中、爆破作业地点 | 爆破伤害、中毒和窒息等 |

(3) 安全评价单元划分和评价方法选择

① 评价单元的划分。本次安全现状评价单元的划分，主要依据《安全评价通则》(AQ 8001—2007) 和《煤矿安全评价导则》(煤安监技监字［2003］114号)，将矿井生产系统与辅助系统划分为开拓、开采系统，通风系统，瓦斯、粉尘防治系统，防灭火系统，防治水系统，安全监测监控系统，爆破器材储存、运输及使用系统，提升、运输系统，电气系统，压气及其输送系统，通信、人员定位及工业视频监控系统，地面生产系统，应急救援系统，职业危害管理与健康监护系统，煤矿井下安全避险“六大系统”和安全管理16个评价单元。

② 评价方法的选择。对生产系统、辅助系统和安全管理评价单元，分别选用安全检查表法和专家评议法进行评价；采用事故树分析等方法对生产过程中存在的重大危险、有害因素及可能引发的事故进行定性、定量评价。

(4) 煤矿安全管理评价

安全管理采用安全检查表法和专家评议法进行评价。评价项目组根据《安全生产许可证条例》(2014年修正本)、《煤矿企业安全生产许可证实施办法》(国家安监总局令第86号) 等有关规定，经现场核实、综合分析，对该矿安全管理现状做出评价。评价结果如下：

该矿建立、健全了安全生产责任制、安全生产规章制度，编制了符合实际的操作规程和作业规程；设置了专职安全管理机构，配备了安全管理人员。煤矿主要负责人和安全管理人员均取得了安全生产知识和管理能力考核合格证(或培训合格证明)。特种作业人员经培训合格，持证上岗。煤矿按规定足额提取安全生产费用，并按规定使用，为从业人员办理了工伤保险，并缴纳了工伤保险费。该矿采用的安全保障、安全技术、安全投入、安全监督检查管理体系运行有效，符合安全生产法律、法规和行业管理的规定，适应煤矿安全生产要求，能够保障煤矿的安全生产。

(5) 生产系统与辅助系统评价

该矿生产系统与辅助系统评价主要有通风系统，瓦斯、粉尘防治系统，防灭火系统等15个系统。为节省篇幅，此处选取具有代表性的通风系统进行评价。

① 评价方法和过程。采用安全检查表法和专家评议法进行评价。根据安全检查表内容，现场检查主斜井、副斜井、进风立井和回风立井，主运、辅运、回风大巷，F6205综放工作面、F6208综放工作面、F6206主运顺槽掘进工作面等；地面查阅图纸、报表、各种措施等资料。

② 系统安全检查。利用表7-10所示安全检查表进行通风系统安全检查和评价。

**表7-10 通风系统安全检查表（部分）**

| 序号 | 评价内容 | 评价依据 | 系统现状 | 评价结果 |
|---|---|---|---|---|
| 1 | 通风系统 | | | |
| 1.1 | 井巷风速 | 井巷中风速应满足《煤矿安全规程》(2016年版)第一百三十六条的规定 | 查阅通风报表，井巷中风速均符合《煤矿安全规程》(2016年版)第一百三十六条的规定 | 合格 |
| 1.2 | 通风系统图 | 矿井通风系统图必须标明风流方向、风量和通风设施的安装地点。多煤层同时开采的矿井必须绘制分层通风系统图，矿井应绘制通风系统立体示意图和矿井通风网络图 | 煤矿绘制了通风系统图，在图纸上标明了风流方向、风量和通风设施的安设地点；同时，绘制了矿井通风网络图和通风系统立体示意图 | 合格 |
| 1.3 | 矿井空气温度 | 进风井口采掘工作面及机电硐室温度不得超过规定 | 查阅通风报表，主、副斜井，进风立井，采掘工作面，中央变电所等地点的温度均不超《煤矿安全规程》(2016年版)第一百三十七条的规定 | 合格 |
| | | 矿井必须有井口防冻设施及装置 | 主、副斜井和进风立井井口均设有暖风装置 | 合格 |
| 1.4 | 矿井反风 | 矿井有反风系统，主要通风机必须有反风设施 | 矿井有完善的反风系统。通过风机反转来实现反风 | 合格 |
| | | 矿井按规定进行反风，反风结果符合《煤矿安全规程》(2016年版)要求 | 煤矿于2016年8月7日进行了反风演习，5min内井下风流方向发生改变，反风率72.3% | 合格 |

续表

| 序号 | 评价内容 | 评价依据 | 系统现状 | 评价结果 |
| --- | --- | --- | --- | --- |
| 1.5 | 技术检测 | 煤矿在用主通风机检测周期：高瓦斯矿井、突出矿井、1.8m以下1年；其他3年 | 内蒙古安科安全生产检测检验有限公司于2016年3月17日对主要通风机进行了性能测定，检验结论合格，并出具了煤矿在用主通风机系统安全检验报告 | 合格 |
|  |  | 委托有资质并由国家授权的检测机构每三年进行一次通风网路阻力测定 | 内蒙古安科安全生产检测检验有限公司于2016年3月17日对矿井通风系统进行了通风阻力测定，并出具了矿井通风阻力测定报告 | 合格 |

③ 评价及结果。矿井通风系统合理，通风设备、设施齐全，符合《煤矿安全规程》（2022年版）、《煤矿井工开采通风技术条件》（AQ 1028—2006）规定，满足安全生产需要。

（6）重大危险、有害因素定性、定量评价

为了便于危险度分级，对瓦斯、煤尘、火灾、顶板、水害等重大危险、有害因素选用函数分析法进行评价，对特别严重事故再选用事故树分析法进行评价。

（7）安全措施及建议

安全措施及建议包括安全管理措施和安全技术措施两个方面，详细内容略。

（8）安全现状评价结论

通过现场调查、分析，对照安全生产许可证发放条件和相关法律法规要求，本次评价认为，该矿建立健全了安全管理机构，安全管理体系运行有效，安全管理模式满足煤矿安全生产需要；对生产过程中存在瓦斯、煤尘、火灾、顶板、水灾等主要危险有害因素已采取了有效措施，并得到了预防和控制；对重大危险源进行了检测、评估和监控，制定了事故应急方案；该矿现有采掘作业地点均在采矿许可范围内；各生产系统和辅助系统、生产工艺、安全设施、设备、职业危害防治、安全资金投入等安全生产条件符合有关安全法律、法规和《煤矿安全规程》（2022年版）等的规定，满足安全生产需求，具备安全生产条件。

## 思考题

（1）根据《安全评价通则》（AQ 8001—2007），安全评价按照阶段的不同分为几类？

（2）安全评价与建设项目三同时的关系是什么？

（3）安全评价原理是什么？

（4）安全评价原则是什么？

（5）请简要叙述安全评价程序是什么？

（6）安全评价过程控制的意义是什么？

# 参考文献


[1] 陈磊，李晓松，姚伟召．系统工程基本理论［M］．北京：北京邮电大学出版社，2013.

[2] 徐志胜，等．安全系统工程［M］. 北京：机械工业出版社，2016.

[3] 景国勋，施式亮．系统安全评价与预测［M］. 徐州：中国矿业大学出版社，2016.

[4] 王龙天，裴岩．单位安全风险管理［M］. 北京：中国人民公安大学出版社，2018.

[5] 崔辉，施式亮．安全评价［M］. 徐州：中国矿业大学出版社，2019.

[6] 秦彦磊，陆愈实，王娟．系统安全分析方法的比较研究［J］. 中国安全生产科学术，2006 (03)：64-67.

[7] 肖益盖，邓红卫．近 10a 我国安全系统工程学应用现状及发展趋势［J］. 现代矿业，2020，36 (09)：85-90.

[8] 傅贵．安全管理学：事故预防的行为控制方法［M］. 北京：科学出版社，2013.

[9] 蔡庄红，庭刚．全评价技术［M］. 北京：工业出版社，2014.

[10] 周波．安全评价技术［M］. 北京：国防工业出版社，2012.

[11] 王启全．安全评价［M］. 北京：化学工业出版社，2015.

[12] 程相党．道化学火灾爆炸危险指数评价法在安全评价中的应用［J］. 化工管理，2016 (13)：114-115.

[13] 杨石磊．道氏七版火灾、爆炸指数评价法在化工企业定量安全评价中的应用与分析［J］. 科技创新与应用，2020 (23)：172-173.

[14] 陈朋朋，周晓军，章奉良．道化学火灾、爆炸指数分析法在甲醇储罐安全评价中的应用［J］. 石油化工安全环保技术，2020，36 (04)：21-24+6.

[15] 张其立．LOPA、F&EI、HAZOP 的应用与集成研究［D］. 北京：清华大学，2010.

[16] 苗鑫阳．道化学火灾爆炸指数评估法在化工装置单元风险评估研究中的应用［J］. 当代化工研究，2018 (05)：87-88.

[17] 李小伟．道化学火灾、爆炸指数评价法在危化企业安全评价中的应用研究［D］. 天津：天津理工大学，2008.

[18] 孔祥松，方杰，蒿晓林，等．煤矿地下水库人工坝体安全多层次模糊综合评价研究［J］. 煤炭工程，2019，51 (09)：158-161.

[19] 昝军，钟勇．基于多层次灰色关联分析的安全生产综合风险评价研究［J］. 工业安全与环保，2017，43 (10)：66-69.

[20] 左莉，梅峰太．模糊数学理论的船舶航道安全评价方法［J］. 舰船科学技术，2021，43 (04)：40-42.

[21] 申嘉辉，李东明，万梅．危化品物流公司安全的层次-模糊分析［J］. 科学技术与工程，2020，20 (36)：14890-14894.

[22] 曹鑫．油港储运综合安全评价和预警应急系统研究［D］. 武汉：武汉理工大学，2010.

[23] 姜兰，吕忠，彭亚，等．基于组合权重-Fuzzy 的航空公司安全管理体系有效性评估［J］. 安全与环境学报，2021，21 (05)：2107-2113.

[24] 赵波．浅析煤矿安全管理中的应用安全指数评价系统［J］．企业技术开发，2019，38（03）：121-122＋128.

[25] 罗斌，杨雄，何毅．基于耦合赋权法与灰色关联法在小流域生态安全评价中的应用［J］．三峡大学学报（自然科学版），2020，42（01）：7-12.

[26] 胡继元，黄智勇，黎波．蒙德法在偏二甲肼储库安全评价中的运用［J］．化学推进剂与高分子材料，2017，15（02）：77-80.

[27] 肖宗元．道化学法在LNG接收站安全预评价中的应用［J］．化工管理，2021（18）：143-144.

[28] 刘宏伟．外高桥港区航道航行危险度评价研究［D］．大连：大连海事大学，2020.

[29] 张文．基于改进熵权法和可变模糊集法的岸桥安全性评价［D］．武汉：武汉理工大学，2020.

[30] 梁心雨，郭彤，孟祥海．基于三角模糊数权重算法的宏观交通安全评价方法［J］．交通信息与安全，2017，35（04）：20-28＋35.

[31] 王泽申．关于安全系统分析中事前预测之探讨［J］．劳动保护科学技术，1997（04）：19-21.

[32] 邵辉．系统安全工程［M］．北京：石油工业出版社，2008.

[33] 李洪，赵望达，徐志胜．马尔柯夫预测模型在铁路事故预测方面的应用［J］．中国公共安全学（学术版），2009，（14）：149 -151.

[34] 谢振华．安全系统工程［M］．北京：冶金工业出版社，2010.

[35] 王秉，吴超．安全预测学：安全科学中势在必建的分支学科［J］．科技管理研究，2018，38（06）：258-266.

[36] 黄浪，吴超，王秉．安全系统学学科理论体系构建研究［J］．中国安全科学学报，2018，28（05）：30-36.

[37] 马有营．《安全系统工程》教学内容优化与课程模式改革［J］．江西建材，2019（03）：158-159.

[38] 中国就业培训指导中心，中国生产安全协会．安全评价师（基础知识）［M］．2版．北京：中国劳动社会保障出版社，2010.

[39] 中国就业培训指导中心，中国生产安全协会．安全评价师（国家职业资格三级）［M］．2版．北京：中国劳动社会保障出版社，2010.

[40] 王起全，徐德蜀．安全评价操作实务［M］．北京：气象出版社，2009.

[41] 刘铁民，张兴凯，刘功智．安全评价方法应用指南［M］．北京：化学工业出版社，2005.

[42] 刘双跃．安全评价［M］．北京：冶金出版社，2010.

[43] 张乃禄．安全评价技术［M］．2版．西安：西安电子科技出版社，2011.

[44] 王起全．安全评价师职业资格考试模拟题库［M］．北京：气象出版社，2014.

[45] 国家安全生产监督管理局．安全评价［M］．3版．北京：煤炭工业出版社，2005.

[46] 张乃禄．安全评价技术［M］．西安：西安电子科技出版社，2016.

[47] 王起全，等．安全评价［M］．北京：化学工业出版社，2015.

[48] 张延松．安全评价师：基础知识［M］．北京：中国劳动社会保障出版社，2010.

[49] 刘铁民，国家安全生产监督管理局．安全评价（修订版）［M］．北京：煤炭工业出版社，2004.

[50] 孙世梅，张智超．安全评价［M］．北京：中国建筑工业出版社，2016.

[51] 周波．安全评价技术［M］．北京：国防工业出版社，2012.

[52] 陈宝智．系统安全评价与预测［M］．北京：冶金工业出版社，2005.

[53] 赵耀江．安全评价理论与方法［M］．2版．北京：煤炭工业出版社，2015.

[54] 罗云，樊运晓，马晓春．风险分析与安全评价［M］．北京：化学工业出版社，2004.

[55] 佟瑞鹏．常用安全评价方法及其应用［M］．北京：中国劳动社会保障出版社，2011.

[56] 郝秀清，任建国，樊晶光．我国安全评价机构现状与分析［J］．中国安全生产科学技术，2007(02)：78-82.
[57] 曹庆贵．煤矿安全评价与安全信息管理［M］．徐州：中国矿业大学出版社，1993.
[58] 刘文生，曾凤章．贝叶斯网络在煤矿生产系统安全评价中的应用［J］．工矿自动化，2008(01)：1-4.
[59] 蔡庄红，何重玺．安全评价技术［M］．北京：化学工业出版社，2008.
[60] 马剑，叶新，林鹏．基于证据理论的地铁火灾安全评价方法［J］．中国安全生产科学技术，2017，13(01)：134-140.
[61] 吴昊．系统安全评价方法对比研究［J］．中国安全生产科学技术，2009，5 (06)：209-213.
[62] 王洪德，石剑云，潘科．安全管理与安全评价［M］．北京：清华大学出版社，2010.
[63] 潘继红．矿山工程安全评价方法的探讨［J］．科技经济市场，2016 (07)：43-45.
[64] 邓军，李珍宝，李贝，等．基于安全质量标准化的煤矿安全评价新方法［J］．煤矿安全，2014，45 (02)：218-220+223.
[65] 于文贵．我国安全评价现状分析及对策的思考［J］．中国安全科学学报，2010，20 (01)：56-60+181.
[66] 许芝瑞，孙文勇，赵东风．HAZOP和LOPA两种安全评价方法的集成研究［J］．安全与环境工程，2011，18 (05)：65-68.
[67] 张兴凯，周建新，李彪．企业安全评价过程探讨［J］．华北科技学院学报，2004 (04)：1-3.
[68] 宛茜，周冰，沈士仓，等．现代劳动关系辞典．北京：中国劳动社会保障出版社，2000.